21世纪高等学校规划教材 | 计算机科学与技术

数据结构与算法

张瑞霞 张敬伟 编著

清华大学出版社
北京

内 容 简 介

本书系统完整地介绍了线性表、栈和队列、树和二叉树、图和字符串等数据结构的抽象数据类型、操作实现和应用实例,并讨论了各种查找技术和排序算法。通过数据结构抽象数据类型定义和接口封装,培养读者的抽象思维能力。书中的算法采用规范完整的 C 语言描述,读者只需添加主程序就能够运行程序,进而能够在调试层面理解算法,从而跨越抽象和具体之间的鸿沟。本书通过每章开头的两个关键词进行章节主要内容概览,通过大量的图表辅助读者理解复杂的算法过程,通过应用实例和习题中的算法设计题目及应用题目强化、提高读者的应用实践能力。

本书既可作为高等院校计算机类相关专业的教材,也可作为高职院校计算机类相关专业的教材,还可作为计算机爱好者的自学书籍和计算机软件开发的工程技术人员的参考书。

本书封面贴有清华大学出版社防伪标签,无标签者不得销售。
版权所有,侵权必究。举报:010-62782989,beiqinquan@tup.tsinghua.edu.cn。

图书在版编目(CIP)数据

数据结构与算法/张瑞霞,张敬伟编著. —北京:清华大学出版社,2018(2022.8重印)
(21世纪高等学校规划教材·计算机科学与技术)
ISBN 978-7-302-50557-0

Ⅰ. ①数… Ⅱ. ①张… ②张… Ⅲ. ①数据结构-高等学校-教材 ②算法分析-高等学校-教材 Ⅳ. ①TP311.12 ②TP312

中国版本图书馆 CIP 数据核字(2018)第 140941 号

责任编辑:郑寅堃　王冰飞
封面设计:傅瑞学
责任校对:焦丽丽
责任印制:朱雨萌

出版发行:清华大学出版社
　　　　网　　址:http://www.tup.com.cn,http://www.wqbook.com
　　　　地　　址:北京清华大学学研大厦 A 座　　邮　编:100084
　　　　社 总 机:010-83470000　　邮　购:010-62786544
　　　　投稿与读者服务:010-62776969,c-service@tup.tsinghua.edu.cn
　　　　质量反馈:010-62772015,zhiliang@tup.tsinghua.edu.cn
　　　　课件下载:http://www.tup.com.cn,010-62795954
印　刷　者:三河市国英印务有限公司
经　　　销:全国新华书店
开　　　本:185mm×260mm　　印　张:17　　字　数:413 千字
版　　　次:2018 年 6 月第 1 版　　印　次:2022 年 8 月第 6 次印刷
印　　　数:4501~5100
定　　　价:49.00 元

产品编号:075113-02

出版说明

随着我国改革开放的进一步深化,高等教育也得到了快速发展,各地高校紧密结合地方经济建设发展需要,科学运用市场调节机制,加大了使用信息科学等现代科学技术提升、改造传统学科专业的投入力度,通过教育改革合理调整和配置了教育资源,优化了传统学科专业,积极为地方经济建设输送人才,为我国经济社会的快速、健康和可持续发展以及高等教育自身的改革发展做出了巨大贡献。但是,高等教育质量还需要进一步提高以适应经济社会发展的需要,不少高校的专业设置和结构不尽合理,教师队伍整体素质亟待提高,人才培养模式、教学内容和方法需要进一步转变,学生的实践能力和创新精神亟待加强。

教育部一直十分重视高等教育质量工作。2007年1月,教育部下发了《关于实施高等学校本科教学质量与教学改革工程的意见》,计划实施"高等学校本科教学质量与教学改革工程"(简称"质量工程"),通过专业结构调整、课程教材建设、实践教学改革、教学团队建设等多项内容,进一步深化高等学校教学改革,提高人才培养的能力和水平,更好地满足经济社会发展对高素质人才的需要。在贯彻和落实教育部"质量工程"的过程中,各地高校发挥师资力量强、办学经验丰富、教学资源充裕等优势,对其特色专业及特色课程(群)加以规划、整理和总结,更新教学内容、改革课程体系,建设了一大批内容新、体系新、方法新、手段新的特色课程。在此基础上,经教育部相关教学指导委员会专家的指导和建议,清华大学出版社在多个领域精选各高校的特色课程,分别规划出版系列教材,以配合"质量工程"的实施,满足各高校教学质量和教学改革的需要。

为了深入贯彻落实教育部《关于加强高等学校本科教学工作,提高教学质量的若干意见》精神,紧密配合教育部已经启动的"高等学校教学质量与教学改革工程精品课程建设工作",在有关专家、教授的倡议和有关部门的大力支持下,我们组织并成立了"清华大学出版社教材编审委员会"(以下简称"编委会"),旨在配合教育部制定精品课程教材的出版规划,讨论并实施精品课程教材的编写与出版工作。"编委会"成员皆来自全国各类高等学校教学与科研第一线的骨干教师,其中许多教师为各校相关院、系主管教学的院长或系主任。

按照教育部的要求,"编委会"一致认为,精品课程的建设工作从开始就要坚持高标准、严要求,处于一个比较高的起点上。精品课程教材应该能够反映各高校教学改革与课程建设的需要,要有特色风格、有创新性(新体系、新内容、新手段、新思路,教材的内容体系有较高的科学创新、技术创新和理念创新的含量)、先进性(对原有的学科体系有实质性的改革和发展,顺应并符合21世纪教学发展的规律,代表并引领课程发展的趋势和方向)、示范性(教材所体现的课程体系具有较广泛的辐射性和示范性)和一定的前瞻性。教材由个人申报或各校推荐(通过所在高校的"编委会"成员推荐),经"编委会"认真评审,最后由清华大学出版社审定出版。

目前,针对计算机类和电子信息类相关专业成立了两个"编委会",即"清华大学出版社计算机教材编审委员会"和"清华大学出版社电子信息教材编审委员会"。推出的特色精品教材包括:

(1) 21世纪高等学校规划教材·计算机应用——高等学校各类专业,特别是非计算机专业的计算机应用类教材。

(2) 21世纪高等学校规划教材·计算机科学与技术——高等学校计算机相关专业的教材。

(3) 21世纪高等学校规划教材·电子信息——高等学校电子信息相关专业的教材。

(4) 21世纪高等学校规划教材·软件工程——高等学校软件工程相关专业的教材。

(5) 21世纪高等学校规划教材·信息管理与信息系统。

(6) 21世纪高等学校规划教材·财经管理与应用。

(7) 21世纪高等学校规划教材·电子商务。

(8) 21世纪高等学校规划教材·物联网。

清华大学出版社经过三十多年的努力,在教材尤其是计算机和电子信息类专业教材出版方面树立了权威品牌,为我国的高等教育事业做出了重要贡献。清华版教材形成了技术准确、内容严谨的独特风格,这种风格将延续并反映在特色精品教材的建设中。

清华大学出版社教材编审委员会

联系人:魏江江

E-mail:weijj@tup.tsinghua.edu.cn

"数据结构"是计算机大类相关专业的一门重要的专业基础课,既是计算机大类相关专业考研的必考科目,又是从事 IT 相关工作必须掌握的专业基础素养。

"数据结构"课程的教学目的是使学生能够针对具体问题选择合适的数据结构,并合理地组织数据,有效地存储和处理数据,以培养学生的数据抽象能力;使学生能够将数据结构和应用付诸编程实践,正确地设计、编制高效算法,并对算法进行分析和评价,以培养学生良好的程序设计开发技能;使学生能够应用工程知识和专业背景知识分析复杂工程问题,进行复杂程序设计的训练,解决工程实践问题,以培养学生的工程实践能力。这里围绕教学目的就教学改革、教材内容安排和资源等方面展开说明。

数据结构的教学与改革

在近十年的数据结构教学中,围绕着课程教学目的,编者在以下几个方面体会深刻。

1. 处理好数据结构中抽象与具体的关系

现有的教科书对概念和算法的讲解过于抽象,初学者不容易接受。在数据结构的教学过程中要注意化抽象为具体,同时也要注重培养学生的抽象思维能力。数据结构的基本操作的算法实现设计更为具体,读者只要添加主程序就可以直接执行,另外每种数据结构都设计了抽象数据类型,能提高读者的抽象思维能力,并且在基本线性表部分通过动态链接库指导学生掌握封装的技术。

2. 通过编程调试理解算法

在课堂教学中,编者通过调试讲解算法,使学生所见即所得,得到了学生的一致认可。例如在学习指针时,教师虽然做了一些比喻,但学生总是觉得和计算机程序真正运行起来相比还是有差距的。在教学开发环境中将调试信息给学生看,观看真正分配的内存地址,指针变量所在的位置,函数调用时栈的分配与回收,链表的插入、删除等,学生切实看到了真实的情况,印象深刻,教学效果好。

3. 描述语言和应用实践

由于 C 语言得到了广泛的应用,对数据结构与算法的初学者来说能够将更多的精力关注在这方面,而不是语言本身。因此教学中的绝大部分实现采用C语言,但在有些复杂的应用问题的解决中引导学生使用 STL,并且指导学生有意识地使用 Python、Java、C♯等语言中数据结构的相关接口,其目的是关注应用问题的解决方案,而不是细节的处理。

4. 教学相长

"师者，所以传道授业解惑也。"教学是个不断积累的过程，编者在近十年的教学过程中一方面传授给学生知识，另一方面在解决学生问题的过程中也不断提升自身的教学水平，更新完善教学内容、迭代开发教学资源。

内容组织特色

本书的内容组织有以下特色。

（1）以基本数据结构为主线，包括线性表、栈和队列、二叉树、图、散列等，以查找为脉络，贯穿其中，包括顺序查找、二分查找、散列查找和模式匹配等，由浅入深，由简及繁，符合学生的认知规律。

（2）在每章开头总结了两个关键词进行章节内容概览，这样做的目的是"开宗明义"，使学生能够尽快抓住要点展开学习。在章节内容的安排上，按小节组织每章中涉及的知识点，教师既能按照常规组织教学，也能自行组织微课进行教学，学生能够灵活安排进行碎片化学习。

（3）侧重动手应用实践的主线。每种数据结构基本算法不是伪代码，而是提供完整的可直接运行的程序，之后安排了应用该数据结构的具体应用问题，所有程序按照统一的风格提供。章节间的先后顺序也有侧重实践主线的思想，例如搜索树安排在树和二叉树章节的后面，使学生可以应用已学的二叉树和高级搜索算法进行高效查找算法设计实践。课后习题没有设置填空题和选择题，而是以算法设计和数据结构应用为主，进一步强调对学生的分析问题、解决问题的能力培养。

（4）点明数据结构应用的多个领域以及课程间的关联。例如 Linux 中用到的双循环链表数据结构，编译原理中的表达式计算，区块链中用到的 Merkle 树，人工智能词汇切分中用到的 Trie 树，让学生感受到数据结构的博大精深和无限魅力。

教学资源特色

本书提供了多样的立体化学习资源，既有多媒体 PPT 课件、完整的工程代码和图表等静态资源，也有跨平台的 H5 演示软件等动态资源，以适应读者的不同需求，同时提供配套的实验教材，强化学生的动手实践能力。本书作者（中国大学 MOOC 平台"数据结构与算法"课程的主讲教师）建议广大读者借助在线开放课程，进行同步学习。

本书由桂林电子科技大学计算机与信息安全学院张瑞霞、张敬伟共同编著而成。张瑞霞负责全书的整体统稿构思，智国建教师为本书的编辑、排版做了大量的工作，课程组组长周娅以及课程组的教师们为本书提出了有益的建议。唐麟老师为部分代码做了调试工作，曾泽宇、苏宣瑞、陈思博、王馨茹、胡星高、李婷、骆志成等同学分别指出了多处纰漏和错误，在此谨向他们表示感谢！

感谢清华大学出版社的各位编辑，正是依靠他们的辛勤工作鼎力支持，本书才得以顺利出版，特别感谢郑寅堃、王冰飞两位编辑高效负责的工作。

由于编者水平有限，书中难免存在不足和错误之处，欢迎读者不遗余力地批评、指正，在此深表感谢。

编　者
2018 年 3 月

目 录

第1章 绪论 ………………………………………………………………………… 1
  1.1 为什么要学习数据结构 ……………………………………………………… 1
  1.2 抽象数据类型 ………………………………………………………………… 3
  1.3 数据结构 ……………………………………………………………………… 4
    1.3.1 数据结构的基本术语 ………………………………………………… 4
    1.3.2 数据结构研究的三要素 ……………………………………………… 5
  1.4 算法与算法效率 ……………………………………………………………… 6
    1.4.1 算法举例 ……………………………………………………………… 6
    1.4.2 什么是算法 …………………………………………………………… 7
    1.4.3 算法评价标准 ………………………………………………………… 8
    1.4.4 算法描述方法 ………………………………………………………… 8
  1.5 算法分析 ……………………………………………………………………… 10
    1.5.1 算法比较举例 ………………………………………………………… 10
    1.5.2 时间复杂度分析 ……………………………………………………… 11
    1.5.3 常见循环的时间复杂度举例 ………………………………………… 12
  习题 ………………………………………………………………………………… 13

第2章 线性表 ……………………………………………………………………… 15
  2.1 线性表的概念 ………………………………………………………………… 15
    2.1.1 线性表的定义 ………………………………………………………… 15
    2.1.2 线性表的抽象数据类型定义 ………………………………………… 16
    2.1.3 顺序表 VS 链表 ……………………………………………………… 16
  2.2 顺序表的建立与判空 ………………………………………………………… 19
    2.2.1 创建空的顺序表 ……………………………………………………… 19
    2.2.2 判断顺序表为空 ……………………………………………………… 20
    2.2.3 扩展延伸：通过调试理解算法 ……………………………………… 20
  2.3 顺序表的插入和删除 ………………………………………………………… 22
    2.3.1 插入算法 ……………………………………………………………… 22
    2.3.2 删除算法 ……………………………………………………………… 24
    2.3.3 小白实践：完整示例 ………………………………………………… 25
  2.4 顺序表的查找定位 …………………………………………………………… 26
    2.4.1 查找算法 ……………………………………………………………… 26

2.4.2　二分查找 ……………………………………………………………… 26
2.5　单链表的建立与判空 ………………………………………………………………… 29
　　　2.5.1　建立单链表 …………………………………………………………… 29
　　　2.5.2　链表的判空 …………………………………………………………… 29
　　　2.5.3　用头插法建立单链表 ………………………………………………… 29
　　　2.5.4　用尾插法建立单链表 ………………………………………………… 30
2.6　单链表的查找 ………………………………………………………………………… 31
2.7　单链表的插入 ………………………………………………………………………… 31
　　　2.7.1　后插算法 ……………………………………………………………… 31
　　　2.7.2　前插算法 ……………………………………………………………… 32
2.8　单链表的删除 ………………………………………………………………………… 33
　　　2.8.1　按位置删除 …………………………………………………………… 33
　　　2.8.2　按值删除 ……………………………………………………………… 34
2.9　单循环链表 …………………………………………………………………………… 35
2.10　双链表和双循环链表 ………………………………………………………………… 37
　　　2.10.1　双链表 ………………………………………………………………… 37
　　　2.10.2　双循环链表 …………………………………………………………… 38
2.11　线性表的应用：一元多项式的表示和运算 ………………………………………… 39
2.12　线性表的应用：Josephus 问题 ……………………………………………………… 41
2.13　动态链接库 …………………………………………………………………………… 43
　　　2.13.1　动态链接库的概念 …………………………………………………… 43
　　　2.13.2　动态链接库的优缺点 ………………………………………………… 43
　　　2.13.3　动态链接库的构建与链接 …………………………………………… 43
习题 …………………………………………………………………………………………… 46

第 3 章　栈和队列 …………………………………………………………………………… 48

3.1　栈和队列的概念 ……………………………………………………………………… 48
　　　3.1.1　栈和队列的定义 ……………………………………………………… 48
　　　3.1.2　栈的抽象数据类型定义 ……………………………………………… 49
　　　3.1.3　栈混洗 ………………………………………………………………… 49
3.2　顺序栈 ………………………………………………………………………………… 50
　　　3.2.1　创建空栈 ……………………………………………………………… 51
　　　3.2.2　判断栈空 ……………………………………………………………… 51
　　　3.2.3　进栈 …………………………………………………………………… 51
　　　3.2.4　出栈 …………………………………………………………………… 52
　　　3.2.5　取栈顶元素 …………………………………………………………… 52
3.3　链栈 …………………………………………………………………………………… 53
　　　3.3.1　创建空栈 ……………………………………………………………… 53
　　　3.3.2　判断栈空 ……………………………………………………………… 53

            3.3.3 进栈 …………………………………………………… 54
            3.3.4 出栈 …………………………………………………… 54
            3.3.5 取栈顶元素 ……………………………………………… 54
    3.4 栈的应用：进制转换 …………………………………………………… 55
    3.5 栈的应用：括号匹配 …………………………………………………… 56
    3.6 栈的应用：栈与递归 …………………………………………………… 58
    3.7 栈的应用：迷宫 ……………………………………………………… 60
    3.8 栈的应用：表达式求值 ………………………………………………… 64
    3.9 循环队列 ……………………………………………………………… 68
        3.9.1 创建空队列 ……………………………………………… 69
        3.9.2 判断队列是否为空 ………………………………………… 70
        3.9.3 入队 ……………………………………………………… 70
        3.9.4 出队 ……………………………………………………… 70
        3.9.5 取队头元素 ……………………………………………… 71
    3.10 链队列 ……………………………………………………………… 71
        3.10.1 创建空队列 …………………………………………… 71
        3.10.2 判断队列是否为空 ……………………………………… 72
        3.10.3 入队 …………………………………………………… 72
        3.10.4 出队 …………………………………………………… 73
        3.10.5 取队头元素 …………………………………………… 73
    3.11 队列的应用：迷宫 …………………………………………………… 73
    3.12 队列的应用：农夫过河 ……………………………………………… 76
    3.13 双端队列 …………………………………………………………… 79
    习题 ……………………………………………………………………… 80

第4章 树和二叉树 …………………………………………………………… 82
    4.1 二叉树的概念 ………………………………………………………… 82
        4.1.1 二叉树的基本形态和分类 ………………………………… 82
        4.1.2 二叉树的抽象数据类型定义 ……………………………… 83
    4.2 二叉树的数学性质 …………………………………………………… 84
    4.3 二叉树的深度优先遍历 ……………………………………………… 85
    4.4 二叉树的广度优先遍历 ……………………………………………… 87
    4.5 二叉树的重构 ………………………………………………………… 88
    4.6 二叉树的交叉遍历 …………………………………………………… 90
    4.7 二叉树的顺序存储 …………………………………………………… 92
    4.8 二叉树的链式存储 …………………………………………………… 93
    4.9 二叉树的建立和遍历（递归算法） …………………………………… 94
        4.9.1 二叉树的遍历 …………………………………………… 94
        4.9.2 二叉树的建立 …………………………………………… 95

- 4.10 二叉树的建立和遍历(非递归算法) ············ 96
  - 4.10.1 二叉树建立的非递归实现 ············ 96
  - 4.10.2 先序遍历的非递归实现 ············ 97
  - 4.10.3 中序遍历的非递归实现 ············ 100
  - 4.10.4 后序遍历的非递归实现 ············ 101
- 4.11 二叉树的其他操作 ············ 103
  - 4.11.1 统计二叉树的叶子结点数 ············ 103
  - 4.11.2 计算二叉树的深度 ············ 103
  - 4.11.3 复制一棵二叉树 ············ 104
- 4.12 线索二叉树 ············ 104
  - 4.12.1 线索二叉树的定义 ············ 104
  - 4.12.2 建立线索二叉树 ············ 105
  - 4.12.3 遍历线索二叉树 ············ 106
- 4.13 二叉树的应用:哈夫曼树与哈夫曼编码 ············ 107
- 4.14 树和森林 ············ 113
  - 4.14.1 树和森林的概念 ············ 113
  - 4.14.2 树和森林的遍历 ············ 113
  - 4.14.3 树的存储表示 ············ 114
  - 4.14.4 树、森林与二叉树的转换 ············ 115
- 习题 ············ 117

第 5 章 搜索树 ············ 119

- 5.1 二分查找判定树 ············ 119
- 5.2 二叉排序树的基本概念 ············ 120
- 5.3 二叉排序树的查找 ············ 121
- 5.4 二叉排序树的插入 ············ 122
- 5.5 二叉排序树的删除 ············ 123
- 5.6 平衡二叉树的概念 ············ 127
- 5.7 平衡二叉树的实例 ············ 128
- 5.8 平衡二叉树的 4 种调整和两个基本操作 ············ 128
- 5.9 AVL 的插入操作 ············ 131
- 5.10 AVL 的删除操作 ············ 136
- 5.11 红黑树的基本概念 ············ 139
- 5.12 红黑树的插入 ············ 140
- 5.13 红黑树的删除 ············ 144
- 习题 ············ 147

第 6 章 图 ············ 149

- 6.1 图的基本概念和抽象数据类型定义 ············ 149

	6.1.1 图的基本概念	149
	6.1.2 图的抽象数据类型定义	151

6.2 图的存储表示 ········ 152
    6.2.1 邻接矩阵 ········ 152
    6.2.2 邻接表 ········ 154
6.3 图的遍历 ········ 156
    6.3.1 深度优先搜索 ········ 156
    6.3.2 广度优先搜索 ········ 158
    6.3.3 图的连通分支 ········ 160
    6.3.4 图的层数 ········ 160
6.4 Prim 算法 ········ 162
6.5 Kruskal 算法 ········ 165
6.6 Dijkstra 算法 ········ 169
6.7 拓扑排序 ········ 171
    6.7.1 AOV 网 ········ 171
    6.7.2 拓扑排序算法 ········ 173
6.8 关键路径 ········ 175
    6.8.1 AOE 网 ········ 175
    6.8.2 关键路径算法 ········ 176
6.9 六度空间问题 ········ 181
6.10 中国邮递员问题 ········ 183
    6.10.1 问题的引入 ········ 183
    6.10.2 相关知识点 ········ 184
    6.10.3 Fleury 算法 ········ 185
    6.10.4 具体实现 ········ 185
习题 ········ 191

第 7 章 字典 ········ 194

7.1 字典的基本概念 ········ 194
7.2 跳跃链表的基本概念 ········ 195
7.3 跳跃链表的建立和查找 ········ 196
    7.3.1 空跳跃链表的建立 ········ 196
    7.3.2 跳跃链表的查找 ········ 197
7.4 跳跃链表的插入和删除 ········ 198
    7.4.1 跳跃链表的插入 ········ 198
    7.4.2 跳跃链表的删除 ········ 199
7.5 散列表的基本概念 ········ 200
7.6 散列函数和冲突 ········ 201
    7.6.1 散列函数 ········ 201

7.6.2 生日悖论 ······ 203
7.6.3 解决冲突的方法 ······ 204
7.7 散列表的建立、查找、插入和删除 ······ 207
7.7.1 散列表的建立 ······ 207
7.7.2 散列表的查找 ······ 208
7.7.3 散列表的插入 ······ 210
7.7.4 散列表的删除 ······ 211
7.8 Merkle 树的基本概念 ······ 211
7.9 Merkle 树的建立和查找比较 ······ 213
7.9.1 Merkle 树的建立 ······ 213
7.9.2 Merkle 树的查找比较 ······ 215
习题 ······ 217

第 8 章 排序 ······ 218

8.1 排序的基本概念 ······ 218
8.2 插入排序 ······ 219
8.2.1 直接插入排序 ······ 219
8.2.2 二分插入排序 ······ 221
8.2.3 Shell 排序 ······ 223
8.3 选择排序 ······ 225
8.3.1 直接选择排序 ······ 225
8.3.2 堆排序 ······ 226
8.4 交换排序 ······ 230
8.4.1 冒泡排序 ······ 230
8.4.2 快速排序 ······ 231
8.5 基数排序 ······ 234
8.6 归并排序 ······ 237
8.7 排序算法的比较 ······ 240
习题 ······ 241

第 9 章 字符串 ······ 243

9.1 字符串的基本知识 ······ 243
9.1.1 字符串的基本概念 ······ 243
9.1.2 串的抽象数据类型定义 ······ 243
9.1.3 C 库接口 ······ 244
9.1.4 正则表达式 ······ 245
9.2 朴素的模式匹配算法 ······ 245
9.3 KMP 算法 ······ 247
9.3.1 KMP 算法的思想 ······ 247

  9.3.2 next 表的存在性分析 ·· 248
  9.3.3 构造 next 表 ·· 249
  9.3.4 改进 next 表 ·· 250
 9.4 Trie 树 ··· 251
  9.4.1 Trie 树的基本概念 ·· 251
  9.4.2 Trie 树的基本操作 ·· 252
 习题 ·· 254

参考文献 ·· 255

绪 论

本章关键词：脉络和算法。

关键词——脉络。脉络在这里指数据结构研究三方面的问题，包括逻辑结构、物理存储和操作实现(本书采用 C 语言描述)，在后续各章数据结构的具体学习过程中主要把握这三方面的问题。逻辑结构反映的是数据内部之间的构成方法，而物理存储是指数据在内存中的存储方法，操作实现是某种逻辑结构的数据在确定的存储形式下的具体算法。不同数据结构有着各自不同的逻辑特点，因此有着不同的应用场景。

关键词——算法。数据结构和算法是程序的两大要素，二者相辅相成。同一个问题可以有多个不同的算法，因此在设计算法时除了需要考虑算法的正确性、可读性和健壮性以外，还需要考虑算法的时间效率和空间效率这两个重要评价指标。其中，大 O 记号表示的渐近时间复杂度是最基本、最常用的度量标准，也是本书采用的记号方法。在本章中读者需要掌握最常见的复杂度等级的分析方法和技巧。值得注意的是，分析算法效率的目的是不断地改进算法。

"不积跬步，无以至千里；不积小流，无以成江海。"

——《荀子》

为什么要学习数据结构

用计算机解决问题一般需要几个步骤，首先是将具体问题抽象出一个适当的数学模型，然后选择描述此模型的数据结构和算法，最后实现程序的调试和测试。计算机在最初出现的时候，其目的是为了进行科学和工程的计算。这时处理的纯数值计算问题往往可以用数学方程描述，例如微积分方程的计算、线性方程组、矩阵的计算等。随着计算机的迅速发展，计算机的应用领域不断扩大，计算机处理的数据不再局限于纯数值的计算，符号、声音、图像等信息均可通过编码存储到计算机中进行处理，针对这样的非数值数据难以用数学方程描述，需要考虑数据之间的相互关系。下面通过 3 个例子说明数据之间的相互关系以及表示。

例 1-1 职工信息管理系统。

职工信息管理系统能够实现对职工的增加、删除、查询、更改等工作。在职工信息管理系统中建立一张简单的职工信息登记表，如表 1-1 所示。在该表中，每一行对应一个职工信息，称为信息表项，各个表项之间的关系是线性的，可以用线性表数据结构来描述。

表 1-1 职工信息表

工 号	姓 名	性 别	工 龄	基本工资
0001	张三	女	15	4100
0002	李四	男	6	3500
0003	王五	男	23	5600
…	…	…	…	…

例 1-2 人机对弈问题。

考虑"井"字棋的人机对弈问题,前提是需要将对弈的策略事先存入计算机。在对弈过程中,计算机的操作对象是对弈过程中可能出现的棋盘布局,而棋盘布局之间的关系是由对弈规则决定的,这个关系通常不是线性的。这是因为从一个布局可以演变成多个布局,将对弈过程中从开始到结束的所有可能出现的布局描述出来,如图 1-1 所示。这些布局可以用树形结构来描述。"树根"是起始布局,所有的"叶子"是最后可能出现的布局,而对弈过程就是从树根沿着"树枝"到叶子的过程。

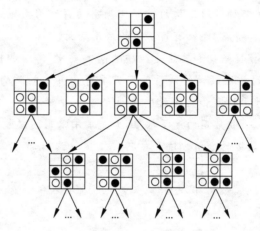

图 1-1 对弈局部

例 1-3 大厦维修活动安排问题。

某商业大厦要进行维修,会涉及多个活动,而这些活动中有些活动之间是有先后次序关系的,有些没有先后次序关系,如表 1-2 所示。具有先后次序关系的活动必须按照先后次序进行,例如门窗的维修需要在外墙维修完成之后进行。这些先后次序关系可以用图的数据结构来描述,如图 1-2 所示。

表 1-2 活动计划表

活动名称	符 号	活动时间/天	依赖活动
框架	C_0	14	
屋面	C_1	22	C_0
外墙	C_2	25	C_0
门窗	C_3	17	C_2
卫生管道	C_4	34	C_2
各种电气	C_5	35	C_1

续表

活动名称	符　号	活动时间/天	依赖活动
内部装修	C_6	12	C_4、C_5
外部粉刷	C_7	24	C_3
工程验收	C_8	13	C_6、C_7

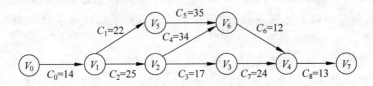

图 1-2　维修活动关系图

1.2　抽象数据类型

抽象数据类型(Abstract Data Type，ADT)是指一个数学模型以及定义在该模型上的一组操作。抽象数据类型强调的是对数据类型的抽象，不涉及其具体实现。ADT 是作为一种组织大型现代软件系统的高效机制出现的，通过 ADT 机制能够更容易地从整体上理解大型应用程序，并且能够灵活地修改系统中的基本数据结构与算法。ADT 接口定义了用户与实现者之间的约定。接口类似于插座，如图 1-3 所示，插座提供了三相口和两相口，从使用者视图来看，使用者只关心怎么使用，不用知道它是如何实现的；从设计者视图来看，需要考虑数据结构的选择或设计以及算法设计；从程序员实现者的角度来看，他需要遵守规范提供相应的功能。不同视图之间的关系如图 1-4 所示。

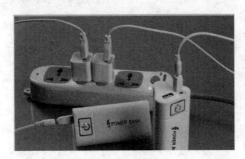

图 1-3　插座图

图 1-4　不同视图之间的关系

API 的英文全称为 Application Program Interface，中文译为应用程序编程接口。它的目的是将实现和使用分离，是模块化编程。例如 C 语言中的数学函数库 API 或图形库 API，这些 API 方便高层用户的使用。用户可以借鉴这种模块化可复用思想自己编写库，即可以将自己编写的每一种数据结构的基本实现封装为一个可以重复使用的库。

在现代程序设计中，面向对象编程在近几十年有了广泛的应用。数据抽象已经成为现代程序开发的核心。例如在 C++ 语言中提供了 STL 标准模板库，里面包含了大量的数据结构的基本接口，但是一般仍然采用 C 语言进行"重复造轮子"，这里主要有 3 个原因。

（1）使读者切实了解经典算法过程。

（2）有一天在自己的应用场景中应用已有算法思想根据需要进行重新设计。

（3）选用 C 语言让读者关注的是算法和数据结构，而不是关注面向对象的概念，这对初学者而言是有利的。

总之，ADT 在数据结构和算法的研究中扮演着重要的角色。本书后面的各个章节中涉及的算法，其实质就是 ADT 的基本运算的高效实现。设计良好的 ADT 只是应用程序需求的第一步，进一步需要开发相关的运算以及对应的数据结构的可行实现。在 C 语言中通常以 .h 的形式定义接口，它描述了作用于某些数据结构上的运算集合，其具体实现放在 .c 文件中。C 语言中的标准库就是按照这种方式进行约定的。这也是本书配套的实验教材中采用的形式。

1.3 数据结构

1.3.1 数据结构的基本术语

1. 数据（data）

数据是信息的载体，能够被计算机程序识别、加工、存储等处理的符号统称为数据。字符、整数、实数、文字、声音、图形以及图像等都是数据。

2. 数据元素（data element）

组成数据的基本单位称为数据元素或者结点，一个结点可以是一个字符、一个整数或者是一个结构体。在计算机程序中，将结点看作一个整体进行处理。

3. 数据项（data item）

数据项是数据的不可分割的最小单位。一个数据元素可由多个数据项组成。

4. 数据结构（data structure）

数据结构是存在相互关系的数据元素的集合。数据结构研究 3 个要素，即数据的逻辑结构、数据的存储结构和数据的操作。

例如在某门课程的成绩单中，数据元素、数据项和数据结构的关系如图 1-5 所示。

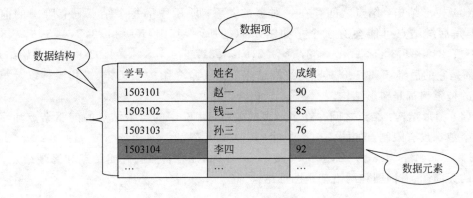

图 1-5　某门课程的成绩单

1.3.2　数据结构研究的三要素

1. 数据的逻辑结构

数据的逻辑结构是指数据元素之间的逻辑关系,这种逻辑关系是从具体实际问题中抽象出来的数学模型,是独立于其在计算机中的存储形式的。数据的逻辑结构可以用二元组 $B=<K,R>$ 表示,其中 K 是结点的有穷集合,R 是 K 上的关系的集合。如果 $k,k' \in K$,$<k,k'> \in R$,则称 k 为 k' 的前驱,k' 为 k 的后继。没有前驱的结点称为开始结点,没有后继的结点称为终端结点。根据 R 关系集合的特点,通常将数据结构分为 4 种类型。

(1) 集合:结点之间没有关系,即 R 为空。结点同属于某一集合,集合中的研究对象集中在结点的集合 K 上。如图 1-6(a)所示,$K=\{1,2,3,4,5\}$,$R=\varnothing$。

(2) 线性结构:结点之间存在一对一的关系,即 K 中的每个结点最多只有一个前驱和一个后继。如图 1-6(b)所示,其中,$K=\{1,2,3,4,5\}$,$R=\{<1,2>,<2,3>,<3,4>,<4,5>\}$,1 是开始结点,5 是终端结点。第 2 章的线性表、第 3 章的栈和队列和第 9 章的字符串等都是线性结构。

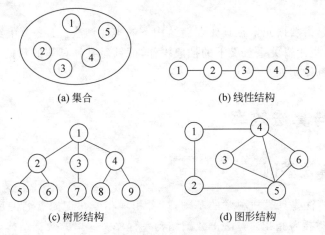

图 1-6　常见数据结构示意图

(3) 树形结构：结点之间存在一对多的关系，即 K 中的每个结点只有唯一的前驱结点，但是后继结点可能会有多个。如图 1-6(c)所示，其中，$K=\{1,2,3,4,5,6,7,8,9\}$，$R=\{<1,2>,<1,3>,<1,4>,<2,5>,<2,6>,<3,7>,<4,8>,<4,9>\}$，1 是开始结点，2、3、4 都是它的后继，5、6、7、8、9 都是终端结点。第 4 章介绍的二叉树、树和树林以及第 5 章介绍的搜索树都是树形结构。

(4) 图形结构：结点之间存在多对多的关系，即 K 中的每个结点的前驱结点和后继结点的个数都没有限制。如图 1-6(d)所示，其中，$K=\{1,2,3,4,5,6\}$，$R=\{<1,2>,<1,4>,<2,5>,<3,4>,<3,5>,<4,5>,<4,6>,<5,6>\}$，没有自然的开始结点和终端结点。第 6 章中的无向图、有向图和网络都是图形结构。

2．数据的存储结构

数据的存储结构是指数据以及数据的逻辑结构在计算机中的表示方式，也称为物理结构。数据存放在计算机的内存单元中。同一逻辑结构可以采用不同的物理结构，进而会有不同的操作算法。常见的存储结构有以下 4 种类型。

(1) 顺序存储结构：用一组连续的存储单元来存放数据元素，元素的逻辑关系通过数据元素在存储器中的相对位置来体现，也就是逻辑上相邻的元素的物理位置也是相邻的。

(2) 链式存储结构：数据元素的存放位置是由编译器随机分配的，结点之间的逻辑关系不能通过位置体现，需要增加指针项，通过指针来表示结点之间的逻辑关系。

(3) 索引存储结构：索引存储方式是在存储结点的同时增加一个索引表。索引表中的每一项称为一个索引项，索引项包含一个结点的关键码和结点的存储位置。

(4) 散列存储结构：散列存储结构是将结点的关键字作为散列函数的输入，散列函数的输出作为结点的存储位置。这种存储方式中的散列函数往往需要精心设计。

在具体的问题中，根据需要选择一种适合的存储结构方式，但是有些情况会用几种方式的组合来表示。

3．数据的操作

数据的操作是指数据元素在具体存储结构下的实现算法。1.2 节中给出的是抽象数据类型中的操作，是指逻辑关系意义下的抽象操作，而针对某种具体的数据结构需要关注在具体存储结构下的具体实现。

1.4 算法与算法效率

1.4.1 算法举例

数据结构与算法是计算机科学的基础，二者相辅相成。正如著名的瑞士计算机科学家沃思(N. Wirth)教授曾指出：算法＋数据结构＝程序。这里的数据结构就是指数据的逻辑结构和存储结构，而算法则是对数据操作的描述。由此可见，程序设计的实质是对实际问题选择一种好的数据结构，加之设计一个好的算法。算法的实际应用无处不在，在"互联网＋"

的今天，算法无时无刻不在人们身边发挥着作用。在网络购物中对自己感兴趣的商品进行排序涉及排序算法，购买过程需要安全支付时的密码算法和协议。在网络信息传送过程中选择最短路由、在海量的信息中检索需要的信息过程中的搜索引擎涉及图论相关知识。一些算法由来已久，却历久弥新，在网络时代的今天仍然发挥着作用。2000 多年前的欧几里得算法用来计算两个非负整数 a 和 b 的最大公因子（greatest common divisor）。

问题描述：

输入：两个非负整数 a 和 b。

输出：a 和 b 的最大公因子。

将求 a 和 b 的最大公因子转换为求 b 和 a 除以 b 的余数的最大公因子，$\gcd(a,b)=\gcd(b,a\%b)$，所以也称为辗转相除法。具体实现见算法 1-1 和算法 1-2。

算法 1-1 欧几里得算法（递归）。

```
1  gcd(int a, int b)
2  {
3      if (b == 0) return a;
4      else return gcd(b, a % b);
5  }
```

算法 1-2 欧几里得算法（非递归）。

```
1   int gcd(int a, int b)
2   {
3       int g = b;
4       while(b > 0)
5       {
6           g = b;
7           b = a % b;
8           a = g;
9       }
10      return g;
11  }
```

1.4.2 什么是算法

从欧几里得算法可以看出，算法是解决问题的方法，是由若干指令组成的有穷序列。算法必须满足以下 5 个重要特性。

(1) 输入：一个算法可以有一个或多个输入，一个算法也可以没有输入。

(2) 输出：一个算法有一个或多个输出，通常输入和输出之间有着某种特定的关系。

(3) 有穷性：一个算法必须在执行有穷步骤后结束，且每一步在有穷的时间内完成。

(4) 确定性：算法中的每一条指令必须有确定的含义，没有二义性，对相同的输入必须有相同的输出。

(5) 可行性：算法中描述的操作必须可以通过已经实现的基本操作执行有限次来完成。

在计算理论中，算法和程序的区别是程序不满足第 3 个条件。例如，操作系统是一个永远不会停止的程序,总是处于一个等待循环中,等待接收任务。但是,在一般情况下程序最后都会停止,因此在本书中把算法和程序看作是相同的概念。

1.4.3 算法评价标准

用计算机解决某个问题,方法往往不止一种,那么如何评价一个算法是好的算法呢?应该满足以下 4 个要求。

(1) 正确性:算法是针对具体需求设计的,应满足预先设定的功能和性能要求,要求对于给定的合法输入都要产生正确的输出。

(2) 可读性:由于算法需要人来理解阅读并由计算机执行,因此算法应易于理解、易于编码和调试。例如,变量的命名和函数的命名应能够体现其具有的功能含义;函数的参数个数和函数之间的调用关系不宜过多。

(3) 健壮性:当用户的输入非法时,算法应能够识别并做出相应的反应或处理,而不是产生错误动作和陷入中断状态。因此对应非法输入应返回错误标记加以识别,以方便高层调用时能够做出处理。

(4) 高效性:理想情况是计算机无限快,存储器免费,但现实是不可能的,因此需要考虑时间效率和空间效率。时间效率指算法运行需要的时间,显然时间代价越小越好,空间效率指算法执行需要的辅助存储空间数量。对于给定的问题,时间效率和空间效率不可兼得,需要根据问题做出权衡。

这些标准往往与良好的编程风格紧密相关,需要不断地实践积累。如果读者能够多阅读一些成功开源项目的源码,从中汲取、学习,有助于良好编程风格的培养。

1.4.4 算法描述方法

算法设计者设计出算法后需要将算法的求解步骤清楚、正确地描述出来,可以用多种方法描述一个算法。例如使用流程图描述,但是这种方法适合于算法短小、简单的情况,目前在算法的教材中一般不再采用。自然语言描述、伪代码和程序设计语言是比较常用的算法描述方法。下面以冒泡排序为例进行介绍。

问题描述:假设有 n 个不同的整数 a_0、a_1、$\cdots$、a_i、$\cdots$、a_{n-1},要求把这些整数从小到大进行排序。

1. 自然语言

用自然语言描述算法的优点是通俗易懂,缺点是容易产生二义性。在描述时要注意逻辑的正确性。一趟冒泡排序算法的自然语言描述如下:

在待排序序列中,两两相邻的元素进行比较,如果 $a_i > a_{i+1}$,则交换,否则继续比较 a_i 和 a_{i+1},直到比较到最后为止。

2. 伪代码

伪代码是采用某种程序设计语言的基本语法,操作指令可以使用自然语言,通过计算机程序设计语言和自然语言的结合描述算法思路和步骤。这种描述方法不涉及程序设计语言的实现细节部分,对读者来说能够初步理解算法。但是由于在细节方面的缺少,读者对算法的理解往往不够透彻。冒泡排序算法的伪代码描述见算法1-3,可以看到在伪代码描述中,变量的声明、Swap交换两个记录等细节没有给出具体实现。

算法1-3 冒泡排序算法的伪代码。

1	设置标志位 hasSwap = 0;　　　　//标志,用于检测内循环是否还有数据交换
2	for(i = 1; i < n; i++)
3	{
4	设置标志位 hasSwap = 0;
5	for(j = n − 1; j > = i; j − −)
6	{
7	如果 a[j − 1] > a[j])
8	{
9	交换两个记录 Swap(a, j, j − 1);
10	如果有交换,设置标志位 hasSwap = 1;
11	}
12	}
13	如果本趟没有发生交换,则跳出循环终止
14	}

3. 程序设计语言

用程序设计语言描述的算法能被计算机直接执行,用这种描述方法需要涉及程序设计语言的编程能力和技巧。本书的大部分算法采用C语言描述,有的复杂算法先用自然语言描述,再细化后用C语言描述。因此本书中的算法只要读者给出主程序,就能够在计算机配置的C语言运行环境中执行,使读者所见即所得。虽然这种方式在抽象性方面有些缺失,但初学者需要掌握的是基础数据结构与算法,采用这种方式,读者可以通过程序的运行调试来更好地理解算法。冒泡排序算法的C语言描述见算法1-4,可以看到在程序设计语言描述中给出了很多细节,例如变量的声明、Swap交换两个记录等。

算法1-4 冒泡排序算法。

1	void BubbleSort(int a[ ], int n)
2	{
3	int i,j;
4	int hasSwap = 0;　　　　　　　　　//标志,用于检测内循环是否还有数据交换
5	for(i = 1; i < n; i++)
6	{
7	hasSwap = 0;　　　　　　　　//每趟开始重新设置交换标志为0
8	//注意j是从后往前循环,数组的下标是0~n−1
9	for(j = n − 1; j > = i; j − −)
10	{
11	//若前者大于后者
12	if(a[j − 1]> a[j])
13	{
14	Swap(a, j, j − 1);　　　//交换
15	hasSwap = 1;　　　　　//有交换发生,则设置交换标志为1
16	}

```
17            }
18            if (!hasSwap)                    //本趟没有发生交换
19                break;
20        }
21    }
```

算法 1-5　交换两个记录算法。

```
1    void   Swap(int a[], int i, int j)
2    {
3        int temp;
4        temp = a[i];
5        a[i] = a[j];
6        a[j] = temp;
7    }
```

1.5　算法分析

追求算法的高效仍然是现代程序设计追求的目标之一。在用计算机解决某个问题时，算法往往不止一种。对于小型规模的问题，只要能够解决问题，通常并不关注效率。但是对于大型规模的问题，则需要设计高效的算法，即考虑时间复杂度和空间复杂度两个方面。数据结构与算法是相辅相成的，有时需要通过选择合适的数据结构来体现算法的高效。

1.5.1　算法比较举例

例 1-4　冒泡排序算法和快速排序算法。

在第 8 章众多的排序算法中，冒泡排序算法无疑是思路简单的排序算法，该算法适合用在数据规模不大的情况下。当数据量超过上千以上，算法的性能是用户不能接受的。而上千的数据量是很普遍的，例如对大学里面的学生按照成绩进行排序，在一个上千人的公司中公司管理系统对职工的工资进行排序，等等。相对于冒泡排序算法，快速排序算法则适用于数据量较大的排序。因此算法的设计选择应考虑实际问题的数据规模。

例 1-5　跳跃链表和 Trie 树。

算法的高效性体现在时间和空间两个方面，而对于给定的问题，时间效率和空间效率往往不可兼得，需要根据问题做出权衡。例如在以检索效率为主的问题中往往牺牲空间来换取高效的时间，而这种权衡需要选择合适的数据结构。例如，第 7 章中的跳跃链表和第 9 章中的 Trie 树都是以空间换取时间的数据结构。

例 1-6　迷宫问题的多种解决方案。

在数据结构的教材中，迷宫问题基本上都有介绍，在解决该问题时展现了采用深度策略使用栈的技巧。在本书第 3 章中给出了采用深度策略使用栈的解决方法，也给出了采用广度策略使用队列的解决方法。考虑不同形态的迷宫，例如障碍的多少、障碍的分布、跨越障碍消耗的代价等方面；考虑具体的实际需求场景，例如速度优先还是追求路径最短优先；考虑空间代价，例如第 6 章中递归方式的深度搜索；考虑跨越障碍消耗的代价等方面寻找最短路径,采用第 6 章中的最短路径(Dijkstra)算法;将迷宫问题延伸扩展至游戏 AI 地图中的路径搜索问题,采用启发式搜索,在时间效率和最优解之间折中,采用基于第 5 章中的红黑树高效搜索。Multset 关联容器底层采用红黑树实现,在本书配套实验教材中给出了用 STL 中的关联容器 Multset 的 A*算法搜索迷宫路径。通过迷宫的多种解决方案可以从实际问题的多个角度选择数据结构及选择设计算法。希望读者能够通过实验比较进行深入的理解。

1.5.2 时间复杂度分析

1. 语句频度

从理论上一般无法计算一个算法执行时所消耗的时间,只有上机测试才能得出具体的消耗时间,这种方式属于事后统计。计算机性能、编程语言和问题规模等方面都会直接影响算法在每一次实验中的具体运行时间,因此实际上不可能也没有必要对算法进行上机测试,对算法的分析一般采用事前分析的方法。事前分析忽略计算机硬件和软件等约束,影响算法时间的主要因素是问题规模。一个算法花费的时间与算法中语句的执行次数成正比,算法中语句的执行次数越多,它花费的时间越多。

语句频度是指该语句在一个算法中重复执行的次数,一个算法的时间消耗是该算法中所有的语句频度之和。例如在下面的算法片段中,第 1 行循环变量 i 从 1 增加到 n,循环终止条件是 $i>n$,因此它的语句频度为 $n+1$,但实际上满足外部循环条件进入内存循环的次数是 n 次。第 2 行语句频度为 $n(n+1)$,这是因为内层循环变量 j 从 1 增加到 n,循环终止条件是 $j>n$,并且进入内层循环的次数是 n 次,因此它的语句频度为 $n(n+1)$。第 3 行的语句频度为 n^2,因为只有当内、外循环都满足条件时该语句才执行。

例 1-7 双重循环语句。

1	`for(count0 = 0, i = 1; i <= n; i++)`	语句频度为 $n+1$
2	`    for(j = 1; j <= n; j++)`	语句频度为 $n(n+1)$
3	`        count0++;`	语句频度为 n^2

2. 渐近时间复杂度

在计算语句频度的过程中,问题规模 n 是影响算法时间消耗的关键,当 n 不断变化时,时间频度 $T(n)$ 也在不断变化,考虑当问题规模 n 充分大时,语句频度的阶称为算法的渐近时间复杂度,简称时间复杂度,通常采用大 O 记号表示。

若存在正的常数 c 和 n_0,对于任意的 $n>n_0$,都满足 $T(n) \leqslant c \times f(n)$,则称 $f(n)$ 是 $T(n)$ 同数量级的函数,记为 $T(n)=O(f(n))$。

大 O 记号(大写字母 O 是单词 order 的第一个字母)用来描述算法增长率的上限,即表示当问题规模 n 无穷大时算法时间消耗的最大值。其中,$f(n)$ 一般是算法中频度最大的语句频度。

如果算法的执行时间与问题规模无关,是一个常数,则记为 $T(n)=O(1)$。表 1-3 给出了常见数据量级的算法时间复杂度。

表 1-3 常见数据量级的时间复杂度对比

规模	常数	对数级数	线性级数	二阶级数	平方级数	幂方级数	几何级数
n	$O(1)$	$O(\log_2 n)$	$O(n)$	$O(n\log_2 n)$	$O(n^2)$	$O(n^3)$	$O(2^n)$
64	1	6	64 (2^6)	384 (6×2^6)	4096 (2^{12})	262 144 (2^{18})	5845.54 亿(2^{64})
128	1	7	128 (2^7)	7×2^7	16 384 (2^{14})	2 097 152 (2^{21})	…
1024	1	10	2^{10}	10×2^{10}	2^{20}	2^{30}	…
16 384	1	14	2^{14}	14×2^{14}	2^{28}	2^{42}	…

1.5.3 常见循环的时间复杂度举例

循环语句在算法描述中最为常用,往往也是算法主要的时间消耗之处,本节介绍常见循环情况的时间复杂度。

例 1-8 线性级数 $O(n)$ 示例 1。

```
1   for(count1 = 0, i = 1; i <= n; i++)
2       count1++;
```

分析:第 1 行的语句执行次数为 $n+1$,第 2 行的语句执行次数为 n,所以算法的时间复杂度为 $O(n)$。

例 1-9 对数级数 $O(\log_2 n)$ 示例 1。

```
1   for(count2 = 0, i = 1; i <= n; i = i * 2)
2       count2++;
```

分析:第 2 行基本语句的执行次数和第 1 行的循环次数有关。由于 $i=i*2$,考虑当 $n=1$ 时,循环执行 1 次;当 $n=4$ 时,循环执行 2 次;当 $n=8$ 时,循环执行 3 次;……,循环执行次数为 $\log_2 n$,所以算法的时间复杂度为 $O(\log_2 n)$。

例 1-10 平方级数 $O(n^2)$。

```
1   for(count3 = 0, i = 1; i <= n; i++)
2       for(j = 1; j <= n; j++)
3           count3++;
```

分析:这个分析比较简单,各行语句的执行次数分析同例 1-7,其中第 3 行基本语句的执行次数为 n^2,所以算法的时间复杂度为 $O(n^2)$。

例 1-11 二阶级数 $O(n\log_2 n)$ 示例 1。

```
1   for(count4 = 0, i = 1; i <= n; i++)
2       for(j = 1; j <= n; j = j * 2)
3           count4++;
```

分析:第 1 行语句的执行次数为 $n+1$,第 2 行语句的执行次数分析同例 1-9,即为 $\log_2 n$,所以第 3 行基本语句的执行次数为 $n\log_2 n$,算法的时间复杂度为 $O(n\log_2 n)$。

例 1-12 二阶级数 $O(n\log_2 n)$ 示例 2。

```
1   for(count5 = 0, i = 1; i <= n; i = i * 2)
2       for(j = 1; j <= n; j++)
3           count5++;
```

分析：分析同例 1-11，只是内、外层循环交换，第 3 行基本语句的执行次数仍然为 $n\log_2 n$，所以算法的时间复杂度为 $O(n\log_2 n)$。

例 1-13 线性级数 $O(n)$ 示例 2。

```
1   for(count6 = 0, i = 1; i <= n; i = i * 2)
2       for(j = 1; j <= i; j++)
3           count6++;
```

分析：第 3 行基本语句的执行次数为 $1+2+4+2^{(\log_2 n+1)}$，根据等比数列进行计算求和，可以计算得到时间复杂度为 $O(n)$。

例 1-14 对数级数 $O(\log_2 n)$ 示例 2。

```
1   for(count7 = 0, i = 1; i < n; i = i * 2)
2       for(j = 1; j <= 2018; j++)
3           count7++;
```

分析：内层循环迭代次数是常数级 $\log_2 2018n$，故算法的时间消耗取决于外层循环，外层循环分析同例 1-9，即为 $O(\log_2 n)$。

习题

1-1 简述下列概念：
数据、数据元素、数据项、数据结构、逻辑结构、存储结构、抽象数据类型

1-2 从逻辑上可以把数据结构分成哪些类型？并说明它们的主要逻辑特点。

1-3 按照时间复杂度由低到高的顺序排序下列各函数：
n、2^n、n^2、$\log_2 n$、2^{100}、$n^{1.5}$、n^n、$n\log_2 n$、$n!$

1-4 分析下面的程序段，要求：

① 给出大 O 记号的时间复杂度。

② 用 C 语言编程，给定具体的 N，记录实际的运行时间。

③ 用实际的运行时间和分析的时间复杂度进行对比。

(1)

```
for(count = 0, i = 1; i <= n; i++)
    count++;
```

(2)

```
count = 1;
while(count <= n)
    count = count * 2;
```

(3)

```
count = 1;
while (2 * count <= n)
    count++;
```

(4)

```
for(count = 0, i = 1; i <= n; i++)
    for(j = 1; j <= n; j = j * 3)
        count++;
```

(5)

```
for(count = 0, i = 1; i <= n; i++)
    for(j = 1; j <= i; j++)
        count++;
```

第 2 章 线性表

本章关键词：动手实践和学习线路。

关键词——动手实践。线性表是最基础的线性结构，它是最基本的数据结构形式。学习数据结构的困难主要是因为它的抽象性，这也是它的魅力所在。如何解决困难感受它的魅力呢？在学习过程中需要处理好 3 个抽象与具体的关系。从一般意义上来说，学习数据结构是为了解决实际问题，而为了解决实际问题需要将实际问题抽象为某种数据结构模型，进而设计算法实现。例如大厦维修活动安排问题，需要将问题抽象为"图"这种数据结构，在这里体现的是抽象能力。这个问题的外延还会涉及另外两个方面。从狭义、微观的角度来看，需要将算法理解和具体编码相结合。也就是说在理解算法的同时需要动手写代码，让程序"跑"起来。从广义、宏观的角度来看，架构师、设计师需要设计良好的接口。在设计过程中需要有意识地考虑到复用和相关接口设计准则，设计和编码其实是密不可分的。本章的最终目的是通过学习有意识地将高度抽象和高度具体进行统一。

关键词——学习线路。本章的知识点较为基础，知识点之间存在着依赖关系，学生可以根据自己的实际情况针对不同的应用选择不同的学习线路，记住学习是个积累的过程。

"苟日新，日日新，又日新。"

——《大学》

2.1 线性表的概念

2.1.1 线性表的定义

线性表是由 $n(n \geqslant 0)$ 个性质相同的数据元素组成的有限序列，n 称为线性表的长度。对于非空线性表 $(k_0, k_1, \cdots, k_{n-1})$，具有唯一一个"第一个"结点，即开始结点 k_0，它没有直接前驱，仅有一个直接后继 k_1；具有唯一一个"最后一个"结点，即终端结点 k_{n-1}，它没有直接后继，仅有一个直接前驱 k_{n-2}；其余的内部结点 $k_i(1 \leqslant i \leqslant n-2)$ 都有且仅有一个直接前驱和一个直接后继。例如：

字符串 'DSAguet' 构成线性表 (D, S, A, g, u, e, t)；

某门课程成绩单构成线性表 (85, 77, 79, 89, 90, 68, 70, ···, 90)；

十二属相构成线性表 (子鼠, 丑牛, 寅虎, 卯兔, 辰龙, 巳蛇, 午马, 未羊, 申猴, 酉鸡, 戌狗, 亥猪)。

它们的共同特点是,同一线性表中元素的类型相同,而且是长度有限的。另外,最为重要的是元素直接的逻辑关系是线性的。例如,在线性表(g,u,e,t)中数据元素都是字符,长度是4,具有唯一的第一个元素'g'和最后一个元素't'。再如,在十二属相线性表中,"丑牛"的直接前驱是"子鼠",直接后继是"寅虎"。把相同的类型进行分类研究,这是在科学研究中常用的方法之一。

在较为复杂的线性表中,数据元素可以由若干个数据项组成。例如,在表 2-1 中数据元素由 5 个数据项组成,数据元素的类型是复杂的数据类型,在 C 语言中用结构体来表示。

表 2-1 学生成绩单

学 号	姓 名	高等数学	程序设计	数据结构与算法
175001	张三	95	90	90
175002	李四	80	85	85
175003	王五	90	75	70
...	...	...	...	...

2.1.2 线性表的抽象数据类型定义

线性表的主要操作包括创建空线性表、判断线性表是否为空,以及插入、删除和查找等基本操作。线性表的抽象数据类型定义如下:

```
1   ADT List is
2   operations
3     List SetNullList(void)
4     创建一个空的线性表
5     int IsNull(List list)
6     判断线性表 list 是否为空
7     int InsertPre(List list, position p, Datatype x)
8     在线性表中的第 p 个位置之前插入元素 x
9     int InsertPost(List list, position p, Datatype x)
10    在线性表中的第 p 个位置之后插入元素 x
11    int DelIndex(List list, position p)
12    删除线性表中第 p 个位置的元素
13    int DelValue(List list, Datatype x)
14    删除线性表中值为 x 的元素
15    int LocateIndex(List list, Datatype x)
16    在线性表中查找值为 x 的元素的位置
17    int LocatePos(List list, Datatype x)
18    在线性表中查找值为 x 的元素在内存中的位置
19  End ADT List
```

2.1.3 顺序表 VS 链表

根据线性表在内存中的存储形式,线性表分为顺序表和链表两种类型。顺序表是用一组地址连续的存储单元依次存储线性表中的各元素,通过位置来表示数据元素之间的线性逻辑关系。链表是用一组任意的存储单元存储线性表中的各元素,通过指针来表示数据元素之间的线性逻辑关系。图 2-1 展示了线性表(D,S,A,g,u,e,t)在内存中的顺序存储形式,也就是存放在一片连续的存储区域。这样表示的线性表称为顺序表。在顺序表中,逻辑上相邻的元素在物理位置上也是相邻的。另外,如果确定了每个元素所占的存储单元和第一个元素的存储位置,那么就可以计算任意元素所在的位置。例如,在图 2-1 中起始位置为 2000H,每个元素占一个单元,因此可以得到数据元素'A'所在的位置为 2002H。

更为一般的情况是,假设每个元素占用 c 个存储单元,第一个元素 k_0 所在的位置为首地址 $loc(k_0)$,则下标为 i 的元素 k_i 的存储位置 $loc(k_i)$ 为:

$$loc(k_i) = loc(k_0) + i * c$$

图 2-2 展示了线性表(D,S,A,g,u,e,t)在内存中的链式存储形式。在这种形式中元素的存储位置是任意的,具体位置在程序运行时动态分配。可以看到在链式存储形式下,线性表中逻辑上相邻的数据元素在物理位置上并不相邻。为了表示元素间的逻辑关系,需要额外的信息来指示后继元素的存储位置。这样每个结点包括两个域——数据域和指针域,前者存放元素本身的信息,后者存放后继结点的位置信息。最后一个元素没有后继,它的指针域为空,即为空指针,用"^"表示,在算法中用 NULL 表示。以这种形式存储的线性表称为链表。链表的一种形象表示如图 2-3 所示,这种形式能够清晰地表示结点之间的前驱和后继的逻辑关系。

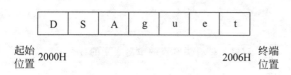

图 2-1 顺序存储的内存示意图　　图 2-2 链式存储的内存示意图

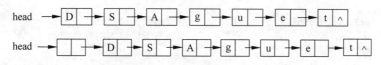

图 2-3 单链表的示意图

顺序表和链表的 C 语言数据类型定义如下:

1	typedef int DataType;	typedef int DataType;
2	struct List	struct Node
3	{	{
4	int Max;　　//最大元素个数	DataType data;　　//数据域
5	int n;　　//实际元素个数	struct Node * next;　　//指针域
6	DataType * elem;　　//首地址	};
7	};	typedef struct Node * PNode;　　//结点类型定义
8	typedef struct List * SeqList;	typedef struct Node * LinkList;
9	//顺序表类型定义	//单链表类型定义

说明:在第 1 行中定义元素类型为 int,读者可以根据实际问题定义其他类型。例如,线性表(D,S,A,g,u,e,t)中的元素类型定义为 char,表 2-1 学生成绩单中的元素类型定义为结构体,等等。

顺序表中的最大元素个数 Max 是一个常数,需要根据实际情况确定其大小。n 记录实际的元素个数,$n \leqslant$ Max。正如在 C 语言中一样,**需要先定义顺序表类型,再定义顺序表类型**

的变量,然后才能使用该变量。在这里定义 slist 是一个指向 SeqList 类型的指针变量,那么 slist—>Max 表示顺序表的最大元素个数;slist—>n 表示顺序表的实际元素个数;slist—>elem[0]、slist—>elem[1]、…、slist—>elem[i]、…、slist—>elem[$n-1$]表示顺序表中的各个元素。遍历顺序表就是依次输出顺序表中的各个元素,见算法 2-1。

算法 2-1 遍历顺序表。

```
1  void Print(SeqList slist)              //输出顺序表中的各个元素
2  {
3      int i;
4      for(i = 0; i < slist->n; i++)
5          printf("%d\n", slist->elem[i]);   //输出元素
6  }
```

在链表中,结点类型定义和链表类型定义本质上是相同的,定义两个的目的是为了更加灵活地理解算法。在链表中并不能反映出线性表的元素个数,需要通过遍历结点来确定元素个数。和顺序表一样,需要定义链表类型的变量才能使用。这里定义 p 是指向 PNode 类型的指针变量,那么 p—>data 表示该结点的数据域,p—>next 表示该结点的指针域。当表示一个链表时,定义 head 是指向 LinkList 类型的指针变量。遍历单链表就是依次输出单链表中的各个元素,见算法 2-2。

算法 2-2 遍历链表。

```
1  void Print(LinkList head)              //输出带有头结点的单链表中的各个元素
2  {
3      PNode  p = head->next;             //注意 p 的初值是头结点的后继
4      while(p)
5      {
6          printf("%d\n", p->data);       //输出数据域
7          p = p->next;                   //顺着指针依次向后移动
8      }
9  }
```

补充:理解 typedef

在 C 语言中允许为一个数据类型起一个新的别名,使用关键字 typedef 可以为类型起一个新的别名,语法格式如下:

typedef   OldName   newName;

例 2-1

```
1  typedef int INTEGER;
2  INTEGER a = 1, b = 2;          //相当于 int a = 1, b = 2;
```

例 2-2

```
1  struct student
2  {
3      int id;
4      char name[20];
5  };
6  typedef struct student  * STU;      //定义新类型 STU
```

使用 typedef 的目的不是为了提高程序运行效率,而是为了更加形象和编码方便。例 2-1 中用 INTEGER 可以使用户直观其意,在例 2-2 中可以方便编码,使得代码清晰、可读性好。对顺序表和链表数据类型的定义就是采用 typedef 方式定义的。

2.2 顺序表的建立与判空

2.2.1 创建空的顺序表

创建空的顺序表就是为顺序表分配一个预先定义的数组空间,并将线性表的长度设置为零。由此可知,判断顺序表是否为空就是检查线性表的长度是否为零。具体实现见算法 2-3。

算法 2-3 顺序表的建立算法。

```
1   SeqList SetNullList_Seq(int m)        //创建空顺序表,m 为顺序表的最大值
2   {
3       SeqList slist = (SeqList)malloc(sizeof(struct List));
4           //申请结构体空间
5       if(slist != NULL)
6       {
7           slist -> elem = (DataType *)malloc(sizeof(DataType) * m);
8           //申请顺序表空间,大小为 m 个 DataType 空间
9           if(slist -> elem)
10          {
11              slist -> Max = m;         //顺序表的最大值
12              slist -> n = 0;           //顺序表长度赋值为 0
13              return(slist);
14          }
15          else free(slist);
16      }
17      printf("Alloc failure!\n");
18      return NULL;
19  }
```

假设 $m=12$,图 2-4 给出了创建后的空顺序表。对空顺序表中的前 6 个位置赋值,执行下面的语句:

for(i = 0; i < 6; i++) slist -> elem[i] = (i + 1) * 2;

图 2-5 展示了对顺序表赋值 6 个元素后的情形。

图 2-4 创建空的顺序表的示意图

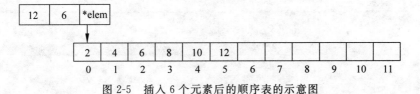

图 2-5 插入 6 个元素后的顺序表的示意图

2.2.2 判断顺序表为空

判断顺序表是否为空，如果是空，返回1，否则返回0。通过检查顺序表的长度可以容易地判断。具体实现见算法2-4。

算法2-4 顺序表的判空。

```
1  int IsNullList_seq(SeqList slist)     //判断顺序表是否为空
2  {
3      return(slist->n == 0);
4  }
```

补充：理解 malloc

原型：extern void * malloc(unsigned int num_bytes);

头文件：#include <stdlib.h>或#include <malloc.h>

功能：向系统申请分配指定 num_bytes 个字节的内存空间，如果分配成功，则返回指向被分配内存的指针，否则返回空指针 NULL。当内存不再使用时，应使用 free()函数将内存块释放。注意，返回类型是 void * 类型，void * 表示未确定类型的指针。在 C 语言和 C++语言中规定，void * 类型可以通过类型转换强制转换为任何其他类型的指针。例如在算法 2-3 的第 3 行和第 6 行中强制转换为需要的类型。这一点在编程中需要特别注意。

2.2.3 扩展延伸：通过调试理解算法

学习数据结构中的算法最好能够自己动手实践，在动手实践的过程中能进一步加深理解算法，然而独立编写程序往往并不是一蹴而就的，有了错误需要花费时间进行调试。下面给出一个简单的主程序 main.c，见算法 2-5。在第 9 行中设置断点单步调试执行（在 VS 各个版本的环境中通过 F9 键设置断点）。图 2-6 展示了 max=12 时内存地址分配的实际情况。图 2-7 展示了顺序表插入 6 个元素后的情况。

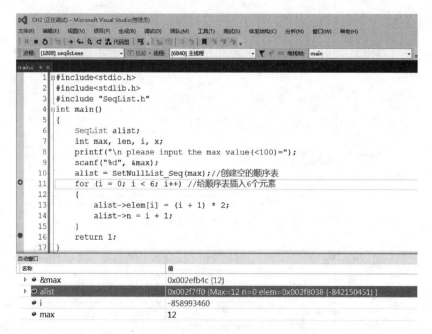

图 2-6　算法 2-3 创建空顺序表完成的情况

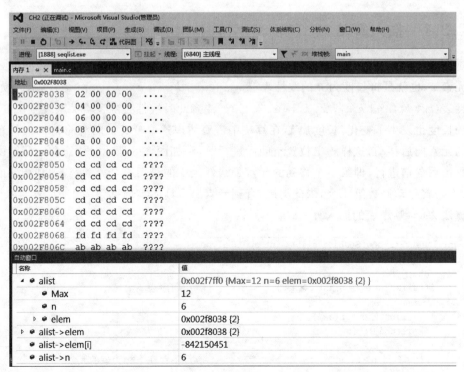

图 2-7 顺序表插入 6 个元素后的情况

请读者自己运行程序,通过测试观察算法 2-3 中各个变量分配的内存地址和变量值,从而辅助检查自己是否正确地理解了算法。

算法 2-5 调试测试示例算法。

```
1   # include<stdio.h>
2   # include<stdlib.h>
3   # include "SeqList.h"
4   int main()
5   {
6       SeqList alist;
7       int max, len, i, x;
8       printf("\n please input the max value(<100) = ");
9       scanf("%d", &max);
10      alist = SetNullList_Seq(max);          //创建空的顺序表
11      for (i = 0; i < 6; i++)                //给顺序表插入6个元素
12      {
13          alist->elem[i] = (i + 1) * 2;
14          alist->n = i + 1;                  //修改顺序表的长度
15      }
16      return 1;
17  }
```

2.3 顺序表的插入和删除

2.3.1 插入算法

顺序表的插入过程是指在线性表中下标为 $p-1$ 和下标为 p 的数据元素之间插入一个新的元素 x,也就是将长度为 n 的线性表($k_0, k_1, \cdots, k_{p-1}, k_p, \cdots, k_{n-1}$)变为长度为 $n+1$ 的线性表($k_0, k_1, \cdots, k_{p-1}, x, k_p, \cdots, k_{n-1}$)。注意此时线性表的逻辑关系发生了变化,线性表的长度也发生了变化,长度加1,在算法中需要体现这些变化。首先将待插入位置以及之后的元素向后移动,这样腾出位置空间后进行赋值,如图 2-8 所示。注意移动元素的先后顺序是**由后向前**进行,即第一个移动的元素是线性表中的最后一个元素,移动到相邻的下一个位置,接着移动倒数第二个,依此类推,直到元素 k_p。具体实现见算法 2-6。

算法 2-6 顺序表的插入算法。

```
1   int InsertPre_seq(SeqList slist, int p, DataType x)
2   { //在线性表 slist 的 p 位置之前插入 x,如果成功,返回1,否则返回0
3       int q;
4       if(slist->n >= slist->Max)             //顺序表满溢出
5       {
6           printf("overflow");
7           return 0;
8       }
9       if(p<0 || p>slist->n)                  //不存在下标为 p 的元素
10      {
11          printf("not exist!\n");
12          return 0;
13      }
```

```
14        for (q = slist->n-1; q>=p; q--)        //插入位置以及之后的元素后移
15            slist->elem[q+1] = slist->elem[q];
16        slist->elem[p] = x;                    //插入元素 x
17        slist->n = slist->n+1;                 //顺序表长度加 1
18        return 1;
19  }
```

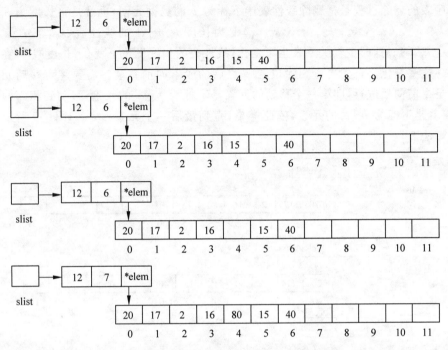

图 2-8　在下标为 4 的元素之前插入 80 的过程

时间复杂度分析：

从上述算法可以看出，在线性表的插入过程中需要大量地移动结点，这也是该算法耗时之所在。下面对插入算法进行定性分析。

在长度为 n 的顺序表中的下标为 p 的位置插入一个元素需要移动 $n-p$ 个元素。假设在该位置插入的概率为 P_p，则插入平均移动的次数为：

$$M_p = \sum_{p=0}^{n}(n-p)P_p$$

一般假设在顺序表中的每个位置插入的概率是相同的，即为：

$$P_p = \frac{1}{n+1}$$

所以：

$$M_p = \frac{1}{n+1}\sum_{p=0}^{n}(n-p) = \frac{1}{n+1}\left(\sum_{p=0}^{n}n - \sum_{p=0}^{n}p\right) = \frac{n(n+1)}{n+1} - \frac{n(n+1)}{2(n+1)} = \frac{n}{2}$$

从上式中可以看出，在顺序表中进行插入操作平均需要移动一半的元素，时间复杂度为 $O(n)$。顺序表越长，时间代价越大。因而在要求高效率的插入应用中不适合采用顺序表来表示。

请读者思考：在线性表中的第 p 个位置之后插入元素 x 的算法，如果成功，返回 1，否则返回 0。

int InsertPost_seq (List list, position p, Datatype x)

2.3.2 删除算法

顺序表的删除过程是指删除线性表中下标为 p 的数据元素，也就是将长度为 n 的线性表 $(k_0, k_1, \cdots, k_{p-1}, k_p, k_{p+1}, \cdots, k_{n-1})$ 变为长度为 $n-1$ 的线性表 $(k_0, k_1, \cdots, k_{p-1}, k_{p+1}, \cdots, k_{n-1})$。这时逻辑关系发生了变化，线性表的长度发生了变化，长度减 1，在算法中需要体现这些变化。首先将待删除位置 p 之后的元素向前移动。需要注意移动元素的先后顺序是**由前向后**进行，即第一个移动的元素是下标为 $p+1$ 的元素，移动到相邻的前一个位置，接着是下标为 $p+2$ 的元素，依此类推，直到最后一个元素 k_{n-1}，如图 2-9 所示。具体实现见算法 2-7。

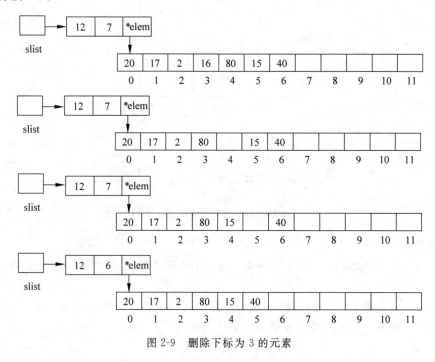

图 2-9 删除下标为 3 的元素

算法 2-7 顺序表的删除算法。

```
1   int DelIndex_seq(SeqList slist, int p)        //删除下标为 p 的元素
2   {
3       int q;
4       if(p<0||p>=slist->n)                       //不存在下标为 p 的元素
5       {
6           printf("Not exist\n");
7           return 0;
8       }
9       for(q=p; q<slist->n-1; q++)                //p 位置之后的元素向前移动
10      {
11          slist->elem[q] = slist->elem[q+1];
12      }
```

13	slist->n = slist->n-1;	//顺序表长度减1
14	return 1;	
15	}	

时间复杂度分析：

与顺序表的插入算法类似，在顺序表的删除过程中需要大量地移动结点，这也是该算法耗时之所在。下面对删除算法进行定性分析。

在长度为 n 的顺序表中删除下标为 p 的结点需要移动 $n-p-1$ 个元素。假设删除该位置的元素的概率为 P_p，则删除平均移动的次数为：

$$M_p = \sum_{p=0}^{n-1}(n-p-1)P_p$$

一般假设在顺序表中的每个位置删除的概率是相同的，即为：

$$P_p = \frac{1}{n}$$

所以：

$$M_p = \frac{1}{n}\sum_{p=0}^{n-1}(n-p-1) = \frac{1}{n}\left(\sum_{p=0}^{n-1}n - \sum_{p=0}^{n-1}p - n\right) = \frac{n \times n}{n} - \frac{n-1}{2} - 1 = \frac{n-1}{2}$$

从中可以看出，在顺序表中进行删除操作平均需要移动一半的元素。顺序表越长，时间代价越大。因而在要求高效率的删除应用中不适于采用顺序表来表示。

2.3.3 小白实践：完整示例

在前面学习了线性表的建立、判空以及插入和删除算法，下面给出一个完整的示例，见算法 2-8。通过示例复习掌握前面学习的算法以及主程序中函数的调用等。注意在 main 算法之前省略了类型定义（见 2.1.3）、创建空的顺序表（见算法 2-3）、判断顺序表是否为空（见算法 2-4）、顺序表的插入算法（见算法 2-6）、顺序表的删除算法（见算法 2-7）。

算法 2-8 的插入和删除操作在调用时没有进行健壮性判断，请读者自行完善。

算法 2-8 一个完整的示例。

```
1   #include<stdio.h>
2   #include<stdlib.h>
3   int main()
4   {
5       SeqList alist;                          //定义变量
6       int max,len,i,x;
7       printf("\n please input the max value(<100)of max = ");
8       scanf(" %d",&max);
9       alist = SetNullList_Seq(max);           //创建空的顺序表
10      printf(" %d\n",IsNull_seq(alist));      //判断顺序表是否为空
11      if(alist!= NULL)
12      {
13          printf("\n please input the length of list len = ");
14          scanf(" %d",&len);
15      }
16      printf("\n please input the x\n");
17      for(i = 0; i<len; i++)
18      {
```

```
19              scanf(" % d",&x);
20              InsertPre_seq(alist, i, x);       //插入算法
21          }
22          printf("The List is :\n");
23          Print(alist);                         //输出顺序表
24          DelIndex_seq(alist,3);                //删除顺序表中下标为 3 的元素
25          Print(alist);                         //输出顺序表
26          return 1;
27      }
```

2.4 顺序表的查找定位

2.4.1 查找算法

在顺序表中查找值为 x 的元素是否存在,如果存在,返回该元素在顺序表中的下标,如果不存在,返回 −1。在该操作中需要将顺序表中的元素从头开始依次和要查找的 x 进行比较,如果相等,返回该元素的下标,否则继续向后进行比较,直到比较到最后一个元素为止,此时说明不存在要查找的元素,返回 −1。具体实现见算法 2-9。

算法 2-9 顺序表的查找算法。

```
1   int LocateIndex_seq(SeqList slist, int x)   //查找值为 x 的元素,返回元素所在的下标
2   {
3       int q;
4       for(q = 0;q < slist -> n;q++)
5       {
6           if (slist -> elem[q] == x)          //查找成功,返回对应的下标
7               return q;
8       }
9       return -1;                              //查找失败,返回 -1
10  }
```

请读者分析查找算法的时间复杂度。

2.4.2 二分查找

对于递增有序顺序表,查找过程可以采用二分查找,也称为折半查找,这是相对于顺序查找时间效率较高的查找算法。查找过程是首先将要查找的元素和有序表的中间元素比较,如果相等,则查找成功;如果大于中间元素,则在后半区间继续查找;如果小于中间元素,则在前半区间查找。不断重复上述过程,直到查找成功或者查找失败为止。具体实现见算法 2-10。可以很容易地看出,查找过程也是一个递归的过程,具体实现见算法 2-11。

例如,对于有序表(5,10,25,27,30,35,45,49,50,52,55,60,70),查找 30 的过程如图 2-10 所示。

(1) low=0,high=12,mid=6,要查找的元素 30 和 mid 位置的 45 比较,由于 45 大于 30,所以在前半区间继续查找;

(2) low=0,high=mid-1=5,mid=2,要查找的元素 30 和 mid 位置的 25 比较,由于 25 小于 30,所以在后半区间继续查找;

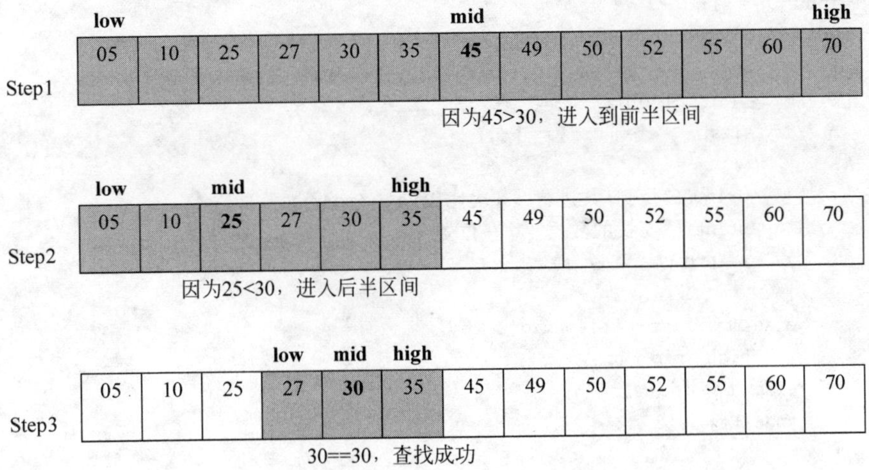

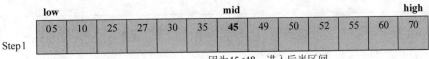

图 2-10　查找 30 的过程

(3) low＝mid＋1＝3，high＝5，mid＝4，要查找的元素 30 和 mid 位置的 30 比较，相等，查找成功，结束。

查找 48 的过程如图 2-11 所示，当 low＞high 时说明查找失败。

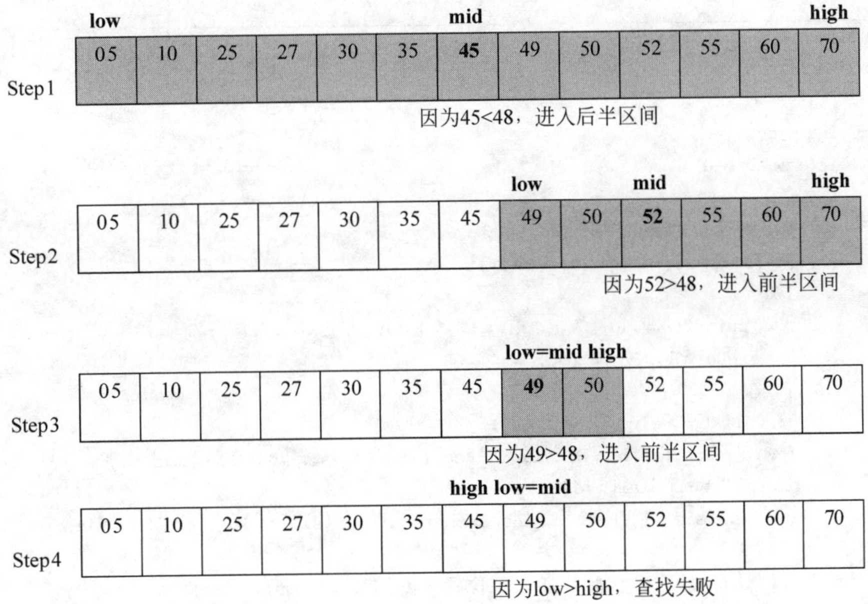

图 2-11　查找 48 的过程

算法 2-10　二分查找的非递归实现。

```
1   int Binsearch(SeqList slist, int key, int * pos)    //二分查找的非递归实现
2   {
3       int index = 1;                                  //比较次数
4       int mid;
5       int low = 0;
```

```
6            int high = slist->n-1;
7            while (low <= high)
8            {
9                mid = (low + high)/2;
10               if (slist->elem[mid] == key) {
11                   *pos = mid;
12                   printf("找到,共进行%d次比较\n", index);
13                   printf("要找的数据%d在位置%d上\n", key, mid);
14                   return 1;
15               }
16               else if (slist->elem[mid] > key)
17                   high = mid - 1;
18               else low = mid + 1;
19               index++;
20           }
21           *pos = low;
22           printf("没有找到,共进行%d次比较\n", index-1);
23           printf("可将此数插入到位置%d上\n", *pos);
24           return -1;
25       }
```

算法 2-11 二分查找的递归实现。

```
1    //如果元素不存在,pos 记录插入的位置
2    int Binsearch_recursion(SeqList slist, int key, int low, int high, int *pos)
3    {
4        int mid;
5        if(low <= high)
6        {
7            mid = (low + high)/2;
8            if (slist->elem[mid] == key)
9            {
10               printf("要找的数据%d在位置%d上\n", key, mid);
11               return 1;
12           }
13           if (slist->elem[mid] > key)
14           { *pos = mid; return Binsearch_recursion(slist, key, low, mid-1, pos); }
15           if (slist->elem[mid] < key)
16           { *pos = mid+1; return Binsearch_recursion(slist, key, mid+1, high, pos+1); }
17       }
18       printf("没有找到,可将此数插入到位置%d上\n", *pos);
19       return -1;
20   }
```

算法延伸:

在学习了顺序表的查找和删除算法之后,请思考下面几个算法。

(1) int DelV_seq(SeqList slist, int x):删除顺序表中第一个值为 x 的元素。

(2) int DelA_seq(SeqList slist, int x):删除顺序表中所有值为 x 的元素。

(3) void Del_j_k(SeqList slist, int j, int k):删除顺序表中从下标 j 开始的连续 k 个元素。

在设计算法时需要特别注意分析算法的时间效率和空间效率。

2.5 单链表的建立与判空

2.5.1 建立单链表

建立带有头结点的空的单链表,主要是为头结点申请空间,如果申请成功,返回单链表头指针,如图 2-12 所示。具体实现见算法 2-12。

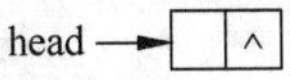

图 2-12 带有头结点的空链表的示意图

算法 2-12 创建带有头结点的空链表。

```
1   LinkList SetNullList_Link()                              //创建带有头结点的空链表
2   {
3       LinkList head = (LinkList)malloc(sizeof(struct Node));//申请头结点空间
4       if (head != NULL)
5           head -> next = NULL;
6       else
7           printf("Alloc failure");
8       return head;                                          //返回头指针
9   }
```

2.5.2 链表的判空

判断带有头结点的链表是否为空链表。因为有头结点,这样 head 总是有指向,所以只需检查 head->next 是否为空即可。如果为空,返回 1,否则返回 0。具体实现见算法 2-13。

算法 2-13 判断单链表是否为空。

```
1   int IsNull_Link(LinkList head)                            //判断单链表是否为空
2   {
3       return(head -> next == NULL);
4   }
```

2.5.3 用头插法建立单链表

在有头结点的空链表上可以采用头插法和尾插法建立非空链表。采用这两种方式建立的单链表,其差别主要是生成的单链表的顺序正好相反。

在用头插法建立单链表时,新插入的结点总是作为头结点的后继插入,如图 2-13 所示。在算法 2-14 中,注意第 11 行和第 12 行的指针变化不能颠倒顺序。要先给新来的结点的指针域赋值,然后再修改头结点的指针。为了方便初学者记忆、理解,可以这样考虑:**来者为客,客为先**。这个思想在后续的算法中还会用到。

算法 2-14 用头插法建立单链表。

```
1   void CreateList_Head(struct Node * head)                  //用头插法建立单链表
2   {
3       PNode p = NULL;                                       //临时使用
4       int data;
5       printf("请输入整型数据建立链表,以 -1 结束\n");
```

```
6          scanf(" % d",&data);
7          while(data!=-1)
8          {
9              p = (struct Node * )malloc(sizeof(struct Node));    //分配空间
10             p -> data = data;                                    //对数据域赋值
11             p -> next = head -> next;                            //对 next 域赋值
12             head -> next = p;
13             scanf(" % d",&data);
14         }
15     }
```

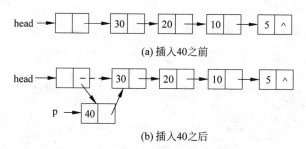

图 2-13　用头插法建立单链表的示意图

2.5.4　用尾插法建立单链表

在用尾插法建立单链表时,新插入的结点总是作为最后一个结点插入,其指针域为空,如图 2-14 所示。具体实现见算法 2-15。

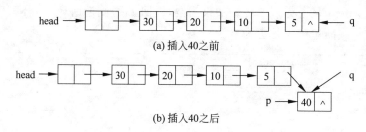

图 2-14　用尾插法建立单链表的示意图

算法 2-15　用尾插法建立单链表。

```
1    void CreateList_Tail(struct Node * head)              // 用尾插法建立单链表
2    {
3        struct Node  * p = NULL;
4        struct Node  * q = head;
5        int data;
6        printf("请输入整型数据建立链表,以 - 1 结束\n");
7        scanf(" % d",&data);
8        while(data!=-1)
9        {
10           p = (struct Node * )malloc(sizeof(struct Node));    //分配空间
11           p -> data = data;                                    //数据域赋值
12           p -> next = NULL;                                    //指针域赋值
13           q -> next = p;
14           q = p;
```

15	scanf("%d",&data);
16	}
17	}

补充：栈和堆的区别

在链式存储结构中，程序员在需要时动态申请的内存块称为堆，在 C 语言中用 malloc() 函数完成申请，用 free() 函数完成释放。内存中的栈是由编译器在程序运行时分配的空间，由操作系统自动管理。二者有以下几个区别。

（1）管理和分配方式不同：堆是在程序中进行动态申请分配和释放的，由程序员控制，如果使用不当，容易产生内存泄漏。栈是程序在运行时由操作系统自动管理的内存，不需要程序员参与。栈的动态分配由编译器进行申请和释放。

（2）大小和方向不同：堆是不连续的内存区域，操作系统使用链表进行管理。在 x86 平台上，堆是向高地址增长的。栈是一块连续的内存空间，栈的最大容量是系统规定的，其增长的方向是向低地址方向扩展。

（3）产生的碎片不同：由于堆是由程序员通过使用 malloc 和 free 进行申请使用和释放的，经过频繁使用后必然会造成内存空间的不连续，产生大量的碎片，这些碎片由操作系统的内存管理进行回收处理，而对于栈的内存空间一定是连续的物理空间。

注意这里的栈是指程序运行时栈，和第 3 章中的栈数据结构在逻辑上是相同的。栈数据结构是程序员为具体应用定义的数据结构。

2.6 单链表的查找

在带有头结点的单链表中查找第一个值为 x 的结点在内存中的存储位置。在查找过程中从链表的第一个结点开始进行，依次与每个结点的数据域进行比较，如果与要查找的 x 相等，返回该结点的存储位置，如果到最后没有找到，返回 NULL。具体实现见算法 2-16。

算法 2-16 单链表的查找算法。

1	//在 llist 链表中查找值为 x 的结点，并返回在内存中的位置
2	PNode Locate_Link(LinkList llist,DataType x)
3	{
4	PNode p;
5	if(llist == NULL) return NULL;
6	p = llist->next;
7	while(p!= NULL&&p->data!= x)
8	p = p->next;
9	return p;
10	}

2.7 单链表的插入

2.7.1 后插算法

假设指针 p 指向单链表 llist 中的某一个结点，在 p 之后插入一个值为 x 的新结点 q，如果成功，返回 1，如果失败，返回 0。这里主要看涉及的指针域的变化。如图 2-15 所示，这里涉及 p 结点指针域的变化以及新插入结点 q 指针域的变化。注意,在算法 2-17 中第 15 行和第 16 行不能颠倒。道理和在用后插法建立单链表时提到的**"来者为客,客为先"**一样。

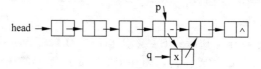

图 2-15　单链表的后插算法示意图

算法 2-17　后插算法。

```
1   //在 llist 链表中的 p 位置之后插入值为 x 的结点
2   int InsertPost_link(LinkList llist,PNode p,DataType x)
3   {
4       PNode q;
5       if(p == NULL) { printf("para meter failure!\n");return 0;}
6       q = (PNode)malloc(sizeof(struct Node));
7       if(q == NULL)
8       {
9           printf("Alloc failure!\n");
10          return 0;
11      }
12      else
13      {
14          q->data = x;
15          q->next = p->next;
16          p->next = q;
17          return 1;
18      }
19  }
```

时间复杂度分析:

在 2.3 节中顺序表的插入需要大量移动结点,与之不同的是,在单链表中已知的某个结点 p 的后面插入一个结点只需要常数个语句修改逻辑关系的变化即可,因而时间复杂度为 $O(1)$。

2.7.2　前插算法

假设指针 p 指向单链表 llist 中的某一个结点,在 p 之前插入一个值为 x 的新结点 q(见图 2-16),如果成功,返回 1,如果失败,返回 0。与后插操作不同的是,首先需要找到 p 的前驱结点 pre,进而转化为在 pre 结点之后插入结点。与前面的后插操作不同的是,因为涉及指针变化的结点都有变量指向,所以在算法 2-18 中第 10 行和第 11 行可以交换。

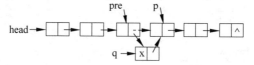

图 2-16　单链表的前插算法示意图

算法 2-18　前插算法。

```
1   //在 llist 链表中的 p 位置之前插入值为 x 的结点
2   int InsertPre_link(LinkList llist,PNode p,DataType x)
```

```
3    {
4        PNode pre = llist; PNode q = NULL;
5        while(pre->next!=p)    //定位p的前驱结点
6        {
7            pre = pre->next;
8        }
9        q = (PNode)malloc(sizeof(struct Node));
10       if(q == NULL) return 0;
11       q->data = x;
12       q->next = p;
13       pre->next = q;
14       return 1;
15   }
```

时间复杂度分析：

与2.7.1的后插算法不同，在结点p之前插入一个结点，时间消耗在查找p的前驱过程中，其时间复杂度为$O(n)$。因此，在实际应用中要尽量转换为在p之后插入结点的操作。

算法延伸：

思考如何在单链表中值为finddata的结点前面插入一个值为insertdata的新结点，要求调用前面已有的算法。

具体实现需要先查找到值为finddata的结点的位置（调用查找算法），然后在其前面插入一个值为insertdata的结点（调用前插算法）。请读者独立完成该算法，并分析算法的时间复杂度。

void InsertPost_Link_value(struct Node * head, int finddata, int insertdata)

2.8 单链表的删除

2.8.1 按位置删除

在单链表中，删除指针r所指的结点涉及r前驱结点指针的变化，在算法中需要先找到前驱结点，然后再修改前驱结点指针，同时要释放删除结点空间，这一点需要特别注意，如图2-17所示。与前面的"来者为客，客为先"相反，删除算法要"**去时厘清关系先**"，即删除时需要先处理其他结点的指针变化，再删除结点。具体实现见算法2-19。注意在算法2-19中第8行和第9行不能颠倒。

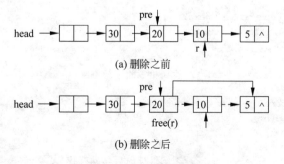

图2-17 单链表的删除算法

算法 2-19 按照位置删除算法。

```
1   void DelPostion_Link(LinkList head, PNode r)    //删除 r 指针所指的结点
2   {
3       PNode pre = head;
4       while (pre->next != r)                      //定位 r 的前驱结点
5       {
6           pre = pre->next;
7       }
8       pre->next = r->next;
9       free(r);
10  }
```

时间复杂度分析：

在算法 2-19 中,时间消耗在查找前驱结点的过程中,时间复杂度为 $O(n)$。那么如何设计删除算法使其时间复杂度为 $O(1)$ 呢？在算法 2-20 中删除 r 结点的后继结点只需要修改一个指针体现逻辑关系变化,所以其时间复杂度为 $O(1)$。

算法 2-20 删除 r 的后继结点算法。

```
1   //删除 r 指针所指结点的后继结点
2   void DelPostionNext_Link(LinkList head, PNode r)
3   {
4       PNode p;
5       if(r->next)
6       {
7           p = r->next;
8           r->next = p->next;
9           free(p);
10      }
11  }
```

2.8.2 按值删除

删除单链表中第一个值为 data 的结点,这里同样需要先找到被删除结点的前驱结点,然后修改指针。具体实现见算法 2-21。

算法 2-21 删除算法。

```
1   //删除第一个与输入参数 data 相等的值的结点
2   void DelValue_Link(struct Node * head, int data)
3   {
4       struct Node *  p = head->next;
5       struct Node *  beforeP = head;
6       while (p != NULL)
7       {
8           if (p->data == data)        //找到相等的进行删除
9           {
10              beforeP->next = p->next;
11              free(p);
12              break;
13          }
14          else                        //否则继续向后移动查找
15          {
```

```
16                beforeP = p;
17                p = p->next;
18           }
19      }
20 }
```

算法延伸：

请读者设计下面的算法，在设计算法时需要特别注意算法的时间效率。

(1) void DelValue_Link_ALL(SeqList slist, int x)：功能是删除单链表中所有值为 x 的元素。

(2) void DelValue_Link_j_k(SeqList slist, int j, int k)：功能是删除单链表中从第 j 个元素开始的连续 k 个元素。

2.9 单循环链表

在单链表中每个结点的指针都指向它的下一个结点，因此要访问单链表中的所有结点，只能从头结点开始顺着指针链依次访问每个结点，直到最后一个结点，它的指针为空时结束。如果将最后一个结点的指针指向链表的第一个结点，形成一个环，这样的链表称为**单循环链表**。在单循环链表中，从表的任意一个结点出发均可访问到表中的所有结点。考虑十二生肖单链表，最后一个结点的指针指向第一个结点就形成了一个循环链表，如图 2-18 所示。这样在访问十二生肖时只需要知道任意一个结点的指针 p 就能够访问到所有结点。

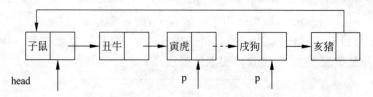

图 2-18 十二生肖循环链表

在某些情况下，循环链表常采用尾指针表示方法，这样做的好处是既方便查找最后一个结点，也容易找到第一个结点，如图 2-19 所示。

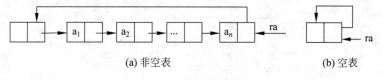

(a) 非空表　　　　　　　　　(b) 空表

图 2-19 单循环链表

用户可以通过修改用尾插法建立的单链表来建立尾指针表示的单循环链表。具体实现见算法 2-22。

算法 2-22　建立尾指针表示的单循环链表。

```
1 typedef int DataType;
2 struct Node;
3 typedef struct Node *PNode;
4 struct Node
```

```
5   {
6       DataType data;
7       PNode next;
8   };
9   typedef struct Node * CLinkList;          //单循环链表的类型定义
10  CLinkList createListRearCircle()          //创建单循环链表
11  {
12      PNode rear, s;
13      int x;
14      CLinkList head = (CLinkList)malloc(sizeof(struct Node));
15      head -> next = head;
16      rear = head;
17      printf("请输入整型数据建立链表,以-1结束\n");
18      scanf("%d", &x);
19      while (x!=-1)
20      {
21          s = (PNode)malloc(sizeof(struct Node));
22          s -> data = x;
23          s -> next = head;
24          rear -> next = s;
25          rear = s;
26          scanf("%d", &x);
27      }
28      return rear;                          //返回尾指针
29      //return head;                        //如果采用头指针表示法,返回头指针
30  }
```

单循环链表举例：将两个线性表 $(a_1, a_2, \cdots, a_n)$ 和 $(b_1, b_2, \cdots, b_m)$ 链接成一个线性表 $(a_1, a_2, \cdots, a_n, b_1, b_2, \cdots, b_m)$，如果采用单链表表示，则需要遍历单链表 a 才能进行合并，它的时间复杂度为 $O(n)$。如果采用单循环链表进行合并，则只需要修改两个指针，如图 2-20 所示，它的时间复杂度为 $O(1)$。具体实现见算法 2-23。

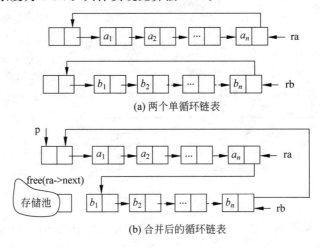

图 2-20　两个单循环链表的合并

算法 2-23　两个单循环链表的合并算法。

```
1   LinkList Combine(LinkList ra, LinkList rb)
2   {
3       LinkList p = ra -> next;              //由于 ra 带有头结点,所以从 ra -> next 开始
```

```
4       ra->next = rb->next->next;    //ra 的尾部链接 rb 的除去头结点的开始结点
5       free(rb->next);               //是否为 rb 链表的头结点
6       rb->next = p;                 //rb 的尾部链接 ra 的头结点
7       return rb;
8   }
```

2.10 双链表和双循环链表

2.10.1 双链表

在单链表中,从一个结点出发,只能顺着指针链找到每个结点的后继,不能找到前驱。相对于单链表,双链表的优势是可以实现双向查找。但是它的缺点也是显然的,需要额外的存储空间来存放前驱指针。

双链表(示意图如图 2-21 所示)的定义如下:

```
1   typedef   struct   node
2   {
3       DataType   data;
4       struct node * llink;      //前驱指针
5       struct node * rlink;      //后继指针
6   }
7   Dlnode;
8   typedef
9   {
10      DLnode * first;
11      DLnode * last;
12  }
13  DLinkList;
14  DlinkList * dlist;
```

图 2-21 双链表的示意图

双链表的删除操作如图 2-22 所示,如果要删除结点 p,涉及 p 的前驱结点 p—>llink 和后继结点 p—>rlink 的逻辑变化,通过修改相应的指针体现。具体实现见算法 2-24。

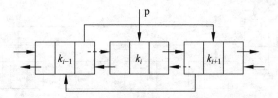

图 2-22 双链表的删除示意图

算法 2-24 双链表的删除算法。

```
1  void Del_DoubleList(DlinkList dlist, Dlnode * p)   //双链表的删除算法
2  {
3      p->llink->rlink = p->rlink;
4      p->rlink->llink = p->llink;
5      free(p);
6  }
```

双链表的插入操作如图 2-23 所示，在 p 的后面插入新结点 s，一方面需要对新插入结点 s 的左、右指针赋值，另一方面结点 p 的后继结点 p->rlink 的左指针以及 p 结点的右指针需要重新赋值体现相应的逻辑变化。具体实现见算法 2-25，注意第 5 行和第 6 行不能颠倒。

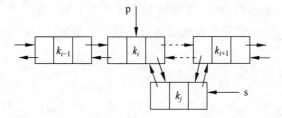

图 2-23 双链表的插入示意图

算法 2-25 双链表的插入算法。

```
1  void Insert_DoubleList(Dlnode * p)            //双链表插入算法
2  {
3      s->llink = p;                             //s 结点的左指针赋值
4      s->rlink = p->rlink;                      //s 结点的右指针赋值
5      p->rlink->llink = s;                      //p 的后继结点的左指针赋值
6      p->rlink = s;                             //p 结点的右指针赋值
7  }
```

2.10.2 双循环链表

把双链表最后一个结点的后继指针指向第一个结点，把第一个结点的前驱指针指向最后一个结点，就组成了双循环链表，如图 2-24 所示。Linux 内核的链表就是一个高效的双循环链表。数据结构是构建操作系统的基础，和其他大型项目一样，Linux 内核实现了通用数据结构，包括链表、队列、映射和二叉树。在 Linux 内核中使用了大量的链表结构来组织数据，包括设备列表和各种功能模块中的数据组织。过去，内核中有许多链表的实现，在内核 2.1 中，首次引入了官方内核链表使用。链表代码在[include/linux/list.h]中，这是一个

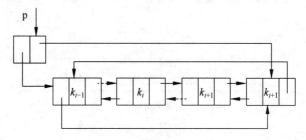

图 2-24 双循环链表的示意图

相当精彩的链表数据结构。为了做到通用性，在 Linux 内核中的链表和普通链表的定义有着显著的区别，独树一帜。有兴趣的读者可以下载阅读学习。

2.11 线性表的应用：一元多项式的表示和运算

用链表实现多项式的各种操作已经成为线性表的典型应用。在数学上，一个一元多项式可以表示成升幂形式：

$$P_n(x) = p_0 + p_1 x + p_2 x^2 + \cdots + p_n x^n$$

它由 $n+1$ 个系数唯一确定。由此可以知道，它可以用一个线性表 P 来表示：

$$P = (p_0, p_1, p_2, \cdots, p_n)$$

多项式中每一项的指数隐含在其系数 p_i 的序号里面。

如果采用顺序表来存储多项式，那么顺序表的长度等于多项式的最高次幂加 1。这样对于一些形如 $S(x)=1+3 x^{200}+9 x^{300}+5 x^{1000}$ 的多项式，空间浪费特别严重，因此需要考虑更为合适的存储方式。在顺序存储方式中，浪费空间的根本原因是需要对零系数的项分配空间。如果只存储非零系数项，就必须存储相应的指数。在采用链式存储结构表示多项式时，多项式中的每个非零系数项构成链表中的一个结点。每个结点包含两个数据项，分别是系数项和指数项。这样针对 S 形多项式可以有效地利用空间。

在一般情况下，一元多项式（只表示非零系数项）可以表示成如下形式：

$$P_n(x) = p_1 x^{e_1} + p_2 x^{e_2} + \cdots + p_m x^{e_m}$$

采用链式存储，对应的表项如下：

$$(p_1, e_1), (p_2, e_2), \cdots, (p_m, e_m)$$

但事物总是有两面性，在采用这种方式存储数据时会存在最坏情况，即 $n+1$ 个系数都不为零时。在这种情况下比只存储系数的方式多占用 1 倍的空间。

下面给出采用链式存储方式时的链表结点的 C 语言描述：

```
1   struct tagNode
2   {
3       float coef;
4       int exp;
5       struct tagNode * next;
6   };
7   typedef struct tagNode * PNode;
```

假设有两个多项式 $P(x)=5+2x+x^6+8 x^{15}$ 和 $Q(x)=-2x+3 x^6+4 x^8$。根据一元多项式相加的运算规则：对于两个多项式中所有指数相同的项，对应系数相加，若和不为零，则构成"和多项式"中的一项；对于两个多项式中所有指数不相同的项，则分别复制到"和多项式"中。其和为 $R(x)=5+4 x^6+4 x^8+8 x^{15}$。

两个多项式采用单链表来表示，其头结点分别是 pa 和 pb，如图 2-25 所示。考虑到节省空间，"和多项式"的结点不需要另外生成，而是利用原有的结点空间，同时将多项式 $P(x)$ 作为和多项式，具体加法算法如下。

（1）qa—>exp < qb—>exp：摘去 * qa 插到"和多项式"链表中。

（2）qa—>exp = = qb—>exp：qa—>coef＋qb—>coef，若不为 0，则修改 * qa，释放

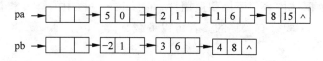

图 2-25 多项式的链式存储表示

*qb；若为 0，则删除 *qa 和 *qb，并释放 *qa 和 *qb。

(3) qa—>exp > qb—>exp：摘去 *qb 插到"和多项式"链表中。

算法的核心流程部分图示如图 2-26 所示，具体实现见算法 2-26。

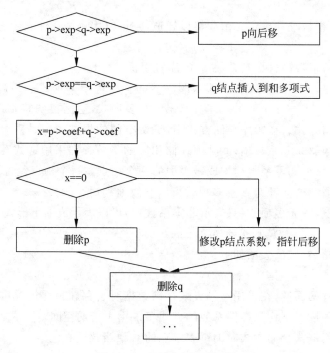

图 2-26 多项式加法流程图

算法 2-26 多项式的相加算法。

```
1   void Add_Poly(PNode pa,PNode pb)        //实现两个多项式的加法
2   {
3       PNode p = pa->next;                 //链表1,和多项式结果放在链表1中
4       PNode q = pb->next;                 //链表2
5       PNode pre = pa;
6       PNode u;                            //临时变量
7       float x;
8       while (p!= NULL && q!= NULL)        //当两个链表都不为空时
9       {
10          if (p->exp < q->exp)
11          {   //比较链表1和链表2当前结点的指数大小,链表1也是存放结果的地方
12              pre = p;p = p->next;
13              //p指向要比较的下一个结点,pre指向结果链表的最后一个结点
15          }
16          else if (p->exp == q->exp){     //假如链表1和链表2的指数相等,则要系数相加
17              x = p->coef + q->coef;
```

```
18              if (x!=0) {                    //相加后的系数不为0,保留一个结点就可以了
19                  p->coef = x; pre = p;
20              }
21              else{   //相加后的系数是0,不需要保留任何一个结点,删除链表1的结点
22                  pre->next = p->next;       //保持链表1的连续性
23                  free(p);
24              }
25              p = pre->next;                 //p指向要比较的下一个结点
26              //下面的代码是进行链表2结点的删除工作
27              u = q;
28              q = q->next;
29              free(u);
30          }
31          else{   //如果链表2的当前结点指数小,把链表2的当前结点加入到结果链表1中
32              u = q->next;
33              q->next = p;
34              pre->next = q;
35              pre = q;
36              q = u;
37          } //end 31①
38      } //end 8
39      if (q)//如果链表2比链表1长,那么需要把链表2多余的部分加入到结果链表中
40          //如果链表1比链表2长,则什么都不用做
41      {
42          pre->next = q;
43      }
44      free(pb);
45  }
```

算法延伸：

Add_Poly()算法是在多项式递增有序的情况下进行加法运算的,要实现完整的多项式加法算法,还需要用户能够创建递增有序的多项式,为了查看结果还需要打印多项式。另外,多项式的乘法运算能够转换为加法实现,请读者设计函数参数和返回值实现下面函数功能。

(1) 创建多项式：CreatePoly；

(2) 实现对多项式的递增排序：SortPoly；

(3) 打印多项式：PrintPoly；

(4) 两个多项式相乘的函数：MultPoly。

2.12 线性表的应用：Josephus 问题

问题描述：Josephus 问题,即约瑟夫问题,又称约瑟夫环。设有 n 个人围坐在一个圆桌周围,现从第 s 个人开始报数,数到第 k 的人出列,然后从出列的下一个人重新开始报数,数

---

① 本书中的代码用了"end+行号"的注释方式,例如"//end 31"表示本行的右括号"}"与31行的左括号"{"对应。

到第 k 的人又出列,如此反复,直到所有的人全部出列为止。对于任意给定的 n、s 和 k,求出 n 个人的出列序列。

Josephus 问题举例:例如 $n=9, s=1, k=5$,则出列人的顺序为 $5, 1, 7, 4, 3, 6, 9, 2, 8$,如图 2-27 所示。

问题分析:在 Josephus 问题中,n 个人之间的关系是线性的,假设采用带有头结点的单循环链表结构,采用尾指针表示方法。创建单循环链表的算法在 2.9 节中已经介绍,本节将关注 Josephus 问题本身。算法的主要过程包括在单循环链表中查找第 s 个结点,再从第 s 个结点查找第 k 个结点的前驱结点 pre,然后删除 pre 的后继结点。注意单循环链表结束的判断条件。其具体实现见算法 2-27。

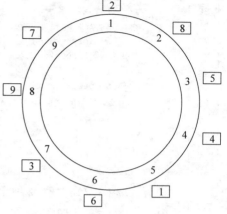

图 2-27 Josephus 示意图

算法 2-27 Josephus 算法。

```
1    int Josephus(int n, int s, int k)      //n 为总人数,s 为起始位置,k 为间隔
2    {
3        Node * current, * prev, * head;
4        head = (Node *)malloc(sizeof(Node));
5        int answer;                         //answer 为问题的答案
6        prev = head;
7        for (int i = 1; i <= n; i++)        //用尾插法建立循环链表
8        {
9            current = (Node *)malloc(sizeof(Node));
10           current -> data = i;
11           prev -> next = current;
12           prev = current;
13       } //end 7
14       prev -> next = head -> next;        //最后一个结点的 next 指针指向开头,构成循环链表
15       current = head -> next;
16       for (int i = 1; i < s; i++)
17       {
18           prev = prev -> next;
19           current = current -> next;     //current 指针移动 s-1 次,指向起始结点
20       }                                   //end 16
21       while (current -> next != current) //循环,直到链表只剩下一个元素
22       {
23           for (int i = 1; i < k; i++)
24           {
25               prev = prev -> next;
26               current = current -> next; //current 移动 k-1 次指针要删除的结点
27           }
28           prev -> next = current -> next;
29           free(current);                  //删除该结点
30           current = prev -> next;
31       } //end 21
32       answer = current -> data;
33       return answer;
34   }
```

2.13 动态链接库

2.13.1 动态链接库的概念

动态链接库(Dynamic Link Library,DLL)是 Windows 系统的重要技术。在 Windows 系统中,许多应用程序并不是一个完整的可执行文件,它们被分割成一些相对独立的动态链接库。DLL 和 EXE 一样都是具有 PE 结构的二进制文件。当计算机执行某个 EXE 程序时,相应的 DLL 就会被调用。下面通过一个实例来看看可执行程序依赖了什么。在这里使用 VS 自带的一个实用工具——dumpbin.exe,直接在命令行中输入 dumpbin 就可以查看它的使用说明,如果提示"不是内部命令或外部命令也不是可运行的程序",可以手动设置环境变量,也可以先运行 VS 安装目录下的 vcvarsall.bat 来设置环境变量。

命令 1:dumpbin/imports file.exe

功能:显示可执行程序 file.exe 依赖的 DLL。

命令 2:dumpbin-exports kernel32.dll

功能:显示动态链接库 kernel32.dll 导出的所有定义。

在 Windows 系统中大量采用了 DLL 机制,甚至 Windows 内核结构在很大程度上依赖 DLL 机制,例如 kernel32.dll 和 user32.dll 等。在 Windows 平台上大型软件的升级是通过 DLL 实现的,例如 Office、IE、VS 系列等。通过软件更新包 Service Packs 对应用进行更新。这样实现了模块之间的松散组合、重用和升级。

2.13.2 动态链接库的优缺点

在 Windows 系统中采用 DLL 的优点如下。

(1) 节省内存和减少交换操作:很多进程可以同时使用一个 DLL,在内存中共享该 DLL 的一个副本。相反,对于每个用静态链接库生成的应用程序,Windows 必须在内存中加载库代码的一个副本。

(2) 易于升级,提供售后支持:当 DLL 中的函数发生更改时,只要函数的参数和返回值没有更改,就不需要重新编译或重新链接使用它们的应用程序。相反,静态链接的对象代码要求在函数更改时重新链接应用程序。

(3) 支持多语言程序:只要程序遵循函数的调用约定,用不同编程语言编写的程序就可以调用相同的 DLL 函数。例如使用 VB 语言或 C#语言编写应用程序的界面,在业务逻辑上使用 C++语言或 C 语言。

(4) 隐藏代码的实现。

正如事物具有两面性,在 Windows 系统中采用 DLL 也存在缺点,其缺点如下。

(1) 应用程序不是独立的。

(2) 发布自己的应用程序时必须同时发布 DLL。

2.13.3 动态链接库的构建与链接

在实际编程过程中,可以将完成某些功能的函数放在一个 DLL 中,然后被其他程序调用。直接用 C 语言编写的 DLL,其导出的函数是标准的 C 接口,能够被其他应用程序调用,因此可以对本章中定义的线性表和单链表接口进行封装,以供其他程序调用。具体可参考本书配套的实验教程。本节通过一个简单例子说明 DLL 的构建和调用过程。

1. 创建 DLL

假设要创建的 DLL 包括 3 个数学运算,分别是两个数的加法、减法和乘法运算。

1)环境配置

在 VS 系列环境中选择"文件"|"新建"|"项目"命令,打开"新建项目"窗口,如图 2-28 所示。然后选择应用程序类型为 DLL,如图 2-29 所示。

图 2-28 "新建项目"窗口

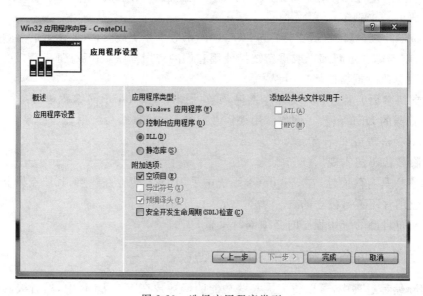

图 2-29 选择应用程序类型

2）代码实现

首先定义头文件 Create_DLL.h，具体代码见算法 2-28。然后定义 Create_DLL.c，具体代码见算法 2-29。Create_DLL.h 中的关键字 extern "C"表明 DLL 中定义的函数可以被其他语言调用。

算法 2-28 创建 DLL 的头文件。

```
1   #ifndef Create_DLL_H
2   #define Create_DLL_H
3
4   extern "C" _declspec( dllexport ) float GetAdd(float a, float b);
5   extern "C" _declspec( dllexport ) float GetSub(float a, float b);
6   extern "C" _declspec( dllexport ) float GetMul(float a, float b);
7
8   #endif
```

算法 2-29 两个实数的加法、减法和乘法算法。

```
1    #include "Create_DLL.h"
2    float GetAdd(float a, float b)
3    {
4        return a + b;
5    }
6    float GetSub(float a, float b)
7    {
8        return a - b;
9    }
10   float GetMul(float a,float b)
11   {
12       return a * b;
13   }
```

3）编译程序

动态链接库编译后，在 Create_DLL 工程的 debug 目录中可以看到 Create_DLL.dll 和 Create_DLL.lib 文件。这里的 Create_DLL.dll 就是我们要的 DLL 文件，其中包含头文件中定义的导出函数和符号、数据等。Create_DLL.lib 是 DLL 文件的"映像文件"，是在进行隐式链接时需要的导入库文件。这个文件并不包含 Create_DLL.c 的代码和数据，它是用来描述 Create_DLL.dll 的导出符号。

2. 创建测试 DLL 工程

使用 DLL 的过程其实是引用 DLL 中的导出函数和符号的过程，即导入过程。库的装载链接是一个复杂的过程，包括隐式链接和显式链接，有兴趣的读者可以参考有关书籍进行深入阅读。在这里给出隐式链接的一个测试用例 Test_DLL.c，见算法 2-30。隐式链接是加载时动态链接，是比较常用的方法。在加载时动态链接中，应用程序像调用本地函数一样对导出的 DLL 函数进行调用。如果要使用加载时动态链接，需要在编译和链接应用程序时提供头文件(.h)和导入库文件(.lib)，这样链接器将向系统提供加载 DLL 所需的信息，并在加载时解析导出的 DLL 函数的位置。

算法 2-30 测试 DLL 算法。

```
1   #include <stdio.h>
2   #include "Create_DLL.h"
3
4   //隐式链接方式一：在 linker 下的 input 中添加依赖项 lib 文件
5
6   //隐式链接方式二：#pragma comment(lib,"Create_DLL")
7   #pragma comment(lib,"Create_DLL")
8   int main()
9   {
10      float m,n,ResAdd,ResSub,ResMul;
11      printf("请输入 m 和 n,逗号隔开\n");
12      scanf("%f,%f",&m,&n);
13      ResAdd = GetAdd(m,n);
14      printf("%f\n", ResAdd);
15      ResSub = GetSub(m,n);
16      printf("%f\n", ResSub);
17      ResMul = GetMul(m,n);
18      printf("%f\n", ResMul);
19      return 0;
20  }
```

3. 运行结果

在程序运行之前要将 Create_DLL.dll 和 Create_DLL.lib 复制到当前工程可执行程序 Test_DLL.exe 所在的 DEBUG 目录下。编译链接后,测试运行结果如图 2-30 所示。

图 2-30 测试截图

4. DLL 加载过程时的查找顺序

DLL 加载过程按照以下顺序进行查找和加载工作：

（1）当前目录。

（2）Windows 目录。

（3）Windows 系统目录。

（4）PATH 环境变量中设置的目录。

习题

2-1 编写算法查找顺序表中值最小的结点,并删除该结点。

2-2 编写算法查找单链表中值最大的结点,并将该结点移至链表尾部。

2-3 编写算法实现顺序表的就地逆置,即利用原表的存储空间将线性表 $(a_1, a_2, \cdots, a_n)$ 逆置为 $(a_n, a_{n-1}, \cdots, a_1)$,并分析设计的算法时间复杂度。

2-4 编写算法实现链表的就地逆置,即利用原表的存储空间将线性表 $(a_1, a_2, \cdots, a_n)$ 逆置为 $(a_n, a_{n-1}, \cdots, a_1)$,并分析设计的算法时间复杂度。

2-5　编写算法,在单链表中查找第一个值为 x 的结点,并输出其前驱和后继的存储位置。

2-6　在单循环链表中,编写算法实现将链表中数据域为奇数的结点移至表头,将链表中数据域为偶数的结点移至表尾。

2-7　将两个有序线性表 LIST1＝$(a_1,a_2,\cdots,a_n)$ 和 LIST2＝$(b_1,b_2,\cdots,b_m)$ 链接成一个有序线性表 LIST3,并删除 LIST3 中相同的结点,即 LIST3 中若有多个结点具有相同的数据域,只保留一个结点,使得 LIST3 中所有结点的数据域都不相同。在采用顺序表和单链表两种形式下分别设计算法实现上述功能。

2-8　设双链表中的结点包括 4 个部分:前驱指针 llink、后继指针 rlink、数据域 data、访问频度 freq。初始时将各结点的 freq 设置为 0。当对某结点访问时使该结点的 freq 增加 1,并且将链表按照访问 freq 递减的顺序进行排序。请编写算法实现以上功能。

2-9　应用题:实现一元多项式的加法运算、求导运算和乘法运算,要求用户可以任意输入无序数据。

2-10　应用题:一般的计算机程序是无法对超出其存储范围的整数进行运算的,而利用双向循环链表可以对长整数进行存储,由于链表可以通过新增结点来存储数据,所以不断地增加新结点就可以达到存储一个长整数的目的。链表的循环可以实现长整数的高位输入、低位计算的功能,进而实现加/减运算,不仅使算法的复杂度大大减小,而且没有一般程序无法进行长整数计算的缺点。请读者采用循环双链表实现长整数的加/减运算。

第 3 章

栈和队列

本章关键词：策略工具和递归思想。

关键词——策略工具。栈和队列是两种特殊的线性表，可以看作是一对双胞胎，它们是操作受限的线性结构。在算法设计模式中有深度优先策略和广度优先策略，支撑它们的工具就是栈和队列这两种数据结构。在本章中给出了采用两种策略来解决迷宫问题。类似的农夫过河问题既可以用队列解决，也可以用栈解决。读者需要理解对于同一个应用可以采用不同的策略和工具来解决，而具体采用哪种策略更合适，和应用问题的场景有关。

关键词——递归思想。递归思想贯穿在整个课程当中，例如链表的定义和建立、树和二叉树的定义和遍历、快速排序和堆排序算法等。栈和递归有着紧密的联系，请结合函数调用理解调用栈并掌握通过栈结构将递归程序转换为非递归的方法。递归算法虽然简洁、清晰，但空间效率低，需要读者明确地意识到。所以并不是所有的问题都适合递归实现，在这里强调的是既要理解递归的过程也要有意识地培养递归的思想。

"如切如磋者，道学也；如琢如磨者，自修也。"

——《大学》

3.1 栈和队列的概念

3.1.1 栈和队列的定义

栈和队列是线性表的特例，特殊性在于它们都是操作受限的线性表。栈限定在表尾进行插入或删除。表尾端称**栈顶**，表头端称**栈底**。在图 3-1(a)中，如果依次插入元素 A、B、C、D、E、F，那么 F 就是从栈中删除的第一个元素，所以栈的特点是**后进先出**（LIFO）。在现实

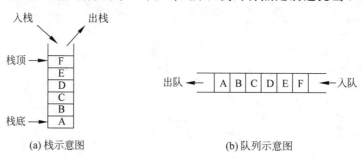

(a) 栈示意图　　　　　　　　　　(b) 队列示意图

图 3-1　栈和队列示意图

生活中,可以把摞在一起的盘子看作一个栈,取出和放入盘子都是在最顶端进行,这一端为栈顶,另外不能操作的端为栈底。

队列限定在一端进行插入操作、在另一端进行删除操作。插入端称**队尾**,删除端称**队头**。在图 3-1(b)中,如果依次在队尾插入元素 A、B、C、D、E、F,那么 A 就是从队列中删除的第一个元素,可以看出队列的特点是**先进先出**(FIFO)。把移动营业厅或银行对客户的服务看作一个队列,服务的次序是根据客户取号的先后次序办理业务,先来先服务。

3.1.2 栈的抽象数据类型定义

栈的主要操作包括创建一个空栈、判空、入栈(插入栈顶元素)、出栈(删除栈顶元素)和取栈顶元素。栈的抽象数据类型定义如下:

```
1   ADT Stack is
2   operations
3       Stack SetNullStack(void)
4       创建一个空栈
5       int IsNullStack(Stack stack)
6       判断栈 stack 是否为空
7       void Push(Stack stack,Datatype x)
8       向栈 stack 中插入元素 x
9       void Pop(Stack stack)
10      从栈 stack 中删除一个元素
11      Datatype Top (Stack stack)
12      取栈顶元素
13  End ADT Stack
```

与栈类似,队列的主要操作包括创建一个空队列、判空、入队(在队尾插入元素)、出队(删除队头元素)和取队头元素。队列的抽象数据类型定义如下:

```
1   ADT Queue is
2   operations
3       Queue SetNullQueue (void)
4       创建一个空队列
5       int IsNullQueue (Queue que)
6       判断队列 que 是否为空
7       void EnQueue (Queue que,Datatype x)
8       向队列 que 中插入元素 x
9       void DeQueue (Queue que)
10      从队列 que 中删除一个元素
11      Datatype Front(Queue que)
12      取队头元素
13  End ADT Queue
```

3.1.3 栈混洗

n 个数据 $(a_1、a_2、\cdots、a_n)$ 依次进栈,并随时可能出栈,按照其出栈次序得到的每一个序列 $(a_{k1},a_{k2},\cdots,a_{kn})$ 称为一个栈混洗。

假设现在有3个元素(i、j、k)按照先后次序压入栈中,则可能的栈混洗有(i,j,k)、(k,j,i)、(i,k,j)、(j,i,k)、(j,k,i)。(k,i,j)必然不是栈混洗。表3-1给出了每种栈混洗的操作过程。

表3-1 栈混洗举例

栈混洗	操作1	操作2	操作3	操作4	操作5	操作6
(i,j,k)	push(i)	pop(i)	push(j)	pop(j)	push(k)	pop(k)
(k,j,i)	push(i)	push(j)	push(k)	pop(k)	pop(j)	pop(i)
(i,k,j)	push(i)	pop(i)	push(j)	push(k)	pop(k)	pop(j)
(j,i,k)	push(i)	push(j)	pop(j)	pop(i)	push(k)	pop(k)
(j,k,i)	push(i)	push(j)	pop(j)	push(k)	pop(k)	pop(i)

从表3-1可以看出,对于长度为n的输入序列,每一个栈混洗一般对应由n次push和n次pop构成的合法序列,反之,由n次push和n次pop构成的序列,只要满足"任一前缀中的push不少于pop"这个限制,则该序列必然对应一个栈混洗。

对于上述3个数据的栈混洗,可以推广到栈混洗甄别的一般情况:任意3个元素能否按某相对次序出现于栈混洗中与其他元素无关。对于任何$1\leqslant i<j<k\leqslant n$,$(k,i,j)$必然不是栈混洗,其余为栈混洗。推广到更为一般的序列$(1,2,3,\cdots,i,\cdots,j,\cdots,k,\cdots,n)$,形如$(\cdots,k,\cdots,i,\cdots,j,\cdots)$的序列必然不是栈混洗。

3.2 顺序栈

采用顺序存储结构的栈称为顺序栈。与顺序表类似,顺序栈用一组连续的存储单元来存放数据元素。栈的操作限定在栈顶进行,因此需要设置一个top变量来指示栈顶位置。初始为空栈,设置top为-1。在C语言中,数组的下标从0开始,顺序栈的数据元素也从下标0开始存放。入栈时,top先加1,再将元素放入top指示的数组单元中;出栈时,top减1,top总是指向当前的栈顶元素。图3-2描述了栈中内容的变化。创建空栈,依次入栈A、B、C、D,出栈D,取栈顶元素,判断栈是否为空。特别要注意Top()和IsEmpty()这两个操作并没有影响栈中的内容。

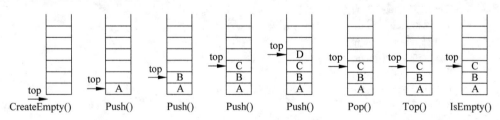

图3-2 顺序栈的基本操作

顺序栈的类型定义如下:

```
1  typedef int DataType;
2  struct Stack
3  {
```

4	int MAX;	//最大容量
5	int top;	//栈顶指针
6	DataType * elem;	//存放元素的起始指针
7	};	
8	typedef struct Stack * SeqStack;	//定义顺序栈类型

3.2.1 创建空栈

创建空的顺序栈就是为顺序栈分配一个预先定义的数组空间,并将顺序栈的栈顶 top 成员变量设置为−1。具体实现见算法 3-1。

算法 3-1 创建空的顺序栈。

```
1   SeqStack SetNullStack_Seq(int m)         //创建空顺序栈,m 是分配的最大空间
2   {
3       SeqStack sstack = (SeqStack)malloc(sizeof(struct Stack));
4       if(sstack != NULL)
5       {
6           sstack->elem = (int * )malloc(sizeof(int) * m);
7           if(sstack->elem != NULL)
8           {
9               sstack->MAX = m;              //顺序栈最大容量
10              sstack->top = -1;             //设置栈顶初值为−1
11              return(sstack);
12          }
13          else
14          {
15              free(sstack);
16              return NULL;
17          }
18      }
19      else
20      {
21          printf("Alloc failure!");
22          return NULL;
23      }
24  }
```

3.2.2 判断栈空

顺序栈的判空是检查栈顶指针是否等于初始化的−1,如果是−1,返回 1,否则返回 0。具体实现见算法 3-2。

算法 3-2 判断顺序栈是否为空。

```
1   int IsNullStack_seq(SeqStack sstack)     //判断一个栈是否为空
2   {
3       return(sstack->top == -1);           //检查栈顶 top
4   }
```

3.2.3 进栈

顺序栈的进栈算法首先检查栈是否满了,也就是检查栈顶是否已经达到了最大值,如果

是，则不能再进行进栈操作，否则能够进栈。在进栈时需要先修改栈顶，然后将元素压入栈中。具体实现见算法 3-3。需要注意的是，在算法 3-1 中如果将第 8 行修改为 sstack－>top＝0，那么在算法 3-3 中需要将第 7 行和第 8 行进行交换，即先压入元素再修改栈顶。

算法 3-3 顺序栈的进栈算法。

```
1   void Push_seq(SeqStack sstack,int x)        //入栈
2   {
3       if( sstack->top>=(sstack->MAX-1))      //检查栈是否满
4           printf( "overflow! \n" );
5       else
6       {
7           sstack->top++;                      //若不满,先修改栈顶变量
8           sstack->elem[sstack->top] = x;      //把元素 x 放到栈顶变量的位置中
9       }
10  }
```

3.2.4 出栈

顺序栈的出栈操作首先检查栈是否为空，如果是空栈，输出提示信息，否则栈顶指针减 1。具体实现见算法 3-4。需要注意的是在这里没有记录原来的栈顶元素，如果需要返回栈顶元素，需要修改算法 3-4。请读者自行完成。

算法 3-4 顺序栈的出栈算法。

```
1   void Pop_seq(SeqStack sstack)              //出栈
2   {
3       if (IsNullStack_seq(sstack))           //判断栈是否为空,调用算法 3-2
4           printf("Underflow!\n");
5       else
6           sstack->top = sstack->top-1;       //栈顶减 1
7   }
```

3.2.5 取栈顶元素

在取顺序栈的栈顶元素时，首先检查是否为空栈，如果是空栈，输出提示信息，否则返回栈顶元素。具体实现见算法 3-5。

算法 3-5 取顺序栈的栈顶元素。

```
1   DataType Top_seq(SeqStack sstack)          //取栈顶元素的值
2   {
3       if (IsNullStack_seq(sstack))           //判断 sstack 所指的栈是否为空栈,调用算法 3-2
4           printf("it is empty stack");
5       else
6           return sstack->elem[sstack->top];
7   }
```

3.3 链栈

采用链式存储的栈称为链栈,top 指示栈顶元素,栈底在链表尾部,如图 3-3 所示。

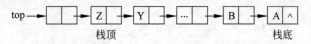

图 3-3 链栈示意图

链栈的类型定义如下:

```
1  typedef int DataType;
2  struct Node
3  {
4      DataType     data;
5      struct Node *  next;
6  };
7  typedef struct Node  * PNode;              //结点类型
8  typedef struct Node  * top, * LinkStack;   //栈顶和链栈类型
```

3.3.1 创建空栈

创建带有头结点的空链栈,需要申请 struct Node 结构空间,并设置 top->next 为空。具体实现见算法 3-6。

算法 3-6 创建空的链栈。

```
1  LinkStack SetNullStack_Link()              //创建空链栈
2  {
3      LinkStack top = (LinkStack)malloc(sizeof(struct Node));
4      if (top!= NULL)
5          top->next = NULL;
6      else
7          printf("Alloc failure");
8      return top;                            //返回栈顶指针
9  }
```

3.3.2 判断栈空

判断链栈是否为空只需要判断栈顶结点的后继指针是否为空,如果为空,返回 1,否则返回 0。具体实现见算法 3-7。

算法 3-7 判断链栈是否为空。

```
1  int IsNullStack_link(LinkStack top)        //判断一个链栈是否为空
2  {
3      if (top->next == NULL)
4          return 1;
```

5	else
6	return 0;
7	}

3.3.3 进栈

将一个元素压入到链栈中,首先要申请结点空间,然后给数据域和指针域赋值,并修改栈顶 top 的后继指针,将其赋值为新插入的结点。具体实现见算法 3-8。

算法 3-8 链栈的进栈算法。

1	void Push_link(LinkStack top, DataType x)	//进栈
2	{	
3	PNode p;	
4	p = (PNode)malloc(sizeof(struct Node));	//申请结点空间
5	if (p == NULL)	
6	printf("Alloc failure");	
7	else	
8	{	
9	p -> data = x;	//数据域赋值
10	p -> next = top -> next;	//指针域赋值
11	top -> next = p;	//修改栈顶
12	}	
13	}	

3.3.4 出栈

在进行出栈操作时首先判断栈是否为空,如果栈不空,修改栈顶指针,释放结点空间。具体实现见算法 3-9。

算法 3-9 链栈的出栈算法。

1	void Pop_link(LinkStack top)	//删除栈顶元素
2	{	
3	PNode p;	
4	if (IsNullStack_link(top))	//判断栈是否为空
5	printf("it is empty stack!");	
6	else	
7	{	
8	p = top -> next;	//p 指向待删除结点
9	top -> next = p -> next;	//修改栈顶指针
10	free(p);	//释放删除结点空间
11	}	
12	}	

3.3.5 取栈顶元素

先判断栈是否为空,如果栈不空,取栈顶元素的值,并返回,在操作过程中栈结构保持不变。具体实现见算法 3-10。

算法 3-10 取链栈的栈顶元素。

```
1  DataType Top_link(LinkStack top)      //删除栈顶元素
2  {
3      if (IsNullStack_link(top))        //判断栈是否为空
4          printf("it is empty stack!");
5      else
6          return top->next->data;
7  }
```

3.4 栈的应用：进制转换

将十进制数和其他进制 d 进行转换是计算机实现计算的基本问题。下面考查 $d=8$ 时的转换情况，例如$(2017)_{10}=(3741)_8$，具体转换过程如表 3-2 所示。

表 3-2 进制转换

步 骤	n	n div 8	n mod 8
1	2017	252	1
2	252	31	4
3	31	3	7
4	3	0	3

通过表 3-2 可以看出，在转换过程中，最先计算得到的余数是结果的最低位，最后计算得到的余数是结果的最高位。也就是说结果的顺序是计算顺序的逆序输出，这正好符合栈的后进先出的特点，故使用栈来实现进制转换。具体实现见算法 3-11。

算法 3-11 十进制转换为八进制的算法。

```
1   #include "seqstack.h"  //包含顺序栈头文件
2   void conversion(SeqStack ps, int n)    //将十进制 n 转换为八进制
3   {
4       while(n)
5       {
6           Push_seq(ps, n%8);
7           n /= 8;
8       }
9       printf("转换为八进制后的结果：\n");
10      while(!IsNullStack_seq(ps))
11      {
12          n = Top_seq(ps);
13          printf(" %d", n);
14          Pop_seq(ps);
15      }
16  }
```

如果将十进制转换为十六进制，由于在十六进制中涉及的余数是 10~15，需要用 A~F 表示，在输出结果时也需要输出 A~F，在算法中需要做特殊处理。具体过程见算法 3-12。

算法 3-12　十进制转换为十六进制的算法。

```
1   #include "seqstack.h"  //这里使用顺序栈基本操作,故需要包含顺序栈头文件
2   void Hexconversion(SeqStack ps,int n)   //将十进制的n转换为十六进制
3   {
4       while(n)
5       {   int tmp = n % 16;
6           switch(tmp)
7           {
8               case 10:tmp = 'A';break;
9               case 11:tmp = 'B';break;
10              case 12:tmp = 'C';break;
11              case 13:tmp = 'D';break;
12              case 14:tmp = 'E';break;
13              case 15:tmp = 'F';break;
14          }
15          Push_seq(ps,tmp);
16          n = n/16;
17      }
18      printf("转换为十六进制后的结果：\n");
19      while(!IsNullStack_seq(ps))
20      {
21          n = Top_seq(ps);
22          if(n<10) printf(" %d",n);
23          else printf(" %c",n);
24          Pop_seq(ps);
25      }
26  }
```

3.5　栈的应用：括号匹配

在编译器对源程序进行语法检查的过程中,检查表达式的括号是否匹配是必需的一个步骤。在 C 语言中括号是可以嵌套使用的,对于一段源程序,假设允许有两种括号——圆括号和方括号,判断其中的括号在嵌套的情况下是否匹配。例如下面的两个例子。

(1) 正确的匹配情况：

　　(　[　]　(　)　)　　　　　　　左括号和右括号相等,且匹配。

　　[　(　[　]　[　]　)　]　　　左括号和右括号相等,且匹配。

(2) 错误的匹配情况：

　　[　(　]　　　　　　　缺少右圆括号。

　　[　(　)　)　　　　　最后一个右括号和第一个方括号不匹配。

　　[　(　]　)　　　　　右括号出现的顺序不正确。

下面考虑下列括号序列的匹配情况,为了更好地分析匹配过程,给括号标记了序号。

括号序列　　[　(　)　[　]　]

括号序号　　1　2　3　4　5　6

括号匹配分析：当第一个"["出现时,它期望其对应的"]"出现,这时出现"(",此时对于

表达式来说期望出现")",即")"的期待程度比"]"的期待程度要高,也就是说期待程度高的先匹配,因此可以看出后来的左括号要先匹配,符合栈的操作特点。使用栈结构的具体实现见算法 3-13。算法思路如下:

(1) 设置标志位 flag=1。

(2) 顺序扫描表达式。

① 凡出现左括号,进栈。

② 凡出现右括号,首先检查栈是否为空。

a. 若栈空,表明右括号多了。

b. 若栈不空,和栈顶元素比较。

c. 若匹配,则左括号出栈。

d. 否则,设置标志位 flag=0,表示不匹配,退出。

(3) 表达式检验结束时:

① 若栈不空或 flag=0,匹配不成功。

② 若栈空,表明匹配成功。

算法 3-13 括号匹配算法。

```
1   # include "linkstack.h"              //这里使用链栈基本操作,故包含链栈头文件
2   int BracketMatch( LinkStack top)     //括号匹配算法
3   {
4       int flag = 1;
5       char ch,temp;
6       Push_link(top,'#');              //栈底放#
7       printf("请输入要判断的表达式,用#号结束:");
8       scanf_s(" %c",&ch);
9       while (ch!='#')
10      {
11          if (ch=='(')                 //左括号,压栈
12              Push_link(top, ch);
13          else
14          {
15              if (ch==')')             //右括号,出栈
16              {
17                  temp = Top_link(top);
18                  if (temp=='(')
19                      Pop_link(top);
20                  else
21                      {flag = 0;break;}
22              }
23          }
24          scanf_s(" %c",&ch);
25      }
26      if (!flag || Top_link(top)!='#')
27      {
28          printf("no\n");
29          return 0;
30      }
```

```
31        else
32        {
33            printf("yes\n");
34            return 1;
35        }
36    }
```

3.6 栈的应用：栈与递归

递归思想贯穿在本书的各个章节中,由于数据结构本身或操作固有的递归特性,它们的操作可递归地描述,例如链表的定义、链表的建立、树和二叉树的定义和遍历、快速排序和堆排序等。有些问题,虽然问题本身没有明显的递归结构,但用递归求解比用迭代求解更简单,例如背包问题、Hanoi 塔问题、八皇后问题。递归算法具有简洁的优点,但是递归算法的空间消耗比较大,这和递归的深度有关。通过分析递归与栈的关系可以理解递归算法的缺点。

递归,简要地说就是函数调用函数自身。阶乘函数就是一个典型的递归例子。阶乘的定义如下：

$$n! = \begin{cases} n(n-1)! & n > 1 \\ 1 & n = 1 \end{cases}$$

在 n 阶乘的定义中包含了 $n-1$ 阶乘的定义,可以很容易地发现它具有以下两个特点：

(1) n 的阶乘由 n 和 $n-1$ 的阶乘确定,而 $n-1$ 的阶乘由 $n-1$ 和 $n-2$ 的阶乘定义,依此类推,这样就将一个问题转化为规模更小的问题。

(2) 在 n 的阶乘定义中存在 $n=1$ 的特殊项,它不再依靠自身定义,这就是递归的出口,即递归终止条件,否则将会陷入无穷递归的死循环中。

根据这两个特点可以很容易地写出 $n!$ 的递归算法,见算法 3-14。

算法 3-14 阶乘算法。

```
1   int factorial(int n)
2   {
3       int result = n;
4       if(n == 1)
5       return 1;
6       return result = result * factorial(n-1);
7   }
8   void main()
9   {
10      int num;
11      num = factorial(3);
12  }
```

在大部分操作系统中都会为每个运行的二进制程序分配栈空间。通过使用栈可以存储函数调用过程中的相关参数和返回地址等。一般情况下,当在一个函数的运行期间调用另一个函数时,在运行被调用函数之前,系统需要先完成 3 件事：①将所有的实参、返回地址等信息传递给被调用函数保存；②为被调用函数的局部变量分配存储区；③将控制转移到被调用函数的入口。在从被调用函数返回调用函数之前,系统也应完成3件事：①保存被调函数的计算结果；②释放被调函数的数据区；③依照被调用函数保存的返回地址将控制转移到调用函数。当有多个函数构成嵌套调用时,按照"最后调用最先返回"的原则,系统运行期间所需要的数据依次存放在系统栈中。当调用一个子程序时创建一个新的活动记录（或栈帧结构）,并通过入栈将其压入栈顶；每当从一个函数退出时,通过出栈删除栈顶活动记录。这里以计算 factorial(3) 为例,观察记录递归过程中栈空间的变化,具体如表 3-3 所示。

表 3-3 阶乘算法递归过程

递归深度	实参	栈内容 (实参 n,result,行号地址,返回值) (栈底→栈顶)	说　　明
0	main()	((3,11,))	主程序调用 factorial(3),实参 3,主程序调用地址进栈
1	fact(3)	((3,11,)　(3,3,6,))	调用 factorial(3),实参 3,result=3,返回地址 6 进栈
2	fact(2)	((3,11,)　(3,3,6,)　(2,2,6,))	调用 factorial(2),实参 2,result=2,返回地址 6 进栈
3	fact(1)	((3,11,)　(3,3,6,)　(2,2,6,)　(1,1,6,))	调用 factorial(1),实参 1,result=1,返回地址 6 进栈
	fact(1)	((3,11,)　(3,3,6,)　(2,2,6,)　(1,1,6,**1**))	factorial(1),返回值为 1
2	fact(2)	((3,11,)　(3,3,6,)　(2,2,6,**2**))	factorial(2),返回值为 2
1	fact(1)	((3,11,)　(3,3,6,**6**))	factorial(3),返回值为 6
0	main()	((3,11,**6**))	返回主程序

从表 3-3 可以看出最后调用的最先返回,符合栈后进先出的操作特点,因此可以使用栈写出算法 3-14 的非递归实现,具体见算法 3-15。

算法 3-15 阶乘的非递归算法。

```
1    #include "linkstack.h"        //这里使用链栈,故包含链栈头文件
2    int factorial_NR(int n)       //阶乘函数
3    {
4        int res;
5        LinkStack st;
6        st = SetNullStack_Link(n);
7        while(n > 0)
8        {
9            Push_link(st, n);
10           n = n - 1;
11       }
12       res = 1;
13       while (!IsNullStack_link(st))
14       {
```

```
15              res = res * Top_link(st);
16              printf("当前栈顶元素是: %d\n", Top_link(st));
17              Pop_link(st);
18          }
19          return(res);
20      }
```

算法扩展:"聪明的学生"

一位教逻辑学的教授有 3 名非常善于推理且精于心算的学生 A、B 和 C。有一天,教授给他们 3 人出了一道题:教授在每个人的脑门上贴了一张纸条,并告诉他们每个人的纸条上都写了一个正整数,且某两个数的和等于第三个。于是,每个学生都能看见贴在另外两个同学脑门上的整数,却看不见自己脑门上的整数。

这时,教授先对学生 A 发问:"你能猜出自己的数吗?" A 回答:"不能。"

教授又转身问学生 B:"你能猜出自己的数吗?" B 想了想,也回答:"不能。"

教授又问学生 C 同样的问题,学生 C 思考了片刻后,摇了摇头说:"不能。"

接着,教授又重新问学生 A 同样的问题,再问学生 B 和学生 C,……,经过若干轮后,当教授再次问某人时,此人露出了得意的笑容,把自己头上的数准确地说了出来。请问,已知 A、B 和 C 脑门上贴的数为 X_1、X_2、X_3,求教授至少需提问多少次,轮到回答问题的那个人才能猜出自己头上的数。

提示:采用递归方法解决,可参考本书配套的实验教材。

3.7 栈的应用:迷宫

这是一个陷入迷宫的老鼠如何找到出口的问题,要求输出老鼠探索出的从入口到出口的路径。老鼠希望尽快地找到出口走出迷宫。如果它到达一个死胡同,将原路返回到上一个位置,尝试新的路径。在每个位置上老鼠可以向东、东南、南、西南、西、西北、北、东北八个方向运动。无论离出口多远,它总是按照这样的顺序尝试,当到达一个死胡同之后,老鼠将进行"回溯"。这种探索路径的回溯过程是最后走的位置要最先返回,因此可以使用栈来保存走过的路径序列。

迷宫可以用一个二维数组 $maze[m+2][n+2]$ 表示,数组中的元素或者为 0,或者为 1。0 表示通路,1 表示墙,迷宫的四周可以设想为全 1,即为墙。设置入口为 $maze[1][1]$、出口为 $maze[6][6]$。为了避免检查是否到达了边界,在迷宫四周添加一条取值为 1 的边来表示障碍,如图 3-4 所示。

解决迷宫问题有两种策略,一种是深度优先策略,另外一种是广度优先策略。两种策略分别对应栈和队列做辅助数据结构。在本节采用深度优先策略,在 3.11 节采用广度优先策略解决迷宫问题。

在迷宫问题中要找到路径并输出需要解决 3 个问题。

(1) 从某一个坐标点 (x,y) 出发如何搜索其相邻位置 (g,h)?

为了简化判断,假设迷宫四周都是墙,即在四周都赋值为 1 的一条边,这样对于任意的位置,与它相邻的位置有 8 个,如图 3-5 所示。

```
1 1 1 1 1 1 1 1
1 0 0 1 1 0 1 1 1
1 1 0 0 0 0 0 0 1
1 0 1 0 0 1 1 1 1
1 0 1 1 1 0 0 1 1
1 1 0 0 1 0 0 0 1
1 0 1 1 0 0 0 1 1
1 1 1 1 1 1 1 0 1
1 1 1 1 1 1 1 1
```

图 3-4 迷宫图

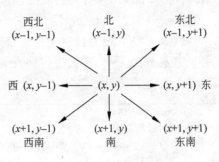

图 3-5 方向示意图

为了让计算机对 8 个位置按照一定的顺序搜索,不妨假设 8 个方向的顺序是从正东按照顺时针,将这 8 个方向的位置的坐标放到一个结构数组 direction[8][2]中,数组内容为:

direction[8][2] = { { 0, 1 }, { 1, 1 }, { 1, 0 }, { 1, -1 }, { 0, -1 }, { -1, -1 }, { -1, 0 }, { -1, 1 } }

数组中给出了相邻位置 (g,h) 相对于当前位置 (x,y) 的增量,即:

g = x + direction[i][j]
h = y + direction[i][j]

假设从当前位置 $(3,5)$ 向南出发,则:

g = x + direction[2][0] = 3 + 1 = 4
h = y + direction[2][1] = 5 + 0 = 5

(2) 如何记录探索过的路径?

由于采用了回溯方法,因此设计栈来存放探索过的路径,当不能向前继续探索时从栈中弹出元素。为了重复使用前面定义好的栈结构,在这里使用两个栈 linkStackX 和 linkStackY 分别存放行坐标和列坐标。

(3) 如何防止重复探索某位置?

通过设置标志位来识别,初始时各个位置的标志位 mark[i][j]=0,当探索到某位置后设置 mark[i][j]=1。

有了上述基本定义,迷宫算法的思路如下:

(1) 创建两个空栈 StackX 和 StackY。

(2) 将入口 entryX 和 entryY 分别压入栈 StackX 和 StackY 中。

(3) while(栈不空)

① 取栈顶元素,出栈,当前位置为栈顶元素。

② while(mov < 8),即还存在探索的方向。

a. 按照顺时针依次探索各个位置(posX, posY)。

b. 如果(posX, posY)是出口,输出路径,返回 1。

c. 如果(posX, posY)是没有走过的通路:

- 设置标志位 mark[posX][posY]=1。
- 当前位置进栈。

- 将(posX,posY)设置为当前位置。
- 设置 mov=0。

d. 否则(如果(X,Y)是没有走过的通路),mov++。

具体实现见算法 3-16,在算法 3-16 中使用了 3.3 节中定义的链栈。

算法 3-16 迷宫算法。

```
1   # include "linkstack.h"                    //包含链栈头文件
2   //迷宫深度遍历算法
3   int MazeDFS(int entryX, int entryY, int exitX, int exitY, Maze * maze)
4   {
5       int direction[8][2] = { { 0, 1 }, { 1, 1 }, { 1, 0 }, { 1, -1 },
6                               { 0, -1 }, { -1, -1 }, { -1, 0 }, { -1, 1 } };
7       //用于两个栈,分别保存路径中的点
8       LinkStack linkStackX = NULL;
9       LinkStack linkStackY = NULL;
10      int posX,posY;                         //临时变量,存放点坐标(x,y)
11      int preposX,preposY;
12      int **mark;                            //标记二维数组,标记哪些点走过,不再重复走
13      int i,j;                               //循环变量
14      int mov;                               //移动的方向
15      //给做标记的二维数组分配空间,并赋初值
16      mark = (int **)malloc(sizeof(int *) * maze->size); //假设构造的迷宫大小为 size*size
17      for (i = 0;i < maze->size;i++)
18          mark[i] = (int *)malloc(sizeof(int) * maze->size);
19      //给所有元素设置初值
20      for (i = 0;i < maze->size;i++)
21      {
22          for(j = 0;j < maze->size;j++)
23              mark[i][j] = 0;
24      }
25      linkStackX = SetNullStack_Link();      //初始化栈
26      linkStackY = SetNullStack_Link();      //初始化栈
27      mark[entryX][entryY] = 1;              //入口点设置标志位
28      Push_link(linkStackX, entryX);         //入口点入栈
29      Push_link(linkStackY, entryY);         //入口点入栈
30      //如果栈不为空且还没有找到迷宫出口点
31      while (!IsNullStack_link(linkStackX))
32      {
33          preposX = Top_link(linkStackX);
34          preposY = Top_link(linkStackY);
35          Pop_link(linkStackX);
36          Pop_link(linkStackY);
37          mov = 0;
38          while(mov < 8)
39          {
40              posX = preposX + direction[mov][0];
41              posY = preposY + direction[mov][1];
42              if (posX == exitX && posY == exitY)      //到达终点
43              {
```

```
44              Push_link(linkStackX, preposX);        //出口点入栈
45              Push_link(linkStackY, preposY);        //出口点入栈
46              printf("深度搜索迷宫路径如下：\n");
47              printf(" % d  % d\t", exitX, exitY);   //打印出口点
48              while (!IsNullStack_link(linkStackX))  //将路径逆序输出
49              {
50                  posX = Top_link(linkStackX);       //取栈顶元素
51                  posY = Top_link(linkStackY);       //取栈顶元素
52                  Pop_link(linkStackX);              //出栈
53                  Pop_link(linkStackY);              //出栈
54                  printf(" % d  % d\t", posX, posY); //输出栈顶元素
55              } //end 48
56              return 1;
57          } //end 42
58          //还有路可以走通
59          if (maze -> data[posX][posY] == 0 && mark[posX][posY] == 0)
60          {
61              mark[posX][posY] = 1;
62              Push_link(linkStackX, preposX);        //入栈
63              Push_link(linkStackY, preposY);        //入栈
64              preposX = posX;
65              preposY = posY;
66              mov = 0;   //已经往前走了,因此重新从 0 号方向开始搜索
67          }
68          else
69              mov++;                                 //换个方向试试
70      } //end 38
71   } //end 31
72   return 0;
73 }
```

对于图 3-4 所示的迷宫,输出结果为:

(6,6) (5,7) (4,6) (4,5) (3,4) (2,5) (2,4) (2,3) (1,2) (1,1)

具体搜索路径如图 3-6 所示,其中虚线表示探索过的位置,实线表示路径。

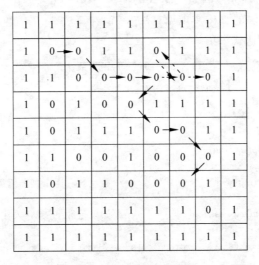

图 3-6 迷宫搜索路径

通过采用回溯算法可以得到一条从入口到出口的路径，但并不能保证这条路径是最短的，那么如何找到从出口到入口的最短路径呢？3.11 节给出了使用队列找到最短路径的方法。

3.8 栈的应用：表达式求值

表达式求值是程序设计语言编译中必须处理的问题，实现方法是栈应用的一个典型实例。中缀表达式就是在中学学习的表达式，操作符号在两个操作数中间。计算表达式的值按照先乘除后加减，对于括号，先算括号里面再算括号外面。括号在这里的作用就是避免产生歧义。例如 31 * (5−22)+70。那么能不能去掉这些额外的符号呢？逻辑学家波兰发明了不需要括号的记号法，就是前缀表示和后缀表示形式，举例如下。

（1）前缀表达式——波兰式(Polish Notation，PN)：

+ * 31 − 5 22 70

（2）中缀表达式：

31 * (5 − 22) + 70

（3）后缀表达式——逆波兰式(Reverse Polish Notation，RPN)：

31 5 22 − * 70 +

其中，后缀表达式是计算机最方便处理的形式。下面先分析后缀表达式的计算过程，再分析如何将熟悉的中缀表达式转换为后缀表达式。

后缀表达式用栈很容易计算结果，算法思路如下：

（1）顺序扫描后缀表达式

① 如果是操作数，压入栈中。

② 如果是操作符，从栈中弹出两个操作数进行计算，把结果再压入栈。

（2）扫描结束时，栈顶元素就是表达式的值。

后缀表达式求值算法的具体实现见算法 3-17，在算法 3-17 中使用了链栈。

算法 3-17　后缀表达式求值算法。

```
1    #include "linkstack.h"           //包含链栈头文件
2    //后缀表达式求值,返回计算结果
3    int evaluatePostfix(char * expression)
4    {
5        int i,len;
6        len = strlen(expression);
7        LinkStack stack = SetNullStack_Link();
8        for (i = 0; i < len; i++)     //从左到右逐个判断后缀表达式中的字符
9        {
10           if (isdigit(expression[i]))   //如果是数字,将它入栈
11           {
12               Push_link(stack, expression[i] - '0');
13           }
```

```
14          else //如果是操作符,取两个栈顶元素作为操作数进行运算,将结果入栈
15          {
16              int val1 = Top_link(stack);
17              Pop_link(stack);
18              int val2 = Top_link(stack);
19              Pop_link(stack);
20              switch (expression[i])
21              {
22                  case '+': Push_link(stack, val2 + val1); break;
23                  case '-': Push_link(stack, val2 - val1); break;
24                  case '*': Push_link(stack, val2 * val1); break;
25                  case '/': Push_link(stack, val2/val1); break;
26              }
27          }
28      }
29      return Top_link(stack);
30  }
```

例如,后缀表达式"6 2 / 3－4 2 ＊ ＋"的计算过程如表 3-4 所示。

表 3-4　后缀表达式计算过程

步骤	待处理的后缀表达式 (头→尾)	栈 (顶→底)	进行的计算
1	6 2 / 3－4 2 ＊ ＋		
2	2 / 3－4 2 ＊ ＋	6	
3	/ 3－4 2 ＊ ＋	2 6	
4	3－4 2 ＊ ＋	3	6/2
5	－4 2 ＊ ＋	3 3	
6	4 2 ＊ ＋	0	3－3
7	2 ＊ ＋	4 0	
8	＊ ＋	2 4 0	
9	＋	8 0	2＊4
10		8	0＋8

下面介绍如何将中缀表达式转换为后缀表达式,从前面的例子可以看出,在后缀表达式中所有整数出现的次序与它们在中缀表达式中出现的相对次序是一致的,差别仅在于运算符按照实际执行的次序放到对应的运算分量后面。算法思路如下:

(1) 从左至右依次扫描中缀表达式。

① 如果是操作数,直接输出。

② 如果是"(",入栈中。

③ 如果是")"弹出栈顶元素并放入后缀表达式中,反复执行直到栈顶元素为"("时为止,表明这一层括号内的操作处理完毕。

④ 如果是操作符,将该操作符和操作符栈顶元素比较。

- 如果**高于**栈顶元素的优先级,将它压入栈中。
- 如果**低于**栈顶元素的优先级,取出栈顶元素放入后缀表达式,并弹出该栈顶元素,反复执行直到栈顶元素的优先级低于当前操作符的优先级。

（2）重复上述步骤直到遇到中缀表达式的结束"♯"，弹出栈中的所有元素并放入后缀表达式中，算法结束。

从上述算法可以看出，在转换过程中需要对操作符进行优先级的比较，操作符的优先级关系如表 3-5 所示。中缀表达式转换为后缀表达式的具体过程见算法 3-18，在算法 3-18 中使用了链栈。

表 3-5　操作符优先级关系表

优先级关系	＋	－	＊	/	(	)	♯
＋	>	>	<	<	<	>	>
－	>	>	<	<	<	>	>
＊	>	>	>	>	<	>	>
/	>	>	>	>	<	>	>
(	<	<	<	<	<	=	>
)	>	>	>	>	=	>	>
♯	<	<	<	<	<	<	=

算法 3-18　中缀表达式转换为后缀表达式。

```
1   ♯include "linkstack.h" //包含链栈头文件
2   //获得某个运算符的优先级,加减返回1,乘除返回2,其他返回-1
3   int precedenceOf(char ch)
4   {
5       switch (ch)
6       {
7       case '+':
8       case '-':
9           return 1;
10      case '*':
11      case '/':
12          return 2;
13      }
14      return -1;
15  }
16
17  //中缀表达式转后缀表达式,返回值为存有后缀表达式的字符串
18  char * infixToPostfix(char * infixExp)
19  {
20    int i, len, k = 0;
21    char * postfixExp;
22    len = strlen(infixExp);
23    postfixExp = (char * )malloc(sizeof(char) * len);
24    LinkStack stack = SetNullStack_Link();
25    for (i = 0; i < len; i++)               //从左到右依次判断中缀表达式中的各个字符
26    {
27        if (isdigit(infixExp[i]))           //如果是数字,直接添加到后缀表达式中
28        {
29            postfixExp[k] = infixExp[i];
30            k++;
```

```c
31      }
32      else if (infixExp[i] == '(')          //如果是左括号,将它入栈
33      {
34          Push_link(stack, infixExp[i]);
35      }
36      else if (infixExp[i] == ')')
37        //如果是右括号,将栈中的操作符出栈,直到遇到左括号
38      {
39          while (!IsNullStack_link(stack) && Top_link(stack) != '(')
40          {
41              postfixExp[k] = Top_link(stack);
42              k++;
43              Pop_link(stack);
44          }
45          Pop_link(stack);
46      }
47      else
48      {
49          //出栈,直到栈为空或该操作符的优先级高于栈顶操作符的优先级
50          while(!IsNullStack_link(stack) && precedenceOf(infixExp[i])
51                          <= precedenceOf(Top_link(stack)))
52          {
53              postfixExp[k] = Top_link(stack);
54              Pop_link(stack);
55              k++;
56          }
57          Push_link(stack, infixExp[i]);    //将该操作符入栈
58      }
59  }
60  //将栈中元素全部出栈并添加到后缀表达式中
61  while (!IsNullStack_link(stack))
62  {
63      postfixExp[k] = Top_link(stack);
64      Pop_link(stack);
65      k++;
66  }
67  postfixExp[k] = '\0';
68  return postfixExp;
69 }
```

例如,将中缀表达式"31*(5-22)+70"转换为后缀表达式,具体过程如表3-6所示。

表 3-6 中缀表达式转换为后缀表达式的过程

步骤	待处理的中缀表达式 (头→尾)	栈 (顶→底)	已经输出的部分后缀表达式 (头→尾)
1	31*(5-22)+70		
2	*(5-22)+70		31
3	(5-22)+70	*	31
4	5-22)+70	(*	31

续表

步骤	待处理的中缀表达式 （头→尾）	栈 （顶→底）	已经输出的部分后缀表达式 （头→尾）
5	−22)+70	(*	31 5
6	22)+70	−(*	31 5
7	)+70	−(*	31 5 22
8	+70	*	31 5 22 −
9	70	+	31 5 22 − *
10		+	31 5 22 − * 70
11			31 5 22 − * 70 +

3.9 循环队列

队列采用顺序存储时会存在假溢出的问题。表 3-7 给出了一个实例。假设分配的顺序队列空间为 8 个。在步骤 1~10 中依次进行了相关的操作，在第 10 步入队后，元素 40 占据顺序队列的第 8 个空间，这样在第 11 步不能进行入队的操作。但是在第 4 步和第 5 步进行出队操作，顺序表的第 1 个和第 2 个空间已经腾空，由于队列操作的受限性，这时不能完成入队的操作，这种现象称为"**假溢出**"。

表 3-7　循环队列举例

步骤	操　作	队列 （队头→队尾）							
1	enQueue(qu,5)	05							
2	enQueue(qu,10)	05	10						
3	enQueue(qu,15)	05	10	15					
4	deQueue(qu)		10	15					
5	deQueue(qu)			15					
6	enQueue(qu,20)			15	20				
7	enQueue(qu,25)			15	20	25			
8	enQueue(qu,30)			15	20	25	30		
9	enQueue(qu,35)			15	20	25	30	35	
10	enQueue(qu,40)			15	20	25	30	35	40
11	enQueue(qu,45)								

这里给出采用循环队列解决假溢出的一种方法，如图 3-7 所示。该方法是将顺序队列设想为一个环形空间。在队列处于如图 3-7(d)所示的状态时，如果再进队元素 45，则从 0 的位置开始，因为 0 的位置空，所以 45 入队 0 的位置，如图 3-7(e)所示。这时如果再进队 50，50 入队 1 的位置，此时队头指针 f 和队尾指针 r 重合，如图 3-7(f)所示。注意这种情况队列已经满了，但是由于队列空的状态也是队头指针 f 和队尾指针 r 重合，因此需要采取措施区分队列空和队列满。采取的方式就是浪费一个空间，如图 3-7(e)所示表明队列满，即队尾 r 还差一个位置和队头重合。

第3章 栈和队列

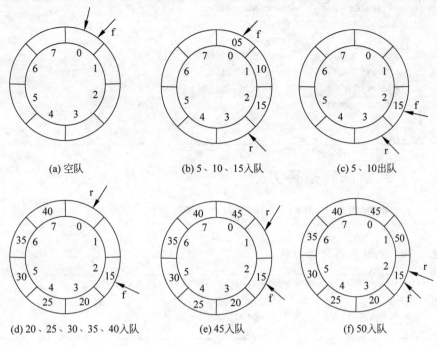

(a) 空队　　(b) 5、10、15入队　　(c) 5、10出队

(d) 20、25、30、35、40入队　　(e) 45入队　　(f) 50入队

图 3-7　循环队列示意图

循环队列的类型定义如下：

```
1  typedef int DataType;
2   struct Queue
3   {
4    int Max;              //队列空间最大值
5    int f,r;              //队头和队尾指针
6    DataType *elem;       //队列元素空间
7   };
8  typedef struct Queue *SeqQueue;
```

3.9.1 创建空队列

创建空队列首先申请 struct Queue 结构体大小的空间，申请成功后再申请一个预先定义的数组空间，并将循环队列的队头和队尾设置为零。具体实现见算法 3-19。

算法 3-19　创建空队列。

```
1  SeqQueue SetNullQueue_Seq(int m)
2  {
3      SeqQueue squeue;
4      squeue = (SeqQueue)malloc(sizeof(struct Queue));
5      if (squeue == NULL)
6      {
7          printf("Alloc failure\n");
8          return NULL;
9      }
```

```
10      squeue->elem = (int*)malloc(sizeof(DataType)*m);
11      if (squeue->elem != NULL)
12      {
13          squeue->Max = m;        //设置循环队列最大值空间
14          squeue->f = 0;          //队头初值
15          squeue->r = 0;          //队尾初值
16          return squeue;
17      }
18  }
```

3.9.2 判断队列是否为空

检查队头和队尾指针是否相等,相等为空队列,返回 1,否则返回 0。具体实现见算法 3-20。

算法 3-20 判断队列是否为空。

```
1   int IsNullQueue_seq(SeqQueue squeue)        //判断队列是否为空
2   {
3       return (squeue->f == squeue->r);
4   }
```

3.9.3 入队

首先检查队列是否满,如果不满,则在队尾插入元素,并修改队尾指针。具体实现见算法 3-21。

算法 3-21 入队。

```
1   void EnQueue_seq(SeqQueue squeue, DataType x)
2   {
3       if ((squeue->r+1) % squeue->Max == squeue->f)          //判断队列是否满
4           printf("It is FULL Queue!");
5       else{
6           squeue->elem[squeue->r] = x;                       //将元素 x 插入队尾
7           squeue->r = (squeue->r+1) % (squeue->Max);         //队尾指针加 1
8       }
9   }
```

3.9.4 出队

首先检查队列是否为空,若队列非空,则删除队头元素,修改队头指针。具体实现见算法 3-22。

算法 3-22 出队。

```
1   void DeQueue_seq(SeqQueue squeue)
2   {
3       if (IsNullQueue_seq(squeue))                           //判断队列是否为空
4           printf("It is empty queue!\n");
```

5	else
6	squeue -> f = (squeue -> f + 1) % (squeue -> Max); //队头指针加1
7	}

3.9.5 取队头元素

检查队列是否为空，若队列非空，返回队头元素。具体实现见算法 3-23。

算法 3-23　取队头元素。

1	DataType FrontQueue_seq(SeqQueue squeue)
2	{
3	if (squeue -> f == squeue -> r) //判断队列是否为空
4	printf("It is empty queue!\n");
5	else
6	return(squeue -> elem[squeue -> f]);
7	}

3.10　链队列

采用链式存储的队列称为链队列，队头指针指向链队列的第一个结点，队尾指针指向最后一个结点，如图 3-8 所示。

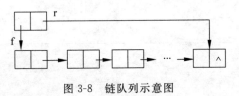

图 3-8　链队列示意图

链队列的类型定义如下：

1	typedef int DataType;
2	struct Node
3	{
4	DataType data;
5	struct Node * link;
6	};
7	typedef struct Node * PNode;
8	struct Queue
9	{
10	PNode f;
11	PNode r;
12	};
13	typedef struct Queue * LinkQueue;

3.10.1　创建空队列

创建空队列，申请 struct Queue 结构体空间，并设置队头和队尾指针为空，然后返回指向该结点的指针。具体实现见算法 3-24。

算法 3-26 创建空队列。

```
1   LinkQueue  SetNullQueue_Link()    //创建空队列
2   {
3       LinkQueue lqueue;
4       lqueue = (LinkQueue)malloc(sizeof(struct Queue));
5       if (lqueue != NULL)
6       {
7           lqueue -> f = NULL;
8           lqueue -> r = NULL;
9       }
10      else
11          printf("Alloc failure! \n");
12      return  lqueue;
13  }
```

3.10.2 判断队列是否为空

检查队头指针，队列为空返回 1，否则返回 0。具体实现见算法 3-25。

算法 3-25 判断队列是否为空。

```
1   int IsNullQueue_Link(LinkQueue lqueue)    //判断队列是否为空
2   {
3       return (lqueue -> f == NULL);
4   }
```

3.10.3 入队

申请结点，如果申请成功，为结点的数据域和指针域赋值，如果是空队列，对入队的第一个结点进行特殊处理，即队头和队尾都指向该结点；如果不是空队列，则在队尾插入。具体实现见算法 3-26。

算法 3-26 入队。

```
1   void EnQueue_link(LinkQueue lqueue, DataType x)    //入队操作
2   {
3       PNode  p;
4       p = (PNode)malloc(sizeof(struct Node));         //申请结点空间
5       if (p == NULL)
6           printf("Alloc failure!");
7       else{
8           p -> data = x;                              //数据域赋值
9           p -> link = NULL;                           //指针域赋值
10          if (lqueue -> f == NULL)                    //空队列的特殊处理
11          {
12              lqueue -> f = p;
13              lqueue -> r = p;
14          }
```

```
15              else
16              {
17                  lqueue->r->link = p;        //插入队尾
18                  lqueue->r = p;              //修改队尾指针
19              }
20          }
21      }
```

3.10.4 出队

检查队列是否为空，若队列非空，修改队头指针，并释放队头结点空间。具体实现见算法 3-27。

算法 3-27 出队。

```
1   void DeQueue_link(LinkQueue lqueue)         //出队
2   {
3       struct Node   * p;
4       if (lqueue->f == NULL)                  //判断队列是否为空
5           printf( "It is empty queue!\n ");
6       else
7       {
8           p = lqueue->f;                      //p指向队头结点,以方便后面的释放
9           lqueue->f = lqueue->f->link;        //修改队头指针
10          free(p);                            //释放结点空间
11      }
    }
```

3.10.5 取队头元素

检查队列是否为空，如果非空，返回队头元素。具体实现见算法 3-28。

算法 3-28 取队头元素。

```
1   DataType   FrontQueue_link(LinkQueue lqueue)    //取队头元素
2   {
3       if (lqueue->f == NULL)                      //判断队列是否为空
4       {
5           printf("It is empty queue!\n");
6           return 0;
7       }
8       else
9           return (lqueue->f->data);               //返回队头结点数据域
10  }
```

3.11 队列的应用：迷宫

在 3.7 节中使用栈采用深度策略找到了一条从入口到出口的路径，但是怎样找到一条最短路径呢？本节使用队列采用广度策略找到一条从入口到出口的最短路径。

迷宫的表示和搜索 8 个方向的顺序同前面的定义,迷宫算法思路如下:
(1) 创建两个空队列 linkQueueX 和 linkQueueY。
(2) 将入口 entryX 和 entryY 分别压入队列 linkQueueX 和 linkQueueY 中。
(3) while(队列不空)
① 取队头元素,出队。
② for(mov=0;mov<8;mov++),即还存在可以探索的相邻方向。
a. 按照顺时针依次探索各个位置(X, Y)。
b. 如果(posX, posY)是出口,则输出路径,返回。
c. 如果(posX, posY)是没有走过的通路:
- 设置标志位 mark[posX][posY]=1。
- 当前位置入队。
- 记录前驱位置,方便输出路径。

在实现中设置 preposMarkX 和 preposMarkY 数组,用来存放迷宫行走过程中的前驱结点,以方便在找到出口时能够逆序输出迷宫路径。具体实现见算法 3-29,在算法 3-29 中使用了链队列。

算法 3-29 迷宫算法。

```
1   # include "LinkQueue.h"                     //包含链队列头文件
2   //迷宫广度遍历算法
3   int MazeBSF(int entryX, int entryY, int exitX, int exitY, Maze * maze)
4   {
5       int direction[8][2] = { { 0, 1 }, { 1, 1 }, { 1, 0 }, { 1, -1 },
6                               { 0, -1 }, { -1, -1 }, { -1, 0 }, { -1, 1 } };
7       //用于两个队列,分别保存等待扩展的点
8       LinkQueue linkQueueX = NULL;
9       LinkQueue linkQueueY = NULL;
10      int posX, posY;                         //临时变量,存放点坐标(x,y)
11      int preposX, preposY;
12      int ** preposMarkX;                     //记录迷宫行走过程中的前驱 x 值
13      int ** preposMarkY;                     //记录迷宫行走过程中的前驱 y 值
14      int ** mark;                            //标记二维数组,标记哪些点走过,不再重复走
15      int i,j,mov;
16      //给存放前驱 x 值的数组分配空间
17      preposMarkX = (int ** )malloc(sizeof(int * ) * maze -> size);
18      for (i = 0; i < maze -> size; i++)
19      {
20          preposMarkX[i] = (int * )malloc(sizeof(int) * maze -> size);
21      }
22      //给存放前驱 y 值的数组分配空间
23      preposMarkY = (int ** )malloc(sizeof(int * ) * maze -> size);
24      for (i = 0; i < maze -> size; i++)
25      {
26          preposMarkY[i] = (int * )malloc(sizeof(int) * maze -> size);
27      }
28      //给做标记的二维数组分配空间,并赋初值
29      mark = (int ** )malloc(sizeof(int * ) * maze -> size);
```

```c
30      for (i = 0; i < maze -> size; i++)
31      {
32          mark[i] = (int *)malloc(sizeof(int) * maze -> size);
33      }
34      for (i = 0; i < maze -> size; i++)                  //给所有元素设置初值
35      {
36          for (j = 0; j < maze -> size; j++)
37          {
38              preposMarkX[i][j] = -1;
39              preposMarkY[i][j] = -1;
40              mark[i][j] = 0;
41          }
42      }
43      linkQueueX = SetNullQueue_Link();                   //创建空队列
44      linkQueueY = SetNullQueue_Link();                   //创建空队列
45      EnQueue_link(linkQueueX, entryX);                   //迷宫入口点入队
46      EnQueue_link(linkQueueY, entryY);                   //迷宫入口点入队
47      mark[entryX][entryY] = 1;                           //入口点设置标志位
48      //如果队列不为空且还没有找到迷宫出口点
49      while (!IsNullQueue_Link(linkQueueX))
50      {
51          preposX = FrontQueue_link(linkQueueX);          //取队头
52          DeQueue_link(linkQueueX);                       //出队
53          preposY = FrontQueue_link(linkQueueY);          //取队头
54          DeQueue_link(linkQueueY);                       //出队
55          //将与当前点相邻接且满足一定条件的点放入队列
56          for (mov = 0; mov < 8; mov++)
57          {
58              posX = preposX + direction[mov][0];
59              posY = preposY + direction[mov][1];
60              if (posX == exitX && posY == exitY)         //到达出口点
61              {
62                  preposMarkX[posX][posY] = preposX;
63                  preposMarkY[posX][posY] = preposY;
64                  printf("广度搜索迷宫路径如下:\n%d %d\t", posX, posY);
65                  //将路径逆序输出
66                  while (!(posX == entryX && posY == entryY))
67                  {
68                      //继续往前寻找前驱
69                      preposX = preposMarkX[posX][posY];
70                      preposY = preposMarkY[posX][posY];
71                      posX = preposX;
72                      posY = preposY;
73                      printf("%d %d\t", posX, posY);
74                  } //end 66
75                  return 1;
76              } //end 60
77              //如果能走,且没有被扩展过
78              if (maze -> data[posX][posY] == 0 && mark[posX][posY] == 0)
79              {
```

```
80              EnQueue_link(linkQueueX, posX);        //入队扩展
81              EnQueue_link(linkQueueY, posY);
82              mark[posX][posY] = 1;                   //做标记
83              preposMarkX[posX][posY] = preposX;      //记录前驱
84              preposMarkY[posX][posY] = preposY;
85          }   //end 78
86      }   //end 56
87  }   //end 49
88  return 0;
89 }
```

对于图 3-4 所示的迷宫，输出结果为：

(6,6)　(5,6)　(4,5)　(3,4)　(2,3)　(1,2)　(1,1)

搜索路径过程中的位置及前驱位置的状态变化如表 3-8 所示，加粗表示输出迷宫路径中通过前驱 preposMarkX、preposMarkY 逆序输出路径的过程。搜索路径示意图如图 3-9 所示，其中虚线表示探索过的位置，实线表示路径。

表 3-8　位置以及其前驱位置的状态变化

posX	1	**2**	2	3	3	2	**3**	4	2	1	**4**	5	2	4	**5**	5	5	6	2	5	**6**	...
posY	2	2	3	3	1	4	**4**	1	5	5	**5**	2	6	6	**6**	5	3	1	7	7	**6**	...
preposMarkX	1	1	1	2	2	**2**	2	3	3	2	2	3	4	2	1	**4**	4	5	5	2	4	**5**	...
preposMarkY	1	1	2	2	2	**3**	3	1	4	4	**4**	1	5	5	5	**5**	5	2	2	6	6	**6**	...

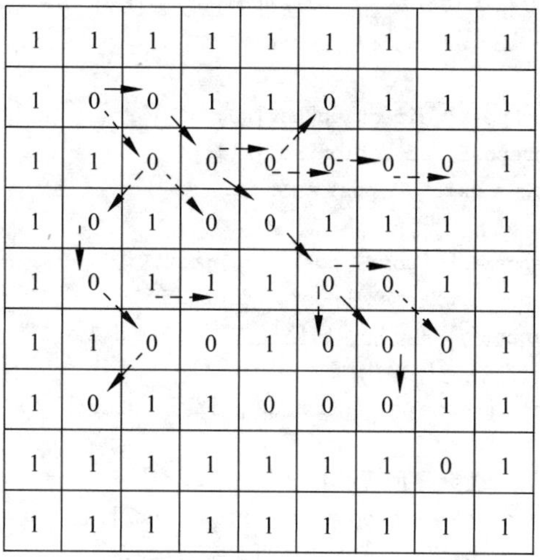

1	1	1	1	1	1	1	1
1	0	0	1	0	1	1	1
1	0	0	0	0	0	0	1
1	0	1	1	1	1	1	1
1	0	1	1	1	0	1	1
1	1	0	1	0	0	0	1
1	0	1	0	0	0	1	1
1	1	1	1	1	1	0	1
1	1	1	1	1	1	1	1

图 3-9　迷宫搜索路径

3.12　队列的应用：农夫过河

一个农夫带了一只狼、一只羊和一棵白菜来到河边，他要把它们从河的南岸带到河的北岸。现在仅有一只很小的船，农夫最多只能带其中之一，请问农夫怎样才能将它们安全地运

到北岸？要求给出一种可行方案。

要找到可行的方案并输出，需要解决以下 3 个问题。

(1) 位置与状态：为了表示它们的位置，采用二进制位来区分南岸和北岸，0 表示在南岸，1 表示在北岸。用 4 个二进制位分别表示农夫、狼、白菜和羊 4 个物品所在的位置。例如 1110 表示农夫、狼和白菜在北岸，羊在南岸。农夫过河问题的初始状态为 0000，结束状态为 1111。

(2) 安全状态判断：在算法求解过程中需要判断状态是否安全。例如 1110 是安全状态，1000 是不安全状态。分析所有的状态，其中不安全状态有两个，一是羊和白菜在同一岸但农夫没有和它们在一起，另外一个是狼和羊在同一岸但农夫没有和它们在一起。其他的都是安全状态。

(3) 中间状态记录：为了方便地记录中间的状态，设置一维数据 status[16]。初始时 status[j]=−1(j=0,…,15)。如果状态 j 由状态 i 得到，则更新 status[j]=i。这样当到达结束状态 1111 时可以通过 status[] 数组反向回推到初始状态 0000，中间的状态则是农夫过河问题的一个解。

有了以上基本定义，农夫过河的算法的具体思路如下。

(1) 初始状态 0000 入队。

(2) 当队列不空且没有到达结束状态 1111 时循环以下操作：

① 队头状态出队。

② 按照农夫一个人走、农夫分别带上 3 个走循环以下操作：

- 如果农夫和它们在同一岸，则计算新的状态。
- 如果新状态是安全的并且是没有处理过的，则更新 status[ ]，并将新状态入队。

③ 当状态为 1111 时逆向输出 status[] 数组。

需要注意的是状态能否入队，要判断以下 3 条，满足任何一条都不能入队。

(1) 不可能：通过判断是否在同一岸；

(2) 不安全：通过安全函数判断；

(3) 处理过：记录处理过的状态。

农夫过河问题的具体实现见算法 3-30，在算法 3-30 中使用了循环队列。

算法 3-30 农夫过河问题。

```
1   #include "SeqQueue.h"                //包含顺序队列头文件
2   int FarmerOnRight(int status)        //判断当前状态下农夫的位置
3   {
4       return (0 != (status & 0x08));
5   }
6   int WolfOnRight(int status)          //判断当前状态下狼的位置
7   {
8       return (0 != (status & 0x04));
9   }
10  int CabbageOnRight(int status)       //判断当前状态下白菜的位置
11  {
12      return (0 != (status & 0x02));
13  }
```

```c
14    int GoatOnRight(int status)           //判断当前状态下羊是否在南岸
15    {
16        return (0 != (status & 0x01));
17    }
18    int IsSafe(int status)                //判断当前状态是否安全
19    {
20        if((GoatOnRight(status) == CabbageOnRight(status))&&
21              (GoatOnRight(status) != FarmerOnRight(status)))
22            return (0);                   //羊吃白菜
23        if((GoatOnRight(status) == WolfOnRight(status))&&
24              (GoatOnRight(status) != FarmerOnRight(status)))
25            return (0);                   //狼吃羊
26        return (1);                       //其他状态是安全的
27    }
28    void FarmerRiver()                    //农夫过河算法
29    {
30        int i, movers, nowstatus, newstatus;
31        int status[16];                   //用于记录已考虑的状态路径
32        SeqQueue moveTo;                  //用于记录可以安全到达的中间状态
33        moveTo = SetNullQueue_seq(20);    //创建空队列
34        EnQueue_seq(moveTo, 0x00);        //初始状态时所有物品在南岸,初始状态入队
35        for (i = 0; i < 16; i++)          //数组 status 初始化为 -1
36            status[i] = -1;
37        status[0] = 0;
38        while (!IsNullQueue_seq(moveTo) && (status[15] == -1))
39        //队列非空且没有到达结束状态
40        {
41            nowstatus = FrontQueue_seq(moveTo);   //取队头状态为当前状态
42            DeQueue_seq(moveTo);
43            for (movers = 1; movers <= 8; movers <<= 1)   //遍历 3 个要移动物品
44            //考虑各种物品移动
45            if ((0 != (nowstatus & 0x08)) == (0 != (nowstatus & movers)))
46                //农夫与移动的物品在同一侧
47                {
48                    newstatus = nowstatus ^ (0x08 | movers);  //计算新状态
49                    //如果新状态是安全的且之前没有出现过
50                    if (IsSafe(newstatus) && (status[newstatus] == -1))
51                    {
52                        status[newstatus] = nowstatus;        //记录新状态
53                        EnQueue_seq(moveTo, newstatus);       //新状态入队
54                    }
55                }
56        }
57        //输出经过的状态路径
58        if (status[15] != -1)                              //到达最终状态
59        {
60            printf("The reverse path is : \n");
61            for (nowstatus = 15; nowstatus >= 0; nowstatus = status[nowstatus])
62            {
63                printf("The nowstatus is : %d\n", nowstatus);
```

```
64                    if (nowstatus == 0)
65                         exit(0);
66               }
67          }
68          else
69               printf("No solution.\n");                    //问题无解
70     }
```

3.13 双端队列

双端队列是同时具有队列和栈的性质的数据结构,即可以在头部和尾部插入和删除元素的数据结构。在 STL 中有双端队列容器,有兴趣的读者也可以自己实现双端队列。下面给出双端队列的一个简单应用——滑动最小值。

问题描述:给定一个长度为 n 的数列 $a_0,a_1,a_2,\cdots,a_{n-1}$ 和一个整数 k,求数列 $b_i=\min\{a_i,a_{i+1},\cdots,a_{i+k-1}\}$。

限制条件:$1 \leqslant k \leqslant n \leqslant 10^6, 0 \leqslant a_i \leqslant 10^9$

输入:
$n=5$
$k=3$
$a=\{1,3,5,4,2\}$

输出:
$b=\{1,3,2\}$

双端队列开始为空,队列中存放数组 a 的下标,然后通过维护双端队列得到最小值。

算法思路:

(1) 把 0 到 $k-1$ 依次加入队列。当加入 i 时,若双端队列的末尾的值 j 满足 $a_j \geqslant a_i$,则不断从末尾取出,直到双端队列为空或者 $a_j < a_i$,之后在末尾加入 i。

(2) 在 $k-1$ 都加入双端队列后,查看双端队列头部的值 j,那么 $b_0=a_j$,如果 $j=0$,由于之后的计算中不再需要,因而从头部删除。

(3) 继续计算 b_i,在双端队列的末尾加入 k,进入 a 重复执行。

具体实现见算法 3-31,在算法 3-31 中使用了 STL 中的双端队列。

算法 3-31 滑动最小值问题的算法。

```
1    #include <iostream>
2    #include <deque>          //STL 中的双端队列
3    using namespace std;
4    int main()
5    {
6         deque<int> d;
7         int n, k, a[100], b[100];
8         cout << "请输入 n 和 k: ";
9         cin >> n >> k;
10        cout << "请输入数组 a 的元素:";
```

```
11      for (int i = 0; i < n; i++)
12      {
13          cin >> a[i];
14      }
15      int count = 0;
16      d.push_back(0);
17      for (int i = 1; i < n; i++)
18      {
19          while (!d.empty() && a[d.back()] >= a[i])
20          {
21              d.pop_back();
22          }
23          d.push_back(i);
24          if (i - k + 1 >= 0)
25          {
26              b[i - k + 1] = a[d.front()];
27              count++;
28          }
29          if (d.front() == i - k + 1)
30          {
31              d.pop_front();
32          }
33      }
34      for (int i = 0; i < count; ++i)
35      {
36          printf("%d ", b[i]);
37      }
38      return 1;
39  }
```

习题

3-1 有 4 个元素 (a、b、c、d) 按照先后次序压入栈中，栈混洗有多少种可能？把它们全部列出来。

3-2 设栈 S 和队列 Q 的初始状态为空，元素 1、2、3、4、5、6 依次通过栈 S，一个元素出栈后即刻进入队列 Q。若这 6 个元素出队列的顺序是 2,4,3,6,5,1，则栈的容量至少应该多大？

3-3 将表达式 $(1+5)\times(2+12/4)+6$ 转换为后缀表达式，并画出栈中内容变化的过程。

3-4 设两个栈 S_1 和 S_2 共享同一数组 $a[0,1\cdots MAX]$，为了最大限度地利用数组空间，两个栈应该如何共享？给出入栈、出栈、判断栈满和判断栈空的算法。

3-5 已知递归函数 $F(m)$，其中 div 表示整除。

$$F(m) = \begin{cases} 1 & \text{当 } m = 0 \text{ 时} \\ mF(m \text{ div } 2) & \text{当 } m > 0 \text{ 时} \end{cases}$$

(1) 写出 $F(m)$ 的递归算法。

(2) 写出 $F(m)$ 的非递归算法。

3-6　设用循环链表来表示队列，只设置一个指针指向队尾结点，不设置头指针，要求实现创建空队列、判断队列是否为空、入队、出队和取队头元素等操作，并在主程序中进行测试。

3-7　假设用一个数组 $a[0,1\cdots \text{MAX}]$ 来表示循环队列，队列只设置队头指针 front，不设置队尾指针 rear，通过设置计数器 count 来表示队列中结点的个数。编写创建空队列、判断空队列、入队和出队等算法。

3-8　八皇后问题是一个古老且著名的问题，该问题由国际西洋棋棋手马克斯·贝瑟尔于 1848 年提出：在 8×8 格的国际象棋棋盘上摆放 8 个皇后，使其不能互相攻击，即任意两个皇后都不能处于同一行、同一列或同一斜线上，这样的一种格局称为一个解。请用回溯法和递归方法解决八皇后问题。

3-9　分别采用栈的深度搜索策略和队列的广度搜索策略来解决迷宫问题，给定不同形态的迷宫进行测试和比较，比较方面包括时间消耗、迷宫大小、迷宫形态、应用需求等，从而说明两种方式的适用性。

3-10　应用题：实现一个简易的表达式求值系统。从键盘输入带有括号的中缀表达式，要求首先判断括号是否匹配，如果括号匹配，表达式合法，再将中缀表达式转换为后缀表达式，并计算和输出表达式的值。对常见输入错误进行判断，例如括号错误、非法字符、运算符号错误、除数为零等情况。可以使用自己实现的栈或使用 STL 中的栈。

3-11　应用题：用队列模拟银行业务。设银行有 s 个不同业务的服务窗口，顾客来到银行通过取票得到其对应业务的服务号，s 个窗口根据顾客到来的顺序提供"先进先出"的服务。请编写算法模拟该过程。

第 4 章

本章关键词：化简为繁和化繁为简。

关键词——化简为繁。在前面介绍的线性结构中，元素之间存在着一对一的线性关系。本章介绍的树形结构是一种分层结构，比如书的目录、计算机系统结构、互联网域名系统等。二叉树作为一种简单、基本的树形结构特例，具有研究的一般意义，因为任何多叉的树形结构都可以等价地转换为二叉树。遍历是这种结构中最为重要的操作，遍历的递归算法简洁明了，但是从学习者的角度来看并不能反映遍历过程的实质，因此读者需要"追本溯源""化简为繁"，将递归的算法转化为非递归的实现。

关键词——化繁为简。通过遍历可以将二叉树的非线性结构转换为线性结构，从而使问题得到简化。多叉树转为二叉树采用长子-兄弟表示方法，同样也是基于这样的思想。在这部分的学习中会用到前面的栈和队列，通过对它们再次应用，相信读者会有新的收获。

"温故而知新，可以为师矣。"

——《论语》

4.1 二叉树的概念

4.1.1 二叉树的基本形态和分类

1. 二叉树的基本形态

二叉树是一种最简单的树形结构，本章的学习从最简单的二叉树开始。

二叉树被定义为结点的有限集合。这个集合或者是空集，或者是由一个根结点和两棵互不相交的、分别称为左子树和右子树的二叉树组成的，这里是递归定义。图 4-1 所示的二叉树是由根结点 A 和两棵子树组成的，两棵子树又分别以 B 和 C 为根结点组成。可以看出，二叉树中的每个结点最多有两个子结点。根据二叉树的定义，其基本形态包括 5 种，如图 4-2 所示。注意，在二叉树中两个子结点是严格区分左右的。

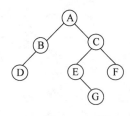

图 4-1　二叉树

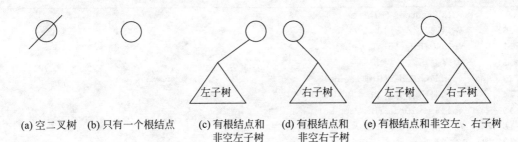

(a) 空二叉树 (b) 只有一个根结点 (c) 有根结点和非空左子树 (d) 有根结点和非空右子树 (e) 有根结点和非空左、右子树

图 4-2 二叉树的基本形态

2. 特殊的二叉树

(1) 完全二叉树：一棵二叉树除最后一层外，其余各层的结点数都达到了最大值，并且最后一层的结点按照从左到右的顺序排列。如图 4-3(a)所示为一棵完全二叉树。

(2) 满二叉树：除了叶子结点外，其余每个结点都有两个子结点。如图 4-3(b)所示为一棵满二叉树。

(3) 扩充二叉树：将二叉树中的所有结点都扩充到两个子结点。例如图 4-3(c)中，度为 1 的结点 B 扩充一个结点，度为 0 的结点 D 扩充两个子结点，依此类推构造了一棵扩充二叉树。扩充结点称为外部结点，用虚线表示，其他结点为内部结点，用实线表示。

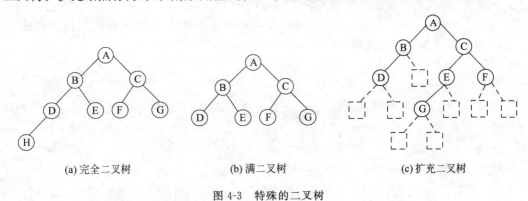

(a) 完全二叉树   (b) 满二叉树   (c) 扩充二叉树

图 4-3 特殊的二叉树

4.1.2 二叉树的抽象数据类型定义

二叉树的主要操作包括创建一棵二叉树、判断二叉树是否为空、销毁二叉树和遍历二叉树等。二叉树的抽象数据类型定义如下：

```
1   ADT BinTree is
2   operations
3       BinTree CreateBinTree(void)
4       创建一棵二叉树
5       int IsNullBinTree(BinTree bt)
6       判断二叉树 bt 是否为空
7       void Destory BinTree(BinTree bt)
8       销毁二叉树 bt
```

9	void PreOrder(BinTree bt)
10	先序遍历二叉树 bt
11	void InOrder(BinTree bt)
12	中序遍历二叉树 bt
13	void PostOrder(BinTree bt)
14	后序遍历二叉树 bt
15	void LevelOrder(BinTree bt)
16	层次遍历二叉树 bt
17	End ADT BinTree

4.2 二叉树的数学性质

性质 1 二叉树的第 i 层上最多有 2^i 个结点($i \geq 0$)。

证明：(用归纳法证明)

(1) 当 $i=0$ 时只有一个根结点，$2^0=1$。

(2) 假设对所有的 j，$0 \leq j < i$，命题成立。当 $j=i-1$ 时结点数为 2^{i-1}，那么当 $j=i$ 时，由于二叉树中的每个结点最多有两棵子树，则第 i 层上的结点数为 $2^{i-1} \times 2 = 2^i$。

证毕。

性质 2 深度为 k 的二叉树最多有 $2^{k+1}-1$ 个结点($k \geq 0$)。

证明：深度为 k 的二叉树，当每层的结点都达到最多时，整个二叉树的结点达到最多。依据性质 1，深度为 k 的二叉树的结点最多为：

$$\sum_{i=0}^{k} 2^i = 2^0 + 2^1 + 2^2 + \cdots + 2^k = 2^{k+1} - 1$$

性质 3 对于任何一棵二叉树，如果叶子结点个数为 n_0，度为 2 的结点个数为 n_2，则必然存在关系 $n_0 = n_2 + 1$。

证明：

(1) 二叉树总的结点数 $n = n_0 + n_1 + n_2$。

(2) 二叉树的分支总数 $b = n_1 + 2n_2$（因为度为 1 的结点引出一个分支，度为 2 的结点引出两个分支）。

(3) 二叉树的分支总数 $b = n - 1$（因为除根结点外，二叉树的每个结点都是由一个分支引出）。

由(1)、(2)、(3)得 $b = n - 1 = n_0 + n_1 + n_2 - 1 = n_1 + 2n_2$，即 $n_0 = n_2 + 1$。

完全二叉树的性质

性质 4 具有 n 个结点的完全二叉树的深度是 $\lfloor \log_2 n \rfloor$（$\lfloor \rfloor$ 表示下取整）。

证明：

(1) 设完全二叉树的深度为 k，深度为 $k-1$ 的二叉树一定是每层达到了最多结点数。

(2) 根据性质 2 得 $2^k - 1 < n \leq 2^{k+1} - 1$，即 $2^k \leq n < 2^{k+1}$，$k \leq \log_2 n < k+1$。由于 k 只能取整数，因此 $k = \lfloor \log_2 n \rfloor$。

性质 5 如果对一棵有 n 个结点的完全二叉树按层次顺序从 0 开始编号，则对于任一结点 i($0 \leq i \leq n-1$)，其编号具有如下特性。

(1) $i=0$,序号结点 i 是根;$i>0$,其双亲结点的序号为 $\lfloor \frac{i-1}{2} \rfloor$。

(2) 如果 $2i+1 \leq n-1$,序号为 i 的结点的左孩子结点的序号为 $2i+1$。

如果 $2i+1 > n-1$,序号为 i 的结点无左孩子。

(3) 如果 $2i+2 \leq n-1$,序号为 i 的结点的右孩子结点的序号为 $2i+2$。

如果 $2i+2 > n-1$,序号为 i 的结点无右孩子。

性质 6 满二叉树的性质 在满二叉树中,叶子结点的个数比分支结点的个数多 1。

根据满二叉树的定义和性质 3,可以很容易地得出以上结论。

性质 7 扩充二叉树的性质 在扩充二叉树中,外部结点的个数比内部结点的个数多 1。

根据扩充二叉树的定义和性质 3,同样可以很容易地得出以上结论。

4.3 二叉树的深度优先遍历

二叉树的遍历就是按照某种顺序访问二叉树中的所有结点,并且只访问一次。与前面的线性结构相比,二叉树的遍历要复杂一些,根据访问的策略不同,二叉树的遍历分为深度优先遍历和广度优先遍历。

一棵二叉树由根结点(D)、根的左子树(L)和根的右子树(R)三部分组成。根据这三部分访问的先后次序不同,将深度优先遍历分为先序遍历(preorder)、中序遍历(inorder)和后序遍历(postorder)3 种方法。

1. 先序遍历

先序遍历定义:按照 D→L→R 的顺序访问结点。

(1) 访问根结点 D。

(2) 按照先序次序遍历 D 的左子树。

(3) 按照先序次序遍历 D 的右子树。

从定义中可以看出,先序遍历其实是一个递归的过程,根据定义可以很容易地写出先序遍历的递归算法,见算法 4-1。

算法 4-1 先序遍历算法伪代码。

```
1   void PreOrder_Recursion(BinTree bt)        //递归先序遍历算法
2   {
3       if(bt == NULL) return;                 //递归出口
4       visit(bt);                             //访问根结点
5       PreOrder_Recursion(leftchild(bt));     //递归左子树
6       PreOrder_Recursion(rightchild(bt));    //递归右子树
7   }
```

2. 中序遍历

中序遍历定义:按照 L→D→R 的顺序访问结点。

(1) 按照中序遍历访问二叉树的左子树。

(2) 访问根结点 D。

(3) 按照中序遍历访问二叉树的右子树。

和先序遍历类似，可以很容易地写出中序遍历递归算法，见算法 4-2。

算法 4-2 中序遍历算法伪代码。

1	`void InOrder_Recursion(BinTree bt)`	//递归中序遍历算法
2	`{`	
3	`    if(bt == NULL) return;`	//递归出口
4	`    InOrder_Recursion(leftchild(bt));`	//递归左子树
5	`    visit(bt);`	//访问根结点
6	`    InOrder_Recursion(rightchild(bt));`	//递归右子树
7	`}`	

3．后序遍历

后序遍历定义：按照 L→R→D 的顺序访问结点。

(1) 按照后序遍历访问二叉树的左子树。

(2) 按照后序遍历访问二叉树的右子树。

(3) 访问根结点。

后序遍历递归算法见算法 4-3。

算法 4-3 后序遍历算法伪代码。

1	`void PostOrder_Recursion(BinTree bt)`	//递归后序遍历算法
2	`{`	
3	`    if(bt == NULL) return;`	//递归出口
4	`    PostOrder_Recursion(leftchild(bt));`	//递归左子树
5	`    PostOrder_Recursion(rightchild(bt));`	//递归右子树
6	`    visit(bt);`	//访问根结点
7	`}`	

根据定义，图 4-4 所示的二叉树的深度遍历序列分别如下。

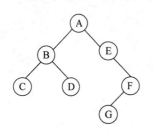

图 4-4 二叉树的深度遍历举例

(1) 先序遍历输出序列：A B C D E F G。

(2) 中序遍历输出序列：C B D A E G F。

(3) 后序遍历输出序列：C D B G F E A。

可以看出，通过遍历能够将二叉树的树形结构转换为线性结构。

表 4-1、表 4-2 和表 4-3 分别描述了先序遍历、中序遍历和后序遍历的具体过程。每一步包括了 preorder 的调用情况，包括对 preorder 的调用次数、根结点的值以及访问情况。

从深度遍历的过程可以看出，先序遍历第一次调用就访问该结点，中序遍历是当从左子树返回时访问，后序遍历是当从右子树返回时访问。另外，在 3 种遍历过程中调用遍历函数的次数是相同的，都是 15 次(7×2+1)，即结点的个数乘以 2 再加 1。

表 4-1 二叉树的先序遍历过程

调用次数	根结点的值	访问情况
1	A	A
2	B	B
3	C	C
4	NULL(C 的左子树)	
5	NULL(C 的右子树)	
6	D	D
7	NULL(D 的左子树)	
8	NULL(D 的右子树)	
9	E	E
10	NULL(E 的左子树)	
11	F	F
12	G	G
13	NULL(G 的左子树)	
14	NULL(G 的右子树)	
15	NULL(F 的右子树)	

表 4-2 二叉树的中序遍历过程

调用次数	根结点的值	访问情况
1	A	
2	B	
3	C	
4	NULL(C 的左子树)	
3	C	C
5	NULL(C 的右子树)	
2	B	B
6	D	
7	NULL(D 的左子树)	
6	D	D
8	NULL(D 的右子树)	
1	A	A
9	E	
10	NULL(E 的左子树)	
9	E	E
11	F	
12	G	
13	NULL(G 的左子树)	
12	G	G
14	NULL(G 的右子树)	
11	F	F
15	NULL(F 的右子树)	

表 4-3 二叉树的后序遍历过程

调用次数	根结点的值	访问情况	调用次数	根结点的值	访问情况
1	A		9	E	
2	B		10	NULL(E 的左子树)	
3	C		11	F	
4	NULL(C 的左子树)		12	G	
5	NULL(C 的右子树)		13	NULL(G 的左子树)	
3	C	C	14	NULL(G 的右子树)	
6	D		12	G	G
7	NULL(D 的左子树)		15	NULL(F 的右子树)	
8	NULL(D 的右子树)		11	F	F
6	D	D	9	E	E
2	B	B	1	A	A

4.4 二叉树的广度优先遍历

二叉树的广度优先遍历又称为按照层次遍历，遍历的过程是从第一层的根结点开始，自上而下逐层遍历，并且对于同一层的访问按照从左到右的顺序进行。对图 4-4 所示的二叉树进行层次遍历的序列为 A B E C D F G。广度遍历过程能够使用队列数据结构实现，具体见算法 4-4。

算法 4-4 广度遍历算法伪代码。

```
1   void LevelOrder(BinTree bt)                        //使用队列层次遍历二叉树
2   {
3      初始化队列 q;
4      if (t == NULL) return;
5      bt 入队 q;
6      while(队列不空)
7      {   出队元素 p;
8          visit(p);                                   //访问队头结点的数据域
9          if (leftchild(p) != NULL) leftchild(p)入队 q;   //左孩子不空,则入队
10         if (rightchild(p) != NULL) rightchild(p)入队 q; //右孩子不空,则入队
11     }
12  }
```

队列变化

对图 4-4 所示的二叉树进行层次遍历的过程如表 4-4 所示。首先结点 A 入队列,遍历过程是从队头出队一个结点,访问该结点(输出该结点的数据域),并且把该结点的左、右孩子入队列,重复这个过程直到队列为空结束。一个结点的左、右孩子在它的下一层,它们入队的顺序是先左孩子入队再右孩子入队,这样输出的顺序是先上再下、先左再右。注意,在这里真正入队的是指向该结点的指针,而非结点,表 4-4 只是为了表明层次遍历的算法过程。

表 4-4 层次遍历过程

循环次数	队列情况 (队头→队尾)	出队情况 (访问结点)	入队情况
1	A	A	BE
2	BE	B	CD
3	ECD	E	F
4	CDF	C	
5	DF	D	
6	F	F	G
7	G	G	
8	空队列结束		

4.5 二叉树的重构

对于一棵给定的二叉树,对其进行不同的遍历可以得到该遍历对应的唯一序列。如果已知二叉树的遍历序列能否恢复二叉树呢?下面通过一个具体实例进行说明。

例 4-1 已知某二叉树的先序遍历序列为 A,B,C,D,E,F,G,H,I,中序遍历序列为 B,C,A,E,D,G,H,F,I,根据先序序列和中序序列恢复这棵二叉树。

具体分析过程如下:

(1) 在先序遍历序列中第一个访问的是二叉树的根结点,这样可以确定 A 是二叉树的

根。根据中序遍历的定义按照 L→D→R 的顺序访问结点,就可以确定 B、C 两个结点是 A 的左子树上的结点,E、D、G、H、F、I 是 A 的右子树上的结点,如图 4-5(a)所示,但是左、右子树上的结点的相对关系不能确定。对于 A 的左、右子树可以重复刚才的步骤,**即通过先序遍历序列确定根,通过中序遍历序列确定左、右子树上的结点。**

(2) 对于 A 的左子树的两个结点(B,C),它们在先序序列中是 B,C,所以 B 是左子树的根。它们在中序遍历序列中为 B,C,这样确定了 B 的左子树为空,B 的右子树上的结点为 C,只有一个结点 C 即可确定 C 为 B 的右子树的根,如图 4-5(b)所示。

(3) 对于 A 的右子树的 6 个结点(E、D、G、H、F、I),它们在先序遍历序列中是 D,E,F,G,H,I,所以 D 是右子树的根;它们在中序遍历序列中为 E,D,G,H,F,I,这样确定了 D 的左子树结点为 E,同样只有一个结点即可确定 E 为 D 的左子树的根。D 的右子树的结点为 G,H,F,I,如图 4-5(b)所示。

(4) 重复刚才的过程,可以得到图 4-5(c)和图 4-5(d)。图 4-5(d)为最终恢复后的二叉树。

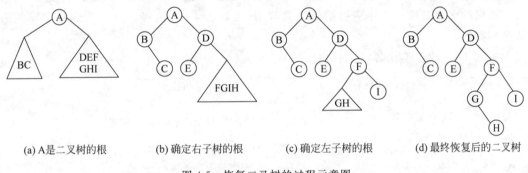

(a) A 是二叉树的根　　(b) 确定右子树的根　　(c) 确定左子树的根　　(d) 最终恢复后的二叉树

图 4-5　恢复二叉树的过程示意图

通过这个实例可以看出已知二叉树的先序遍历序列和中序遍历序列可以恢复二叉树。同样,已知二叉树的后序遍历序列和中序遍历序列也可以恢复二叉树。其分析过程是通过后序遍历序列确定二叉树的根,通过中序遍历序列确定左、右子树的结点。如果已知二叉树的先序遍历序列和后序遍历序列能否恢复二叉树呢?按照以上分析过程对于一般的二叉树是不能恢复的,但是对于特殊的二叉树(例如满二叉树)还是可以恢复的。

例 4-2　已知一棵满二叉树的先序遍历序列为 A,B,D,E,C,F,H,I,G,后序遍历序列为 D,E,B,H,I,F,G,C,A。

根据满二叉树的定义,以及先序遍历和后序遍历的定义,从图 4-6 中可以得知,在先序序列中紧跟着根结点的是左子树的根,在后序序列中紧挨着根结点的前面是右子树的根。

分析过程: 首先,通过先序遍历序列或者后序遍历序列可以确定二叉树的根是 A。在先序遍历序列中紧跟着根结点 A 的是左子树的根,这样确定了 A 的左孩子是 B。在后序遍历序列中紧挨着根结点 A 的是右子树的根,这样确定了 A 的右孩子是 C。重复该过程,即**在先序序列中确定结点的左孩子,在后序序列中确定结点的右孩子**。这样在先序序列中紧跟着 B 的是 D,则 D 为 B 的左孩子。在后序序列中紧挨着 B 的前面是 E,则 E 为 B 的右孩子。同样,C 的左孩子是 F,C 的右孩子是 G,重复该过程,可以恢复该二叉树,如图 4-7 所示。

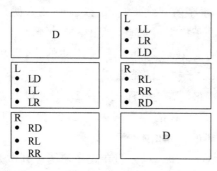

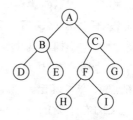

图 4-6 先序遍历和后序遍历示意对比图   图 4-7 满二叉树的恢复

4.6 二叉树的交叉遍历

在 4.3 节中对二叉树进行深度遍历时采用的是递归定义,即函数自己调用自己。如果对二叉树的先序遍历和中序遍历循环交叉调用(见算法 4-5),这种情况会得到什么样的遍历序列呢?

算法 4-5 交叉遍历算法伪代码。

```
1   void PreOrder(BinTree bt)            //递归先序遍历算法
2   {
3       if(bt == NULL) return;           //递归出口
4       visit(bt);                        //访问根结点
5       InOrder (leftchild(bt));         //中序遍历左子树
6       InOrder (rightchild(bt));        //中序遍历右子树
7   }
8   void InOrder(BinTree bt)             //递归中序遍历算法
9   {
10      if(bt == NULL) return;           //递归出口
11      PreOrder (leftchild(bt));        //先序遍历左子树
12      visit(bt);                        //访问根结点
13      PreOrder (rightchild(bt));       //先序遍历右子树
14  }
15  void main()
16  {
17      bt = CreateBinTree();            //创建一棵二叉树
18      PreOrder(bt);                     //入口
19  }
```

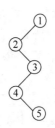

图 4-8 交叉遍历举例

如图 4-8 所示,交叉遍历的过程分析如下:从根结点 1 进入调用 PreOrder(),访问根结点 1;进入 1 的左子树调用 InOrder();进入 2 的左子树调用 PreOrder(),为空返回;访问根结点 2;进入 2 的右子树调用 PreOrder(),访问根结点 3;进入 3 的左子树调用 InOrder();进入 4 的左子树调用 PreOrder(),为空返回;访问根结点 4;进入 4 的右子树调用 PreOrder(),访问根结点 5;进入 5 的左子树调用 InOrder(),为空返回;进入 5 的右子树调用

InOrder(),为空返回；返回到 4 右；返回到 3 左；进入 3 的右子树调用 InOrder(),为空返回；返回到 2 右；返回到 1 左；进入 1 的右子树调用 InOrder(),为空返回；返回到主程序。

整个过程如图 4-9 和表 4-5 所示,遍历序列为 1,2,3,4,5。

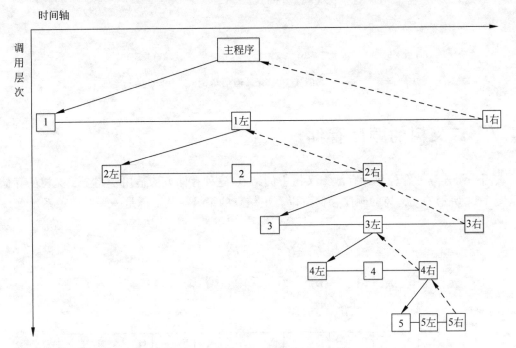

图 4-9 交叉遍历过程

表 4-5 交叉遍历过程

调用次数	调用函数	根结点的值	访问情况
1	**PreOrder()**	1	1
2	InOrder()	2	
3	PreOrder()	NULL(2 的左子树)	
2	**InOrder()**	**2**	2
4	**PreOrder()**	3	3
5	InOrder()	4	
6	PreOrder()	NULL(4 的左子树)	
5	**InOrder()**	**4**	4
7	**PreOrder()**	5	5
8	InOrder()	NULL(5 的左子树)	
9	InOrder()	NULL(5 的右子树)	

扩展练习：请分析图 4-10 所示的二叉树交叉遍历的输出序列。

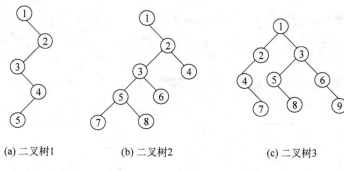

(a) 二叉树1　　　　(b) 二叉树2　　　　(c) 二叉树3

图 4-10　交叉遍历举例

4.7　二叉树的顺序存储

用一组连续的存储单元存放二叉树中的结点，这种存储方法适用于完全二叉树的存储。从图 4-11 所示的二叉树的顺序存储可以看出结点的编号与其下标是一一对应关系。

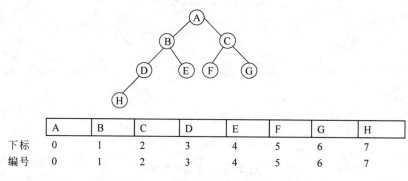

图 4-11　完全二叉树的顺序存储

思考：结点之间的逻辑关系如何体现呢？根据前面的完全二叉树的性质 5，已知一个结点的编号，可以计算其相关结点的编号（包括父结点和左、右孩子的编号）。因此，对于完全二叉树的顺序存储形式，结点之间的逻辑关系可以通过下标体现出来，所以不用保存父结点和孩子结点的位置，这样比采用 4.8 节的链式存储节省空间。

思考：一般的二叉树采用顺序存储是否合适？给定一般二叉树，如果直接采用上述形式的顺序存储，如图 4-12 所示，那么结点之间的逻辑关系不能体现，此时可以采用两种方式

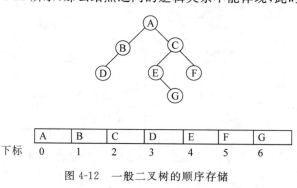

图 4-12　一般二叉树的顺序存储

来体现逻辑关系。一种方式是添加存储的信息,如表 4-6 所示。数组元素包括根结点信息和子结点信息。另一种方式是把原有的二叉树扩充为完全二叉树,如图 4-13 所示。这两种方式的空间利用率低,所以对于一般的二叉树不适合采用顺序存储,特别是对于右单支的二叉树,需要扩充更多的结点。

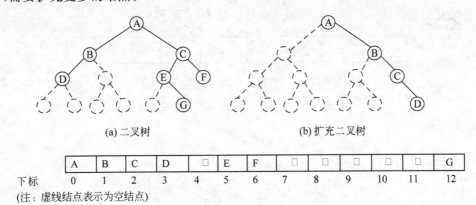

(a) 二叉树　　　　　　　　(b) 扩充二叉树

下标	0	1	2	3	4	5	6	7	8	9	10	11	12
	A	B	C	D	□	E	F	□	□	□	□	□	G

(注:虚线结点表示为空结点)

图 4-13　扩充二叉树的顺序存储

表 4-6　一般二叉树的顺序存储表示

	结点数据	父结点位置	左孩子位置	右孩子位置
0	A	-1	1	2
1	B	0	3	-1
2	C	0	4	5
3	D	1	-1	-1
4	E	2	-1	6
5	F	2	-1	-1
6	G	4	-1	-1

4.8　二叉树的链式存储

对于一般的二叉树,采用顺序存储需要额外附加信息,浪费空间。同时,这种方法也存在着顺序存储本身的缺点,需要提前分配空间、插入和删除结点需要大量地移动结点,而采用链式存储会克服这些缺点。在这种方式中,每个结点有 3 个域,即数据域和左、右指针域。数据域存储结点信息,左、右指针域分别存储左、右孩子结点的存储地址。

用 C 语言定义二叉链表结构如下:

```
1   typedef char DataType;
2   typedef struct BTreeNode
3   {
4       DataType data;
5       struct BTreeNode * leftchild;
6       struct BTreeNode * rightchild;
7   }BinTreeNode;
8   typedef BinTreeNode * BinTree;
```

在这种存储方式中可以很容易地找到孩子结点,但是不容易找到父结点,如果需要知道任意结点的父结点,只需要在定义中增加第 4 个域——parent 域即可,如图 4-14 所示。与前面的链表结构一样,使用指向根结点的指针 bt 表示二叉树。在二叉链表结构中,如果一个二叉树有 n 个结点,则需要有 $2n$ 个指针域,但实际有用的指针域是 $n-1$ 个,另外的 $n+1$ 个指针域是空指针。一般二叉树的链式存储如图 4-15 所示。

(a) 二叉链表结构   (b) 三叉链表结构

图 4-14　二叉链表结构和三叉链表结构

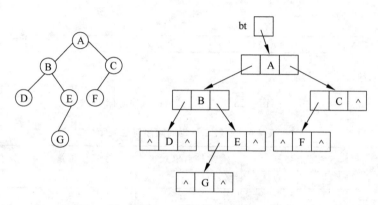

图 4-15　二叉树的链式存储表示

4.9　二叉树的建立和遍历(递归算法)

4.9.1　二叉树的遍历

根据二叉树遍历的定义,采用二叉树链表存储结构可以很容易地给出深度遍历的递归算法,在这里访问结点模拟为输出结点的数据域,需要注意的是递归的出口。具体实现见算法 4-6、算法 4-7 和算法 4-8。同样,在二叉树链表存储结构下,二叉树的层次遍历的具体实现见算法 4-9。

算法 4-6　先序遍历算法。

```
1  void PreOrder_Recursion(BinTree bt)    //递归先序遍历
2  {
3      if (bt == NULL) return;
4      printf(" % c", bt -> data);
5      PreOrder_Recursion(bt -> leftchild);
6      PreOrder_Recursion(bt -> rightchild);
7  }
```

算法 4-7　中序遍历算法。

```
1  void InOrder_Recursion(BinTree bt)              //递归中序遍历
2  {
3      if(bt == NULL) return;
4      InOrder_Recursion(bt->leftchild);
5      printf("%c",bt->data);
6      InOrder_Recursion(bt->rightchild);
7  }
```

算法 4-8　后序遍历算法。

```
1  void PostOrder_Recursion(BinTree bt)            //递归后序遍历
2  {
3      if(bt == NULL) return;
4      PostOrder_Recursion(bt->leftchild);
5      PostOrder_Recursion(bt->rightchild);
6      printf("%c",bt->data);
7  }
```

算法 4-9　层次遍历算法。

```
1   void LevelOrder(BinTree bt)                    //使用队列层次遍历二叉树
2   {
3       BinTree p;
4       LinkQueue queue = SetNullQueue_Link();     //创建空队列
5       if (bt == NULL) return;
6       p = bt;
7       EnQueue_link(queue, bt);                   //根结点入队
8       while (!IsNullQueue_Link(queue))           //队列不空,循环执行
9       {
10          p = FrontQueue_link(queue);            //取队头
11          DeQueue_link(queue);                   //出队
12          printf("%c ", p->data);
13          if (p->leftchild!= NULL)
14              EnQueue_link(queue, p->leftchild); //左孩子不空,则入队
15          if (p->rightchild!= NULL)
16              EnQueue_link(queue, p->rightchild);//右孩子不空,则入队
17      }
18  }
```

4.9.2　二叉树的建立

前面给出了二叉树遍历的定义和递归算法,如果要得到"访问"序列,需要首先建立一棵二叉树。本节给出一种利用二叉树的先序遍历创建一棵二叉树的递归算法,在这里的一个前提是需要将原有的二叉树构造为扩展二叉树。外部结点的信息为"@",表示对应的子树为空。如图 4-16 所示,根据二叉树遍历的定义,其先序序列为:A B D @ @ @ C E @ G @ @ F @ @。注意,"@"需要正确输入,它

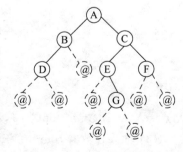

图 4-16　扩展二叉树

是下面创建二叉树的递归算法的递归出口。如果输入不正确,将导致函数无法正常返回。具体实现见算法 4-10。

算法 4-10 建立二叉树的递归算法。

```
1   BinTree CreateBinTree_Recursion()
2   {
3       char ch;
4       BinTree bt;
5       scanf_s(" % c",&ch);
6       if(ch=='@')            //输入@,则分支为空
7           bt = NULL;
8       else
9           {
10              bt = (BinTreeNode * )malloc(sizeof(BinTreeNode));
11              bt -> data = ch;
12              bt -> leftchild = CreateBinTree_Recursion();    //递归构造左子树
13              bt -> rightchild = CreateBinTree_Recursion();   //递归构造右子树
14          }
15      return bt;
16  }
```

4.10 二叉树的建立和遍历(非递归算法)

在 4.9 节中已经给出了二叉树遍历和建立的递归算法,算法本身简单,但是对于初学者来说,并不能很好地理解遍历的过程,本节通过迭代过程从底层实现二叉树的遍历和创建,通过使用栈模拟递归过程有助于读者全面理解递归函数的工作过程,能够加深读者的理解。

4.10.1 二叉树建立的非递归实现

回忆 4.2 节中的完全二叉树的性质可以知道,对于图 4-17 所示的二叉树的完全二叉树,编号 0 对应根结点 A,其左孩子的编号为 1,右孩子的编号为 2。与之类似,C 结点的编号为 2,则它的左孩子的编号为 5,右孩子的编号为 6,其余各结点类似。因此,可以通过编号来确定结点之间的逻辑关系。

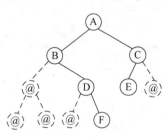

图 4-17 一般二叉树扩充为完全二叉树

算法思路:

(1) 将二叉树扩充为完全二叉树,输入完全二叉树序列,以 # 作为结束标志,设置计数器 count 为 -1,用来标识结点的序号。

(2) 如果输入的不是@,则生成一个新结点 s,并对结点的数据域赋值为输入的字符,对结点的左、右指针赋值为空,结点 s 入队,计数器 count 加 1,count=0。

(3) 如果计数器 count 等于 0,这个结点就是根结点,设置二叉树的根 bt=s;如果计数器 count 是奇数,则是父结点 p(队头结点)的左孩子,即 p—>leftchild=s;如果计数器 count

是偶数,则是父结点 p(队头结点)的右孩子,即 p->rightchild=s,此时队头结点的左、右孩子已经处理完,出队。

具体实现见算法 4-11,算法使用了链队列的基本操作,同样也可以使用循环队列。

算法 4-11　建立二叉树的非递归算法。

```
1   BinTree CreateBinTree_NRecursion()
2   {
3       LinkQueue queue = SetNullQueue_Link();    //设置空队列
4       BinTreeNode * s, * p, * bt;
5       char ch;
6       int count = -1;
7       ch = getchar();
8       bt = NULL;                                //设置二叉树为空
9       while (ch!= '#')                          //假设结点的值为单个字符,#为结束字符
10      {
11          s = NULL;
12          if (ch!= '@')                         //判断读入的是否为虚结点"@"
13          {
14              s = (BinTreeNode * )malloc(sizeof(BinTreeNode));   //申请新结点
15              s->data = ch;                     //新结点数据域赋值
16              s->leftchild = s->rightchild = NULL;   //新结点指针域赋值
17          }
18          EnQueue_link(queue,s);                //将新结点地址或虚结点地址入队
19          count++;
20          if (count == 0)                       //若为 0,则是根结点,用 bt 指向它
21              bt = s;
22          else
23          {
24              p = FrontQueue_link(queue);
25              if (s!= NULL && p!= NULL)         //当前结点及其双亲结点都不是虚结点
26                  if (count % 2 == 1)           //count 为奇数,新结点作为左孩子插入
27                      p->leftchild = s;
28                  else p->rightchild = s;       //count 为偶数,新结点作为右孩子插入
29              if (count % 2 == 0)               //count 为偶数,说明两个孩子处理完,队头结点出队
30                  DeQueue_link(queue);
31          }
32          ch = getchar();                       //输入下一个结点的值
33      }
34      return bt;
35  }
```

4.10.2　先序遍历的非递归实现

图 4-18 给出了先序遍历示意图,D 表示二叉树的根结点,$L_1 \sim L_i$ 表示左孩子结点,$R_1 \sim R_{i+1}$ 表示右孩子结点,$T_1 \sim T_{i+1}$ 表示右孩子结点的子树。

先序遍历的过程是沿着左分支一直下行,当深入不下去时进入右分支,先序遍历的序列如图 4-19 所示。

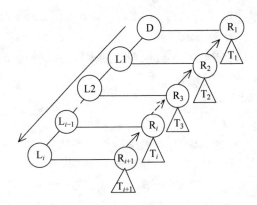

图 4-18　先序遍历示意图

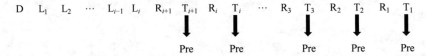

图 4-19　先序遍历的过程示意（其中 Pre 表示 Preorder）

算法思路 1：先序遍历的过程是按照 D→L→R 的顺序访问结点。假设每个结点都入栈和出栈一次，并且出栈的时候访问，这样每个结点的左、右孩子的进栈顺序应该是右孩子先入栈，然后左孩子入栈。

（1）从根结点 bt 开始，将根结点压入栈 lstack 中；

（2）如果栈 lstack 不空，从栈 lstack 中弹出一个元素 p，并访问；

（3）如果 p 的右孩子不空，入栈 lstack；

（4）p 的左孩子不空，入栈 lstack；

（5）重复上述过程(2)~(4)，直到栈 lstack 为空结束。

使用链栈的先序遍历的具体实现见算法 4-12，需要注意入栈元素的类型。栈中内容的变化如图 4-20 所示。

算法 4-12　先序遍历的非递归算法 1。

1	void PreOrder_NRecursion1(BinTree bt)	//先序遍历的非递归实现
2	{	
3	LinkStack lstack;	//定义链栈
4	lstack = SetNullStack_Link();	//初始化栈
5	BinTreeNode *p;	
6	Push_link(lstack, bt);	//根结点入栈
7	while (!IsNullStack_link(lstack))	
8	{	
9	p = Top_link(lstack);	
10	Pop_link(lstack);	
11	printf("%c", p->data);	//访问结点
12	if (p->rightchild)	
13	Push_link(lstack, p->rightchild);	//右子树不空,进栈
14	if (p->leftchild)	
15	Push_link(lstack, p->leftchild);	//左子树不空,进栈

| 16 | } |
| 17 | } |

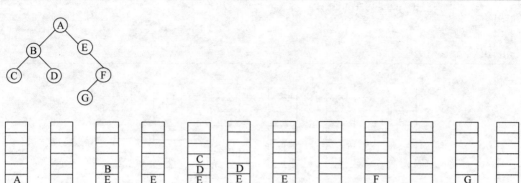

图 4-20　迭代算法 1 时栈中内容的变化过程

时间复杂度：假设二叉树的结点个数为 n，分析迭代算法 1，从栈中内容的变化可以看出每个结点进栈、出栈各一次，所以时间复杂度为 $O(n)$。空间复杂度等于二叉树的深度。

算法思路 2：先序遍历的过程是按照 D→L→R 的顺序访问结点。假设考虑只是右孩子入栈，左孩子沿着左分支深入，经过的时候就访问，不入栈。从根结点开始，沿着左分支深入、访问，并且将结点的右孩子入栈，直到到达一个空结点。然后检查栈是否为空，栈空则结束，栈非空，出栈一个元素，重复上述过程。

(1) 从根结点 p 开始；
(2) 如果 p 不空，则访问它；
(3) 接着如果 p 的右孩子不空，右孩子入栈 lstack；
(4) p 的左孩子不空，沿着左分支进入 p 的左子树；
(5) 重复上述过程(2)~(4)，直到 p 为空（即沿着左分支深入不下去为止）；
(6) 如果 lstack 栈空算法结束；
(7) 栈 lstack 不空从栈中弹出一个元素，重复上述过程(2)~(5)。

具体实现见算法 4-13，栈中内容的变化如图 4-21 所示。

算法 4-13　先序遍历的非递归算法 2。

```
1   void PreOrder_NRecursion2(BinTree bt)
2   {
3       LinkStack lstack;                        //定义链栈
4       BinTreeNode *p = bt;
5       lstack = SetNullStack_Link();            //初始化栈
6       if (bt == NULL) return;
7       Push_link(lstack, bt);
8       while (!IsNullStack_link(lstack))
9       {
10          p = Top_link(lstack);
11          Pop_link(lstack);
12          while (p)
13          {
14              printf("%c", p->data);           //访问结点
```

```
15                if (p->rightchild)                            //右孩子是空,不用进栈
16                    Push_link(lstack, p->rightchild);
17                p = p->leftchild;
18            }
19        }
20   }
```

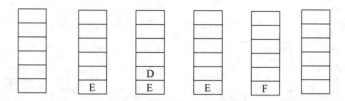

图 4-21　迭代算法 2 时栈中内容的变化过程

时间复杂度：分析迭代算法 2，从栈中内容的变化可以看出二叉树中的右孩子结点进栈、出栈各一次，所以时间复杂度为 $O(n)$。

4.10.3　中序遍历的非递归实现

图 4-22 给出了中序遍历示意图，D 表示二叉树的根结点，$L_1 \sim L_i$ 表示左孩子结点，$R_1 \sim R_{i+1}$ 表示右孩子结点，$T_1 \sim T_{i+1}$ 表示右孩子结点的子树。

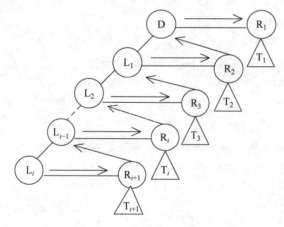

图 4-22　中序遍历示意图

中序遍历的过程是沿着左分支一直下行，直到深入不下去时才开始访问，接着进入右分支，中序遍历的序列如图 4-23 所示。

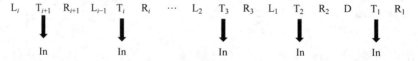

图 4-23　中序遍历的过程示意（其中 In 表示 Inorder）

算法思路：中序遍历的过程是按照 L→D→R 的顺序访问结点。从根结点开始，沿着左分支一直深入将经过的每个结点入栈，直到到达一个空结点。然后出栈一个元素，并访问出

栈的元素,接着进入出栈结点的右分支,此时检查出栈结点的右分支以及栈是否为空,如果都为空,算法结束,否则重复上述过程。

(1) p=bt;

(2) p 不空,则 p 入栈 lstack;

(3) p=leftchild(p);

(4) 重复(2)~(3),直到 p 为空;

(5) 出栈,访问 p;

(6) p=rightchild(p);

(7) 如果 lstack 为空同时 p 也为空,算法结束;

(8) 重复上述过程(2)~(7)。

具体实现见算法 4-14,栈中内容的变化如图 4-24 所示。

算法 4-14 中序遍历的非递归算法。

```
1   void InOrder_NRecursion1(BinTree bt)      //中序遍历的非递归实现
2   {
3       LinkStack lstack;                      //定义链栈
4       lstack = SetNullStack_Link();          //初始化栈
5       BinTree p;
6       p = bt;
7       if (p == NULL) return;
8       Push_link(lstack, bt);                 //根结点入栈
9       p = p->leftchild;                      //进入左子树
10      while (p||!IsNullStack_link(lstack))
11      {
12          while (p!= NULL)
13          {
14              Push_link(lstack, p);
15              p = p->leftchild;
16          }
17          p = Top_link(lstack);
18          Pop_link(lstack);
19          printf(" % c", p->data);           //访问结点
20          p = p->rightchild;                 //右子树非空,扫描右子树
21      }
22  }
```

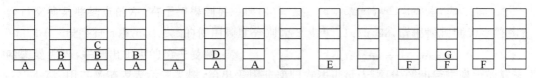

图 4-24 中序遍历时栈内容的变化

4.10.4 后序遍历的非递归实现

图 4-25 给出了后序遍历示意图,D 表示二叉树的根结点,$L_1 \sim L_i$ 表示左孩子结点,$R_1 \sim R_i$ 表示右孩子结点,$T_1 \sim T_i$ 表示右孩子结点的子树。

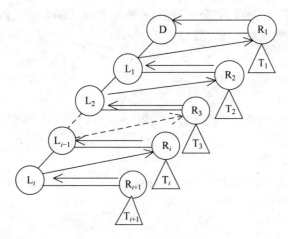

图 4-25 后序遍历示意图

后序遍历的过程如下：

（1）如果左分支不空，则沿着左分支一直下行，经过的结点进栈，直到沿着左分支深入不下去时检查右分支，如果右分支不空，接着进入右分支。重复上述过程，直到一个结点的左、右均为空时访问该结点，称之为 Now。

（2）如果 Now 是父结点的左孩子，则继续进入父结点的右分支，重复(1)。

（3）如果 Now 是父结点的右孩子，说明父结点的左、右孩子均已处理，则返回上层根结点，出栈访问。

（4）直到 Now 为空并且栈也为空结束。

具体实现见算法 4-15，请读者画出栈中内容的变化。

算法 4-15 后序遍历的非递归算法。

```
1   void PostOrder_NRecursion(BinTree bt)
2   {
3       BinTree p = bt;
4       LinkStack lstack;                              //定义链栈
5       if (bt == NULL) return;
6       lstack = SetNullStack_Link();                  //初始化栈
7       while (p!= NULL || !IsNullStack_link(lstack))
8       {
9           while (p!= NULL)
10          {
11              Push_link(lstack, p);
12              p = p->leftchild? p->leftchild:p->rightchild;
13          }
14          p = Top_link(lstack);
15          Pop_link(lstack);
16          printf(" %c", p->data);                    //访问结点
17          if(!IsNullStack_link(lstack)&&(Top_link(lstack)->leftchild == p))
18              p = (Top_link(lstack))->rightchild;    //从左子树退回,进入右子树
19          else p = NULL;                             //从右子树退回,则退回上一层
20      }
21  }
```

4.11 二叉树的其他操作

利用二叉树的定义和递归的先序、中序和后序遍历函数可以很容易地实现二叉树的其他操作,例如在 4.9.1 节中给出的创建二叉树的算法就是利用了二叉树的先序遍历过程。本节将介绍统计二叉树的叶子结点数、计算二叉树的深度和复制一棵二叉树等操作。

4.11.1 统计二叉树的叶子结点数

如果一棵二叉树是空,则叶子结点数为 0;对于一棵非空的二叉树,根结点的左、右子树都是空,则叶子结点数为 1;对于其他情况,叶子结点数等于左子树的叶子结点数加上右子树的叶子结点数。这是一种递归思想,由此可以得到统计二叉树的叶子结点的递归算法。具体实现见算法 4-16。

算法 4-16 统计二叉树的结点算法。

```
1   int CountLeafNode(BinTree bt)              //统计叶子结点数
2   {
3       if (bt == NULL)
4           return 0;                          //递归调用的结束条件
5       else                                   //左、右子树都为空,是叶子
6       if((bt->leftchild == NULL)&&(bt->rightchild == NULL))
7           return 1;
8       else                                   //递归遍历左子树和右子树
9           return(CountLeafNode(bt->leftchild)
10                  + CountLeafNode(bt->rightchild));
11  }
```

4.11.2 计算二叉树的深度

根据二叉树深度的定义,对于一棵空的二叉树,其深度为 0;对于只有一个根结点的二叉树,其深度为 1;对于其他情况,二叉树的深度为左、右子树深度之中的较大者。左、右子树的深度递归上述计算过程。由此可以得到求二叉树深度的递归算法,具体实现见算法 4-17。

算法 4-17 计算二叉树的深度算法。

```
1   int CountLevel(BinTree bt)                 //计算二叉树的深度
2   {
3       if (bt == NULL) return 0;              //如果空则返回 0
4       else
5       {
6           int i = CountLevel(bt->leftchild); //递归计算左子树的深度
7           int j = CountLevel(bt->rightchild);//递归计算右子树的深度
8           return (i>j?i:j) + 1;              //返回两个子树中高的深度+1
9       }
10  }
```

4.11.3 复制一棵二叉树

复制一棵二叉树就是将二叉树中的结点关系和结点数据进行复制,可以在后序遍历算法的基础上进行修改完成该算法,即先复制左子树,再复制右子树,最后复制结点数据。具体见算法 4-18。

算法 4-18 复制二叉树算法。

```
1   BinTree Copy(BinTree original)                         //复制一棵二叉树
2   {
3       BinTreeNode * temp;
4       if (original == NULL) return NULL;                 //如果空则返回 NULL
5       else
6       {
7           temp = (BinTreeNode * )malloc(sizeof(BinTreeNode));
8           if(!temp)
9           {
10              printf("out of space!");
11              exit(1);
12          }
13          temp -> leftchild = Copy(original -> leftchild);   //递归复制左子树
14          temp -> rightchild = Copy(original -> rightchild); //递归复制右子树
15          temp -> data = original -> data;                   //复制数据域
16          return temp;
17      }
18  }
```

算法延伸:
(1)统计二叉树总的结点数。
(2)查找二叉树中某元素是否存在。
(3)判断两棵二叉树是否相等(相等的二叉树指具有相同的结构并且结点的数据域相同)。

4.12 线索二叉树

4.12.1 线索二叉树的定义

在二叉树的链式存储中,空的指针域个数大于非空的指针域个数,可以利用这些空的指针域存放指向该结点在某种遍历序列下的前驱结点和后继结点的指针,这些指向前驱结点和后继结点的指针称为线索(thread)。为了添加线索,需要修改链表结构为五部分的形式,如图 4-26 所示。如果结点的左指针为空,则将其指向中序遍历下的前驱结点,并且通过标志位 lthread 来区分左指针的指向;类似地,如果结点的右指针为空,则将其指向中序遍历下的后继结点,并且通过标志位 rthread 来区分右指针的指向。图 4-27 给出了一个中序线索二叉树实例,其中实线表示原来的左、右指针,虚线表示添加的线索。

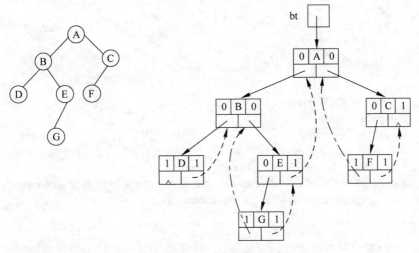

图 4-26 线索二叉树

图 4-27 中序穿线树

用 C 语言定义线索二叉树链表结构如下：

```
1   typedef char DataType;
2   typedef struct BTreeNode
3   {
4       DataType data;
5       struct BTreeNode *leftchild;
6       struct BTreeNode *rightchild;
7       int lthread;
8       int rthread;
9   }BinTreeNode;
10  typedef BinTreeNode *BinTree;
```

4.12.2 建立线索二叉树

在线索二叉树初始化时，线索都设置为 0，通过对二叉树的中序遍历添加线索。设置指针 p 指向正在访问的结点，指针 pr 指向刚刚访问过的结点，即 p 的前驱结点。修改中序遍历的非递归算法，将遍历过程中的访问结点步骤修改为添加线索，见算法 4-19 中的第 16～22 行。

如果 pr 的右指针为空,则令 pr 的右指针指向其后继结点 p,修改 pr 的右线索为 1;如果 p 的左指针为空,则令 p 的左指针指向其前驱结点 pr,并修改 p 的左线索为 1。

算法 4-19　建立中序穿线树。

```
1   void Create_InorderThread(BinTree bt)          //建立中序穿线树
2   {
3       LinkStack st = SetNullStack_Link();
4       BinTreeNode *p, *pr, *q;
5       if (bt == NULL) return;
6       p = bt;
7       pr = NULL;
8       do{
9           while (p != NULL)
10          {
11              Push_link(st, p);
12              p = p->leftchild;
13          }
14          p = Top_link(st);
15          Pop_link(st);
16          if (pr != NULL)
17          {
18              if (pr->rightchild == NULL)        //pr 的右子树为空,设置 pr 的 rtag
19              { pr->rightchild = p; pr->rthread = 1; }
20              if (p->leftchild == NULL)          //p 的左子树为空,设置 p 的 ltag
21              { p->leftchild = pr; p->lthread = 1; }
22          }
23          pr = p;
24          p = p->rightchild;
25      } while (!IsNullStack_link(st) || p != NULL);
26      p = bt;
27      q = bt;
28      while (p->leftchild != NULL)
29          p = p->leftchild;                      //对中序遍历的第一个结点进行特殊处理
30      p->lthread = 1;
31      while (q->rightchild != NULL)
32          q = q->rightchild;                     //对中序遍历的最后一个结点进行特殊处理
33      q->rthread = 1;
34  }
```

4.12.3　遍历线索二叉树

遍历的过程实际上就是找到第一个结点后不断查找后继的过程。

(1) 中序遍历的第一个结点是沿着左分支的最下面的结点。

(2) 在线索二叉树中,一个结点的后继分为两种情况。

① 如果该结点的 rthread 是线索,则右指针指向该结点的后继结点。

② 如果该结点的 rthread 不是线索,则右指针指向该结点的右子树的根结点,根据中序遍历的定义,该结点的后继是右子树的最左下结点。

对于图 4-27,中序遍历的第一个结点是沿着左指针深入下去,最下面的结点 D;由于 D

的 rthread 是线索,则沿着线索找到了 D 的后继结点 B;由于 B 的 rthread 不是线索,则沿着 B 的右指针进入其右分支,右分支的最左下结点 G 即是 B 的后继结点;由于 G 的 rthread 是线索,则沿着线索找到 G 的后继结点 E,依此类推,直到为空结束。具体实现见算法 4-20。

算法 4-20 中序遍历中序穿线树。

```
1   void Inorder_ThreadBinTree(BinTree bt)              //中序遍历中序穿线树
2   {
3       BinTreeNode   * p;
4       if (bt == NULL) return;
5       p = bt;
6       //沿着左子树一直向下找第一个结点
7       while (p->leftchild != NULL && p->lthread == 0)
8           p = p->leftchild;
9       while (p != NULL)
10      {
11          printf("% c  ", p->data);
12          printf("% d  ", p->lthread);
13          printf("% d\n", p->rthread);
14          if (p->rightchild != NULL && p->rthread == 0)      // 右子树不是线索时
15          {
16              p = p->rightchild;
17              //沿着右子树的左子树一直向下
18              while (p->leftchild != NULL && p->lthread == 0)
19                  p = p->leftchild;
20          }
21          else   p = p->rightchild;                          //顺线索向下
22      }
23  }
```

4.13 二叉树的应用:哈夫曼树与哈夫曼编码

哈夫曼树又称最优二叉树,是带权路径长度最短的树。它应用于实际的通信系统中,以提高信道的使用效率。在通信过程中发送方需要对发送的信息进行编码,经过信道传输到接收方,经过解码还原信息。在编/解码中采用等长和不等长编码方案。

1) 等长编码

每个字符的编码长度一样的编码方式。

假设现在要传输的信息只有 4 个字符 A、B、C、D。为了能够区分不同的字符,需要用两位对这 4 个字符进行编码。设定 A、B、C、D 的编码分别为 00、01、10、11。现在要传输的报文为"ABACD"。

报文:A B A C D
编码:00 01 00 10 11

接收方根据约定的编/解码方式就能够正确地解码出来原来的报文。但是在实际应用中,字符的出现频率是有差别的,有的出现频率高(例如 e、s、t 等),有的出现频率低。如果所有的字符都采用等长度的编码,那么报文长度大,通信效率低。考虑改进的方式是出现频率高的字符采用比较少的位编码,出现频率低的采用比较多的位编码,使得总的编码长度缩短。

2) 不等长编码

同样假设只有 4 个字符 A、B、C、D,它们的频率依次升高。现给出它们的编码分别为 0、1、00、01,则传输的报文编码如下:

报文:A B A C D
编码:0 1 0 00 01

现在考虑接收方解码的过程,会有多种解码方案。

方案 1:01　0　00　01
　　　　D　A　C　D
方案 2:01　0　0　0　01
　　　　D　A　A　A　D
方案 3:0　1　00　00　1
　　　　A　B　C　C　B
方案 4:0　1　0　00　01
　　　　A　B　A　C　D

可以看出,解码并不唯一,但只有 4 正确地解码出报文。为了避免歧义,需要在不等长编码方案中加以控制,设计为前缀编码。

3) 前缀编码

前缀编码是指任何一个字符的编码都不是其他字符的编码的前缀。

前缀编码设计:同样假设只有 4 个字符 A、B、C、D,并且它们的频率依次升高。现给出它们的编码分别为 0、11、101、100。

报文:A B A C D
编码:0 11 0 101 100

在这种情况下接收方进行解码的方案是唯一的,能够正确地解出报文。可以看出字符 A 的编码 0 不是其他字符编码的前缀,同样字符 B 的编码 11 也不是其他字符的前缀,这样就能够保证解码的唯一性。

在扩充二叉树中,给结点赋予权值大小,权值是具有一定含义的比例系数,在不同的应用场合有自己确定的含义。比如在上述报文中将字符出现的频率作为权值。

树的带权路径长度(Weighted Path Length,WPL)是树中所有外部结点的权值乘上其到根结点的路径长度之和,记为:

$$\text{WPL} = \sum_{i=1}^{n} W_i \times L_i$$

其中,n 表示外部结点的个数;W_i 表示第 i 个结点的权值,$i=1,2,\cdots,n$;L_i 表示第 i 个结点的路径长度,$i=1,2,\cdots,n$。

哈夫曼树就是 WPL 最小二叉树。

已知 g、u、e、t 4 个字符的权值 $W=(3,5,6,7)$,可能构造的 3 种扩充二叉树如图 4-28 所示,它们对应的带权路径长度 WPL 分别如下:

(1) WPL=(6+7)×3+3×2+5×1=50

(2) WPL=(6+7)×3+5×2+3×1=52

(3) WPL=(3+5+6+7)×2=42

可以看出,对于给定的外部结点可以构造多种不同的二叉树,它们的 WPL 并不相同,其中 WPL 最小的二叉树是哈夫曼树。那么给定固定权值的外部结点如何构造哈夫曼树呢?

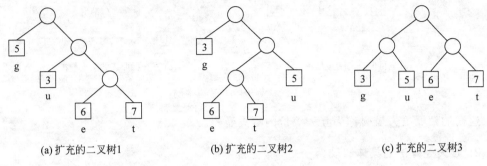

图 4-28 几种扩充的二叉树

1. 哈夫曼算法

根据哈夫曼树的定义,要使 WPL 最小,必须使权值越大的结点离根越近,权值越小的结点离根越远。哈夫曼给出了构造最优二叉树的方法,具体思路如下:

(1) 给定 n 个外部结点权值,构造 n 棵不同的二叉树,设 T 是这 n 棵二叉树的集合。

(2) 在 T 中选取两棵根结点权值最小和次小的二叉树,作为左子树和右子树,构造一棵新的二叉树,新的二叉树的根结点的权值等于左、右子树根结点的权值之和。

(3) 从 T 中删除这两棵二叉树,并将新生成的二叉树加入到 T 中。

(4) 重复(2)、(3),直到 T 中只有一棵二叉树为止,这棵二叉树就是哈夫曼树。

例 4-3 给定权值 W=(19,24,13,12,32),给出按照哈夫曼算法构造哈夫曼树的过程,并计算 WPL。具体构造过程如图 4-29 所示。

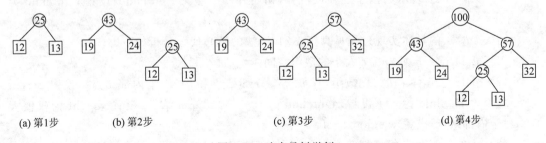

图 4-29 哈夫曼树举例

WPL=(12+13)×3+(19+24+32)×2=225

例 4-4 假设字符(a、b、c、d、e)出现的频率分别是 18、25、13、12、32,请以频率作为权值,按照哈夫曼算法构造两种不同形态的哈夫曼树,并计算 WPL。

可以构造两种不同形态的哈夫曼树,如图 4-30 所示。二者的 WPL 相同,这说明哈夫曼树并不唯一。

(1) WPL=(12+13)×3+(18+25+32)×2=225
(2) WPL=(12+13)×3+(18+25+32)×2=225

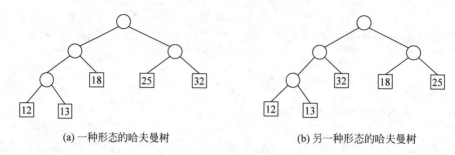

图 4-30 等价哈夫曼树举例

这样的两棵哈夫曼树称为互为等价的哈夫曼树。

2. 哈夫曼算法的具体实现

设计采用顺序存储的数据结构实现哈夫曼算法，由于哈夫曼树是扩充二叉树，根据扩充二叉树的性质（见 4.2 节中的性质 7）可知，如果有 n 个外部结点，则有 $n-1$ 个内部结点，总结点个数为 $2n-1$，因此设计的数组大小为 $2n-1$。由于已知 n 个外部结点，所以设计将 n 个外部结点存放于数组前面的 n 个位置，根据 Huffman 算法思路，将中间生成的内部结点依次存放于数组后面的 $n-1$ 个位置。在数组元素的结构中除了具有结点的权值信息以外，还需要体现结点之间逻辑关系的信息，具体由以下 4 个部分组成。

| weight | parent | leftchild | rightchild |

- weight：表示结点的权值。
- parent：表示父结点的存在位置，初始外部结点无父结点，设置 parent 为 -1。
- leftchild：表示左孩子的存放位置，初始外部结点无 leftchild，设置 leftchild 为 -1。
- rightchild：表示右孩子的存放位置，初始外部结点无 rightchild，设置 rightchild 为 -1。

哈夫曼算法的具体实现过程见算法 4-21，算法的核心代码分析如下。

(1) 第 11 行：分配 $2n-1$ 大小的数组空间。

(2) 第 17～26 行：初始化数组，存放 n 个外部结点和 $n-1$ 个内部结点。设置 parent 为 -1，设置 leftchild 为 -1，设置 rightchild 为 -1。对于外部结点，设置 weight 为权值大小，对于内部结点，设置 weight 为 -1。

(3) 第 27～53 行：找到权值最小和次小的元素，并根据这两个结点构造父结点。

(4) 第 48～50 行：设置父结点的权值是这两个结点的权值之和，父结点的左孩子 leftchild 等于 x1 的数组下标，父结点的右孩子 rightchild 等于 x2 的数组下标。

(5) 第 51～52 行：对于最小和次小的元素，修改其 parent 为新生成的父结点的数组下标。

用 C 语言定义 Huffman 数据结构如下：

```
1   struct HuffNode                                //定义哈夫曼树结点
2   {
3       int weight;                                //权值
4       int parent, leftchild, rightchild;         //父结点与左、右孩子
5   };
6   typedef struct HuffNode * HtNode;
7   typedef struct HuffTreeNode                    //定义哈夫曼树
8   {
9       int n;                                     //哈夫曼树的叶子结点个数
10      int root;                                  //哈夫曼树的树根
11      HtNode   ht;                               //指向哈夫曼树的指针
12  } * HuffTree;
```

算法 4-21　哈夫曼算法。

```
1   HuffTree CreateHuffTree(int n, int * w)        //构造哈夫曼树
2   {
3       HuffTree pht;
4       int i, j, x1, x2, min1, min2;
5       pht = (HuffTree)malloc(sizeof(struct HuffTreeNode));
6       if (pht == NULL){
7           printf("Out of space!!\n");
8           return pht;
9       }
10      //为哈夫曼树申请 2n-1 个空间
11      pht -> ht = (HtNode)malloc(sizeof(struct HuffNode) * (2 * n - 1));
12      if (pht -> ht == NULL){
13          printf("Out of space!!\n");
14          return pht;
15      }
16      //初始化哈夫曼树
17      for (i = 0; i < 2 * n - 1; i++)
18      {
19          pht -> ht[i].leftchild = -1;           //初始化叶结点的左孩子
20          pht -> ht[i].rightchild = -1;          //初始化叶结点的右孩子
21          pht -> ht[i].parent = -1;              //初始化叶结点的父亲
22          if (i < n)
23              pht -> ht[i].weight = w[i];
24          else
25              pht -> ht[i].weight = -1;
26      }
27      for (i = 0; i < n - 1; i++)
28      {
29          min1 = MAX;                            //min1 代表最小值
30          min2 = MAX;                            //min2 代表次小值
31          x1 = -1;                               //最小值下标
32          x2 = -1;                               //次小值下标
33          //找到最小值下标 x1 并把最小值赋给 min1
34          for (j = 0; j < n + i; j++)
35              if (pht -> ht[j].weight < min1&&pht -> ht[j].parent == -1){
36                  min2 = min1;
```

```
37                x2 = x1;
38                min1 = pht -> ht[j].weight;
39                x1 = j;
40            }
41            //找到次小值下标 x2 并把次小值赋给 min2
42            else if (pht -> ht[j].weight < min2&&pht -> ht[j].parent == - 1)
43            {
44                min2 = pht -> ht[j].weight;
45                x2 = j;
46            }
47            //构建 x1、x2 的父结点
48            pht -> ht[n + i].weight = min1 + min2;      //父结点的权值为最小值加次小值
49            pht -> ht[n + i].leftchild = x1;            //父结点的左孩子为 x1
50            pht -> ht[n + i].rightchild = x2;           //父结点的右孩子为 x2
51            pht -> ht[x1].parent = n + i;               //x1 父结点下标
52            pht -> ht[x2].parent = n + i;               //x2 父结点下标
53        }
54        pht -> root = 2 * n - 2;                        //哈夫曼树根结点位置
55        pht -> n = n;
56        return pht;
57  }
```

3. 哈夫曼编码

前面介绍的前缀编码可以保证解码的唯一性,但是不能保证其编码长度最短。最优前缀编码是指编码长度最短的前缀编码。在以 $W_i(i=1,2,\cdots,n)$ 为权值构造的哈夫曼树中,把每个结点到其左孩子的边标记为二进制的"0",把每个结点到其右孩子的边标记为二进制的"1",将根结点到每个外部结点的路径上的二进制数连起来,就构造了该外部结点的最优前缀编码,通常把这种编码称为哈夫曼编码。例如对于图 4-30 所示的哈夫曼树,各字符的编码如图 4-31 所示。

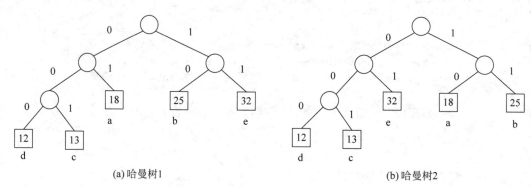

图 4-31 哈夫曼编码

图 4-31(a)所示的哈夫曼树的各字符的具体编码如下。

a: 01   b: 10   c: 001   d: 000   e: 11

图 4-31(b)所示的哈夫曼树的各字符的具体编码如下。

a: 10   b: 11   c: 001   d: 000   e: 01

以看出字符出现的概率越大,其编码的长度越短,字符出现的概率越小,其编码的长度

越长。

注意,对于图 4-31(a)和(b)所示的等价哈夫曼树,其字符编码不尽相同,但是并不会影响到总的编码长度。例如对于文本 aaaaabbbbccccdde,采用(a)和(b)两种编码方案的编码总长度相等。

4.14 树和森林

4.14.1 树和森林的概念

树是 $n(n \geqslant 0)$ 个结点的有限集合 T,当 T 为空时是空树,否则满足以下条件:
(1) 存在一个称为根的特定结点 root;
(2) 其余结点被划分成($m \geqslant 0$)个互不相交的集合,即 T_1、T_2、$\cdots$、T_m,其中的每个集合都是一棵树。T_1、T_2、$\cdots$、T_m 称为根结点 root 的子树。

图 4-32 所示为一棵由两棵子树构成的树。

树中一个结点的子结点个数称为该结点的度数。树中度数最大的结点的度数称为树的度数。例如在图 4-32 中,结点 B 的度数为 3,是树中度数最大的结点,故该树的度数为 3。一棵树中子树的顺序如果加以区分称为有序树,否则称为无序树。本书讨论的是有序树。在有序树中,从左到右规定结点的次序,最左边的结点称为长子,长子右边的结点称为次子。例如在图 4-32 中,结点 D 是结点 B 的长子,结点 E 是结点 B 的次子,结点 E 也称为结点 D 的右兄弟,同样结点 F 是结点 E 的右兄弟结点。

森林是由零个或多个不相交的树组成的集合。森林中的各个树的根结点互为兄弟结点。图 4-33 所示为由 3 棵树组成的森林,其中结点 A、结点 E 和结点 H 为兄弟结点。

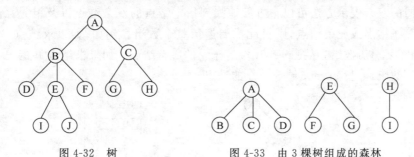

图 4-32 树   图 4-33 由 3 棵树组成的森林

4.14.2 树和森林的遍历

1. 树的遍历

(1) 先序遍历:先访问树的根结点,再依次从左到右遍历树的每棵子树。
(2) 后序遍历:从左到右依次遍历树的每棵子树,最后遍历根结点。

图 4-32 所示的树的遍历结果如下。
先序遍历序列:ABDEIJFCGH
后序遍历序列:DIJEFBGHCA

2. 森林的遍历

(1) 先序遍历：如果森林不空，则按照以下规则遍历。

① 访问第一棵树的根；

② 先序遍历第一棵树的根结点的子树森林；

③ 先序遍历除第一棵树的子树森林。

(2) 后序遍历：如果森林不空，则按照以下规则遍历。

① 后序遍历第一棵树的子树森林；

② 访问第一棵树的根结点；

③ 后序遍历除第一棵树的子树森林。

图 4-33 所示的森林的遍历结果如下。

先序遍历序列：ABCDEFGHI

后序遍历序列：BCDAFGEIH

4.14.3 树的存储表示

本节讨论树的 3 种常用的表示方法以及每种表示方法的优缺点，用户在实际应用中应根据情况进行选择。森林的存储与树类似，这里不再赘述。

1. 树的双亲表示法

树中的每个结点具有唯一的双亲结点，因此在存储结点信息的同时为每个结点设置一个指向双亲结点的指针。如图 4-34 所示，根结点 A 没有双亲结点，parent 域为 −1。结点 E 的父结点是结点 B，E 的 parent 域为 1(1 是结点 B 在数组中的下标)，依此类推。由此可以看出使用树的双亲表示方法可以很方便地找到指定结点的双亲结点以及祖先。但是，如果求结点的孩子结点或兄弟结点，则可能需要遍历整个数组。例如，如果求结点 B 的所有孩子结点，则需要遍历数组，寻找 parent 域等于 1 的所有结点。如果求结点 B 的兄弟结点，同样需要遍历数组，寻找 parent 域等于 0 的结点。

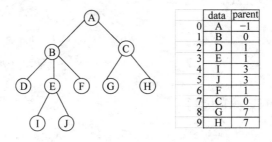

图 4-34 树的双亲表示法

2. 树的长子—右兄弟表示法

这种表示方法设置两个指针，分别指向结点的长子(最左孩子)结点和结点的右兄弟结点。如图 4-35 所示，B 结点的两个指针分别指向其长子结点 D 和其右兄弟结点 C，C 结点的左指针指向其长子结点 G,由于 C 没有右兄弟结点,C 的右指针为空。使用这种存储方法可以很直接地求结点的长子和右兄弟结点。可以看出这种表示树的方法其实是二叉树表示,因此对树的操作转换为对二叉树的操作。

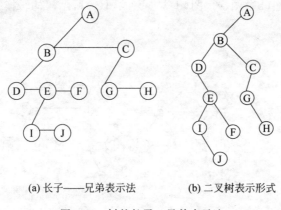

(a) 长子——兄弟表示法　　(b) 二叉树表示形式

图 4-35　树的长子—兄弟表示法

3. 树的子表表示法

与二叉树相比,树中结点的孩子个数没有限制,因此可以用链表来表示结点的所有孩子,这样能灵活地表示出结点的所有孩子结点。在这种存储方法中用数组表示树的所有结点,同时需要为每个结点设置一个指针域,指向孩子链表的表头结点。如图 4-36 所示,结点 B 的孩子链表包含 3 个结点,链表中结点的数据域是孩子结点在数组中的下标。这种方法通过遍历孩子链表可以很方便地找到该结点的所有孩子,但求结点的双亲结点比较麻烦,可能需要遍历所有的孩子链表。

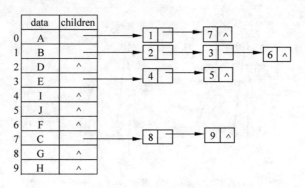

图 4-36　树的子表表示法

4.14.4　树、森林与二叉树的转换

1. 树与二叉树的转换

将一棵树转换为二叉树按照以下步骤进行。

(1) 加线:树中的所有兄弟之间连线;

(2) 去线:对于树中的每个结点,只保留其与第一个孩子结点的连线,去掉到其他孩子

结点的连线；

（3）调整：以树根为轴心，按照顺时针将树旋转一定的角度（例如 45°），使之结构层次分明。

如图 4-37 所示，图(b)、图(c)、图(d)3 步完成图(a)所示树的转换。

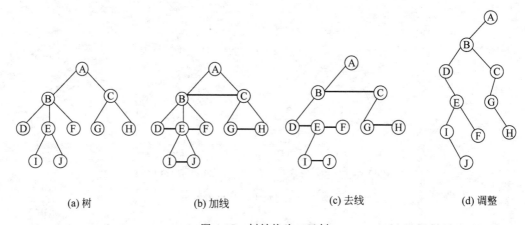

图 4-37　树转换为二叉树

将二叉树转换为树同样需要 3 步。

（1）加线：对于树中的每个左孩子结点，将其父结点和其右孩子结点、右孩子结点的右孩子结点等进行连线；

（2）去线：去掉树中的每个结点和其右孩子结点的连线；

（3）调整：调整前面两步得到的树，使之结构层次分明。

如图 4-38 所示，图(b)、图(c)、图(d)3 步完成图(a)所示二叉树的转换。

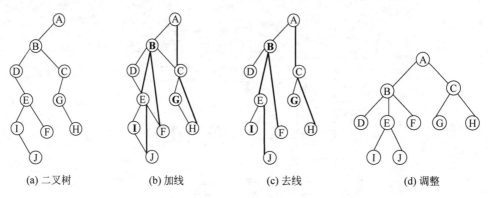

图 4-38　二叉树转换为树

2．森林与二叉树的转换

由一棵树转换成的二叉树，其根结点的右子树为空。如果一棵二叉树的根结点没有右子树，经过转换得到一棵树。如果一棵二叉树的根结点有右子树，根据二叉树转换树的过程可知，根结点的右孩子以及右孩子的右孩子等都是兄弟，这种情况转换得到的是森林。反过来，森林转换得到的二叉树的根结点必然有右子树。森林与二叉树之间的转换同样按照加线、去线和调整 3 步完成，需要注意的是森林中每棵树的根结点为兄弟结点。

如图 4-39 所示，图(b)、图(c)、图(d)3 步完成图(a)所示二叉树的转换。

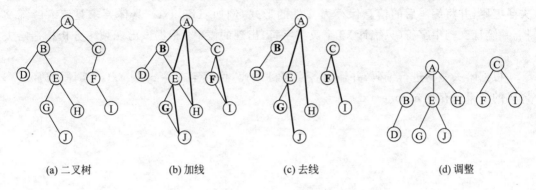

图 4-39　二叉树转换为森林

4-1　在一棵度为 4 的树 T 中有 20 个度为 4 的结点、10 个度为 3 的结点、1 个度为 2 的结点、10 个度为 1 的结点，则树 T 的叶子结点数为多少？

4-2　一棵完全二叉树的最大结点编号为 99（从 0 开始编号），则度为 0、1、2 的结点个数分别是多少？

4-3　对图 4-40 所示的二叉树进行以下操作：

(1) 分别按照先序、中序和后序对二叉树进行遍历，给出遍历序列。

(2) 将二叉树转换为对应的森林，并对森林进行先序和后序遍历。

4-4　已知某二叉树的先序遍历序列为 A,B,C,D,E,F,G，中序遍历序列为 C,D,B,A,G,F,E，请画出该二叉树，并写出其后序遍历序列。

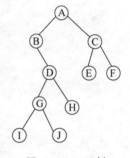

图 4-40　二叉树

4-5　以数据集合{3,5,7,8,9,11,12,15}为权值构造"互不等价"的两棵 Huffman 树，并求其外部带权路径长度 WPL（"互不等价"是指其中一棵树不能经过交换某些结点的左、右子树得到另一棵树）。

4-6　设字符 a、b、c、d、e、f 的使用频度分别为 3、4、9、11、15、22，请根据频度为字符构造哈夫曼编码，并画出相应的哈夫曼树。

4-7　用二叉链表表示二叉树，给出采用非递归方法进行先序、中序和后序遍历的算法。

4-8　用二叉链表表示二叉树，采用层次遍历法统计二叉树中非叶子结点的个数。

4-9　用二叉链表表示二叉树，采用递归和非递归算法查找二叉树中某元素 x 是否存在。

4-10　用孩子—兄弟表示法作为存储结构，请设计递归和非递归算法求树的深度。

4-11　编写算法实现对二叉树的中序线索化，并实现后序遍历中序线索树。

4-12 应用题：哈夫曼编码是一种可变长的编码，能够实现数据的压缩，提高传输效率。本题目要求实现一个简易的哈夫曼编/译码系统，读入 test.txt 文档，对该文档进行哈夫曼编码，并将编码后的信息保存为文件的形式，例如 code.txt。具体要求是读入一篇文档，并统计文档中字符（只统计 26 个英文字符）出现的概率；根据该出现频率分析构造哈夫曼树；

根据哈夫曼树进行编码，并输出各字符的编码，保存至文件 code.txt。编译译码程序，译码的结果保存为 encode.txt。

第 5 章

搜索树

本章关键词：动静观和平衡术。

关键词——动静观。查找技术是一种重要的操作，检索效率无疑是首先要关注的方面。对于前面章节的线性结构，其查找操作能够达到线性时间复杂度 $O(n)$，对于排序后的有序序列查找可将时间复杂度降低到 $O(\log_2 n)$，然而对于动态插入和删除来说，最坏时间效率仍然达到 $O(n)$，本章介绍的二叉排序树(BST)、平衡二叉排序树(AVL)和红黑树(RBT)等树形结构的设计在关注静态查找效率的同时，也兼顾到元素的动态调整，具有 $O(\log_2 n)$ 的插入和删除效率，方便动态维护。

关键词——平衡术。相对于二叉排序树，平衡二叉排序树通过采用近似平衡(严格控制左、右分支的高度之差)的方式避免了二叉排序树左、右分支严重失衡的最坏时间复杂度。平衡二叉排序树在删除时可能会出现失衡传播的连锁反应而导致调整的复杂性，而在红黑树通过引入"颜色"，采用部分平衡(Partly balanced)使得红黑树的平衡条件得以简化，插入和删除后的调整仅涉及常数个结点的逻辑关系变化。

"路漫漫其修远兮，吾将上下而求索。"

——《离骚》

5.1 二分查找判定树

本章主要讨论查找技术。通过前面的学习，读者已经知道在线性结构中查找的效率并不理想，因此需要转向更为复杂的数据结构从而达到满意的查找效率，本章将介绍 3 种效率优化的搜索树。

所谓查找(或搜索)是指从一组数据元素中找到需要的数据元素。衡量查找效率的主要标准是查找过程中的平均比较次数，即平均检索长度(Average Search Length，ASL)，其定义如下：

$$\text{ASL}(n) = \sum_{i=1}^{n} p_i c_i$$

其中，n 是结点的个数，p_i 是查找第 i 个结点的概率，若不特别声明，一般认为每个结点的查找概率是相等的，即 $p_1 = p_2 = \cdots = p_n = 1/n$。$c_i$ 是查找到第 i 个结点所需要比较的次数。

$$\text{ASL}_{成功} = \frac{1}{n} \sum_{i=1}^{n} c_i$$

类似地，也可以给出检索失败的 ASL。

$$\text{ASL}_{\text{失败}} = \frac{1}{n}\sum_{i=1}^{n} uc_i$$

其中，uc_i 表示查找不到第 i 个元素比较的次数。

除非特殊说明，在本书中出现的 ASL 表示检索成功的平均检索长度。

回忆 2.4.2 节介绍的二分查找过程，对有序表(5, 10, 25, 27, 30, 35, 45, 49, 50, 52, 55, 60, 70)进行二分查找，第一次查找以区间的中间元素作为比较对象，第二次和第三次查找分别以前半区间和后半区间的中间元素作为比较对象，此后重复同样的过程。这样的查找过程可以用二叉树描述。第一次查找的元素作为二叉树的根，第二次和第三次查找的元素分别作为根的左、右子树，依此类推，由此得到的二叉树称为二分查找判定树，如图 5-1 所示。

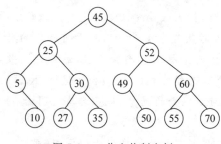

图 5-1 二分查找判定树

由判定树可以看出，查找给定值的比较次数正好等于该结点在二分查找判定树中所在的层次加 1（按照第 4 章的定义，根结点为 0 层），查找 0 层根结点的 45，需要比较 1 次；查找 1 层的 25 和 52，需要比较 2 次；查找 2 层的结点 5、30、49、60，需要比较 3 次；查找 3 层的结点 10、27、35、50、55、70，需要比较 4 次。根据 ASL 的定义，可以计算该判定树的 ASL。

$$\text{ASL} = \frac{1\times 1 + 2\times 2 + 3\times 4 + 4\times 6}{13} = \frac{41}{13}$$

查找成功是查找二分查找判定树中已有的结点，比较从判定树的根结点开始，走了一条从根结点到该结点的路径，路径上经过的结点个数即为查找比较的次数。查找失败的过程走了一条从根结点到其扩充二叉树的外部结点的路径。

对于一般的情况，比较 1 次查找成功的结点个数为 1，即第 0 层根结点；比较 2 个查找成功的结点个数最多为 2，即第 1 层的两个结点；依此类推，比较 j 次查找成功的结点个数为 2^{j-1}。根据 ASL 的定义，二分查找的检索效率 ASL 为：

$$\text{ASL} = \frac{1}{n}(1\times 2^0 + 2\times 2^1 + \cdots + j\times 2^{j-1}), \quad \text{其中 } 1\leqslant j \leqslant \lfloor \log_2 n \rfloor$$

根据等比数列，计算得出二分查找效率为 $\log_2 n$。

二分查找虽然相对顺序查找而言效率高，但其缺点也是显然的，必须要求是**有序的顺序表**，因此不适合链式存储结构，对于有序性的要求也必须保证进行排序后才能进行二分查找。同时，由于顺序表在插入和删除时需要移动大量的结点，所以二分查找仅适合静态查找。而在后续各节给出的树形结构，既具有查找的高效性，也能够满足经常进行插入和删除的动态查找。

5.2 二叉排序树的基本概念

二叉排序树又称为二叉搜索树（Binary Search Tree），它或者是一棵空二叉树，或者是具有下列性质的二叉树：

(1) 如果左子树非空,左子树的关键码一定小于根结点的关键码;
(2) 如果右子树非空,右子树的关键码一定大于根结点的关键码;
(3) 左、右子树仍然是二叉排序树。

图 5-2(a)所示的二叉树不是二叉排序树,因为该二叉树的根结点的关键码是 15,而其左孩子的关键码 20 比根结点的关键码 15 大。图 5-2(b)所示的二叉树同样不是二叉排序树,因为对于以 30 为根的右子树来说,根结点 30 的右孩子的关键码 27 比 30 小。图 5-2(c)所示的二叉树是二叉排序树,可以验证它满足二叉排序树的所有性质。

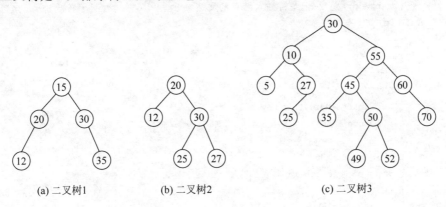

图 5-2 二叉树

二叉排序树是一种特殊形式的二叉树,第 4 章中关于二叉树的性质、存储和遍历都适用于二叉排序树。对图 5-2(c)所示的二叉排序树进行中序遍历,可以得到一个递增的线性有序序列(5, 10, 25, 27, 30, 35, 45, 49, 50, 52, 55, 60, 70)。

二叉排序树的数据结构类型定义如下:

```
1  typedef int DataType;
2  typedef struct BinSearTreeNode
3  {
4      DataType data;
5      struct BinSearTreeNode * leftchild;
6      struct BinSearTreeNode * rightchild;
7  }BSTreeNode;
8  typedef BSTreeNode * BinSearTree;
```

创建一棵二叉排序树同样可以按照第 4 章的 4.9 和 4.10 节完成,这里不再赘述。下面主要介绍二叉排序树的查找、插入和删除操作。

5.3 二叉排序树的查找

在二叉排序树中要查找一个关键码为 key 的元素,其查找的实质是逐步缩小检索范围的过程,例如 2.4.2 节的二分检索。变量 p 记录当前比较结点,变量 parent 是变量 p 所指结点的父结点。首先 p 从根结点开始,如果 p 不为空,将 key 与 p 的关键码进行比较,如果 key 等于 p 的关键码,则检索成功,返回 NULL;如果 key 小于 p 的关键码,则查找 p 的左子树;如果 key 大于 p 的关键码,则查找 p 的右子树。当 p 为空时,parent 记录查找失败时,插入该结点的父结点的指针,返回 parent。记录 parent 的目的是为了方便后面的插入算法。具体实现见算法 5-1。

算法 5-1 查找算法。

```
1   BSTreeNode BSTSearch(BinSearTree bt, DataType key)
2   {
3       BSTreeNode p, parent;
4       p = bt;
5           parent = p;        //记录待插入结点的父结点
6       while (p)
7       {
8           parent = p;
9           if (p->data == key)
10          {
11              printf("exist this key\n");
12              return NULL;
13          }
14          if (p->data > key)
15              p = p->leftchild;
16          else
17              p = p->rightchild;
18      }
19      return parent;
20  }
```

算法分析:在二叉排序树上成功查找关键字的过程恰好走了一条从根结点到该结点的路径,也就是与二叉排序树的高度有关。假设二叉排序树共有 n 个结点,高度 $h(\log_2 n \leqslant h < n)$ 算法的时间代价最坏为 $O(h)$。因此,二叉排序树的平均查找长度与二叉树的形态紧密相关。

对于图 5-2(c)所示的二叉排序树,在等概率下平均检索长度 ASL 为:

$$\text{ASL} = \frac{1 \times 1 + 2 \times 2 + 3 \times 4 + 4 \times 4 + 5 \times 2}{13} = 43/13$$

5.4 二叉排序树的插入

如果要插入一个关键字 key,首先调用查找算法,检查该关键字是否已经存在,如果查找成功,则结束;如果查找不成功,将待插入的结点的关键字和 parent 的关键字比较,根据大小关系作为 parent 的左孩子或右孩子插入。在图 5-3(a)中 10 作为 12 的左孩子插入,在图 5-3(b)中 27 作为 25 的右孩子插入。可以看出二叉排序树插入的结点都是作为叶子结点插入的,因此只影响其父结点 parent 指针的变化。具体实现见算法 5-2。

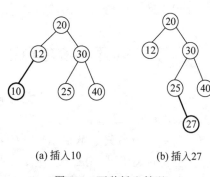

(a)插入10   (b)插入27

图 5-3 两种插入情况

算法 5-2 插入算法。

```
1   int BSTInsert(BinSearTree bt, DataType key)        //二叉排序树的插入过程
2   {
3       BSTreeNode p, temp;
4       temp = BSTSearch(bt, key);                      //调用查找算法 5-1
5       if ( temp == NULL)
6       {
7           printf("exist this key\n");
8           return 0;
9       }
10      p = (BSTreeNode * )malloc(sizeof(struct BinSearTreeNode));  //申请结点
11      if (p == NULL)
12      {
13          printf("Alloc Failure!\n");
14          return 0;
15      }
16      p -> data = key;                                //数据域赋值
17      p -> leftchild = p -> rightchild = NULL;        //指针域赋值
18      if (key < temp -> data)
19          temp -> leftchild = p;                      //作为左孩子插入
20      else
21          temp -> rightchild = p;                     //作为右孩子插入
22      return 1;
23  }
```

算法分析：二叉排序树的插入过程是通过查找算法记录待插入结点的父结点的位置 temp，然后作为 temp 结点的左孩子或右孩子插入，因此插入算法的时间消耗主要是查找过程，与算法 5-1 的时间代价相同。

5.5 二叉排序树的删除

二叉排序树的删除操作相对于插入操作要复杂，这是因为插入的结点都作为叶子结点，只影响其父结点指针的变化，而删除的结点位置不确定，并且可能涉及多个结点指针的变化，下面分两种情况进行讨论。为了方便说明，假设被删除的结点是 p，p 的父结点为 parent。不妨假设 parent 是其父结点的右孩子。两种情况如图 5-4 所示。

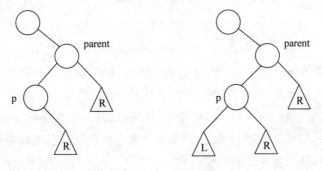

(a) 第一种情况：p 只有右子树　　(b) 第二种情况：p 有左子树和右子树

图 5-4　两种情况示意图

第一种情况：待删除结点 p 只有右子树，只需要用 p 的右子树的根结点替换 p 即可。如果 p 是 parentp 的左孩子，如图 5-4（a）所示，则修改 parent 的左指针，即 parent→leftchild＝rightchild(p)。如果 p 是 parent 的右孩子，则修改 parent 的右指针，即 parent→rightchild＝rightchild(p)。在图 5-5 中，如果要删除结点 45，这个结点的右孩子是 48，只需用 48 代替 45 即可，即修改 55 的左孩子为 48。

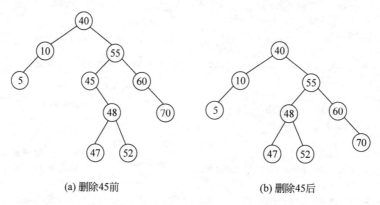

(a) 删除45前　　　　　　　　　　(b) 删除45后

图 5-5　删除 45 前后的二叉树

类似地，对于 p 只有左子树的情况，只需要用 p 的左子树的根结点代替 p 即可。如图 5-6 所示，删除结点 10，只需要用 10 的左孩子 5 代替 10 即可。

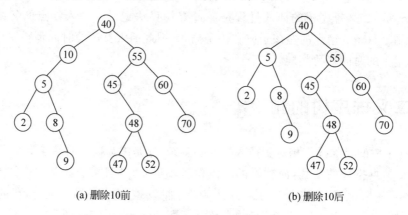

(a) 删除10前　　　　　　　　　　(b) 删除10后

图 5-6　删除 10 前后的二叉树

第二种情况：待删除结点 p 既有左子树又有右子树。设 max 为 p 的左子树中的最大结点，minpr 为 p 的右子树的最小结点，只要用 maxpl 或 minpr 代替 p 即可。下面讨论用 maxpl 的过程，**具体方法有两种**，一种是用 maxpl 代替 p，maxpl 的左子树是 p 原来的左子树，maxpl 的右子树是 p 原来的右子树，如图 5-7(b)所示；另外一种是用 p 的左孩子 p_L 代替 p，maxpl 的右子树是 p 原来的右子树，如图 5-7(c)所示。无论是哪种方法，对删除前后的二叉树进行中序遍历，结果应该是相同的，即保留原来的有序性。假设要删除结点 55，按照以上描述的两种方法，结果如图 5-8 所示。

根据以上删除操作的思路给出删除算法的第一种实现，见算法 5-3。

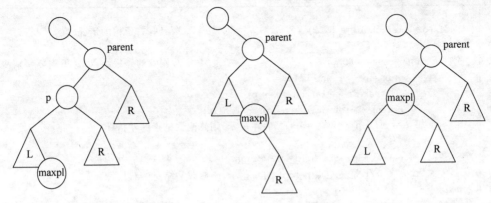

(a) maxpl是p的左子树中的最大结点　　(b) 方法1：用p的左孩子p_L代替p　　(c) 方法2：用maxpl代替p

图 5-7　待删除结点 p 有左、右子树时的删除示意图

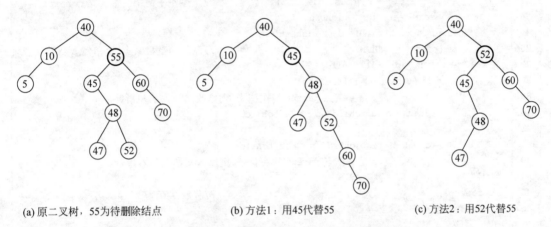

(a) 原二叉树，55为待删除结点　　(b) 方法1：用45代替55　　(c) 方法2：用52代替55

图 5-8　待删除结点 p 有左、右子树的删除示例

算法 5-3　删除算法 1。

1	int BSTDelete(BinSearTree * bt, DataType key)　　　//二叉排序树的删除过程
2	{
3	//parent 记录 p 的父结点，maxpl 记录 p 的左子树中的最大结点
4	BSTreeNode parent, p, maxpl;
5	p = * bt;　parent = NULL;
6	while (p!= NULL)　　　　　　　　　　　　　　　//查找被删除的结点
7	{
8	if (p -> data == key) break;　　　　　　　//如果查找到了，跳出循环
9	parent = p;
10	if (p -> data > key)
11	p = p -> leftchild;
12	else
13	p = p -> rightchild;
14	}
15	if (p == NULL)
16	{
17	printf(" not exist!\n");　return 0;

```
18        }
19        if (p->leftchild == NULL)                //只有右子树的情况
20        {
21            if (parent == NULL)                  //删除的是根结点,这里需要特别注意
22                *bt = p->rightchild;
23            else if (parent->leftchild == p)
24                parent->leftchild = p->rightchild;
25                //p 是父结点 parent 的左孩子,则修改父结点的左指针
26            else
27                parent->rightchild = p->rightchild;
28                //p 是父结点 parent 的右孩子,则修改父结点的右指针
29        }
30        if (p->leftchild != NULL)                //有左子树和右子树
31        {
32            maxpl = p->leftchild;
33            while (maxpl->rightchild != NULL)    //定位左子树中的最大结点 maxpl
34                maxpl = maxpl->rightchild;
35            maxpl->rightchild = p->rightchild;
36            if (parent == NULL)                  //删除的是根结点,这里需要特别注意
37                *bt = p->leftchild;
38            else if (parent->leftchild == p)
39                //p 是父结点 parent 的左孩子,则修改父结点的左指针
40                parent->leftchild = p->leftchild;
41            else
42                parent->rightchild = p->leftchild;
43                //p 是父结点 parent 的右孩子,则修改父结点的右指针
44        }
45        free(p);                                 //释放结点 p
46        return 1;
47    }
```

根据以上删除操作的思路给出删除算法的第二种实现,见算法 5-4。算法 5-4 和算法 5-3 的差别是第 19-44 行,其余相同。

算法 5-4 删除算法 2。

```
  ⋮                    ⋮
29    if (p->leftchild != NULL)                    //有左子树和右子树
30    {
31        BSTreeNode parentp;                      //parentp 记录 maxpl 的父结点
32        parentp = p;
33        maxpl = p->leftchild;
34        while (maxpl->rightchild != NULL)        //定位 p 的左子树中的最大结点 maxpl
35        {
36            parentp = maxpl;
37            maxpl = maxpl->rightchild;
38        }
39        p->data = maxpl->data;                   //修改 p 的数据域为 maxpl 的数据域
40        if (parentp == p)                        //如果 maxpl 的父结点是 p 自身
41            p->leftchild = maxpl->leftchild;     //修改 p 结点的左指针
42        else
```

```
43              parentp->rightchild = maxpl->leftchild;  //修改父结点的右指针
44          p = maxpl;                                   //更新p指针为maxpl结点,以便删除
45      }
46      free(p);
47      return 1;
48  }
```

需要注意算法的调用方式为"BSTDelete(&bt, key);"。

5.6 平衡二叉树的概念

二叉排序树的效率和其形态密切相关。如图 5-9 所示,同一组结点由于插入的顺序不同构造了两棵完全不同形态的二叉排序树。n 个结点按照不同的次序可构造 $n!$ 种二叉排序树。同一组结点不同形态的二叉排序树其检索效率差别很大,对于图 5-9(b)形态的二叉排序树,其检索效率退化为 $O(n)$。

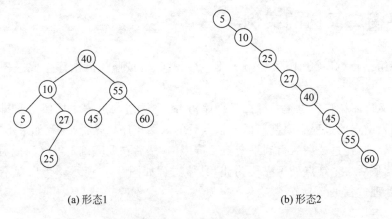

(a) 形态1　　　　　　　　　　(b) 形态2

图 5-9　同一组结点构成的两种形态的二叉排序树

本节介绍平衡二叉排序树,也称 AVL 树,是对二叉排序树的一种改进,它是由 Adelson-Velskii 和 Landis 在 1962 年提出的。平衡二叉排序树能够保持子树高度上的平衡,具有 $O(\log_2 n)$ 的检索、插入和删除的时间效率。

平衡因子:平衡二叉排序树中的每个结点的平衡因子是指其左、右子树的高度之差。

AVL 树:各结点的平衡因子的绝对值都不超过 1 的二叉排序树,即平衡因子只能为 -1、0、1。

图 5-10(a)中结点内的数字表示该结点的平衡因子,每个结点的平衡因子都不超过 1,因此是平衡二叉排序树;图 5-10(b)中有的结点的平衡因子为 -2,因此不是平衡二叉排序树。

平衡二叉排序树的数据结构类型定义如下:

```
1  typedef int DataType;
2  struct AVLTreeNode
3  {
```

```
4        DataType data;                               //数据域
5        int bf;                                      //平衡因子
6        struct AVLTreeNode * leftchild, * rightchild; //定义左、右子树
7    };
8    typedef struct AVLTreeNode * AVLNode;
9    typedef struct AVLTreeNode * AVLTree;
```

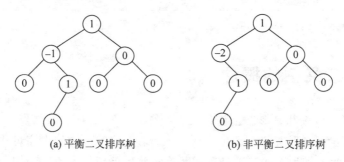

(a) 平衡二叉排序树　　　　　　(b) 非平衡二叉排序树

图 5-10　平衡二叉排序树和非平衡二叉排序树举例

5.7　平衡二叉树的实例

给定一组结点(48,40,10,60,70,5,8,52,49,55),按照先后次序生成一棵平衡二叉排序树。

平衡二叉排序树首先也是一棵二叉排序树,故在构造的过程中按照二叉排序树的插入建立。在插入结点的过程中要判断插入结点后的二叉排序树是否平衡,如果不平衡,则进行相应的平衡处理,经过处理后得到平衡二叉排序树,然后在此基础上继续完成后续结点的插入处理,直到最后一个结点处理完毕为止,具体过程如图 5-11 所示。当出现不平衡时需要调整,调整处理过程见 5.8 节。

5.8　平衡二叉树的 4 种调整和两个基本操作

通过 5.7 节的例子可以看出,在 AVL 树的插入过程中破坏其平衡性的情况可以分为4 种,分别是 LL 型、LR 型、RR 型和 RL 型,如图 5-11 所示。(a)→(b)属于 LL 型,(c)→(d)属于 RR 型,(e)→(f)、(i)→(j)和(g)→(h)属于 LR 型。通过左旋和右旋两个基本操作能够将 4 种失衡状态调整平衡。当出现不平衡时,需要找到最小不平衡子树。

最小不平衡子树:离插入结点最近,并且包含不平衡因子结点的子树。例如在图 5-11(g)中以 48 为根的子树是最小不平衡子树。虽然结点 60 和结点 40 也不平衡,但是 48 离插入结点最近。

在调整过程中只需要对最小不平衡子树进行旋转,没有参与旋转的子树高度保持不变。为了简化,本节的各图只画出了以 T 为根的最小不平衡子树,L 表示 T 的左孩子,R 表示 T 的右孩子,LL 表示 L 的左孩子,LR 表示 L 的右孩子,黑色方块表示新插入结点。

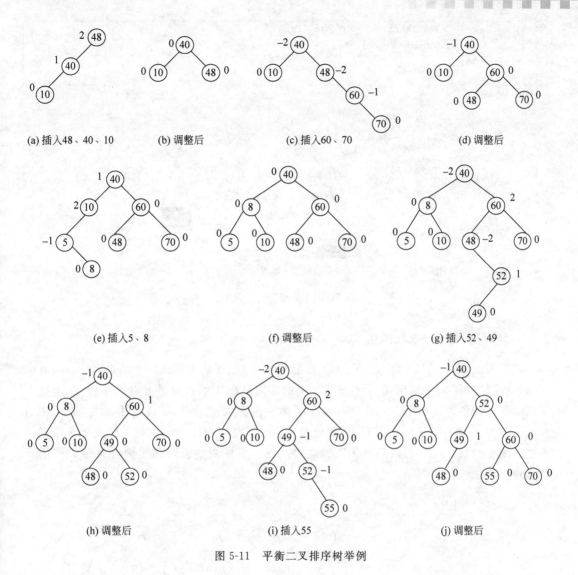

图 5-11 平衡二叉排序树举例

1. LL 型调整——右旋操作

在图 5-12(a)中，假设 T_1、T_2、T_3 的深度都为 h，在 T_1 子树上插入一个结点，如图 5-12(b) 所示，此时结点 T 的平衡因子为 2，破坏平衡的原因是在 T 的左孩子 L 的左子树 T_1 上插入了新结点。调整方式如图 5-12(c)所示，用 T 的左孩子 L 代替 T，T 作为 L 的右孩子，L 的右孩子作为 T 的左孩子。可以看出，调整前后各个结点在中序遍历序列下的先后次序保持不变。图 5-11(a)→图 5-11(b)是 LL 型调整过程。根据调整思路和实例，LL 型调整的具体实现见算法 5-5。

算法 5-5 LL 型调整。

```
1   void rightRotate(AVLNode * bt)    //右旋
2   {
3       AVLNode lc = ( * bt) -> leftchild;
```

```
4        ( * bt) -> leftchild = lc -> rightchild;
5        lc -> rightchild = ( * bt);
6        ( * bt) = lc;
7    }
```

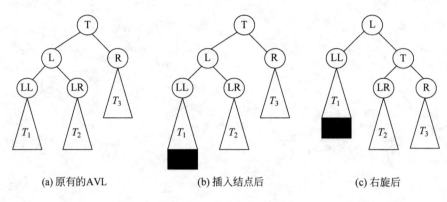

图 5-12　LL 型调整示意图

2. RR 型调整——左旋操作

在图 5-13(a)中，假设 T_1、T_2、T_3 的深度都为 h，在 T_3 子树上插入一个结点，如图 5-13(b)所示，此时结点 T 的平衡因子为-2，破坏平衡的原因是在 T 的右孩子 R 的右子树 T_3 上插入了新结点。调整方式如图 5-13(c)所示，用 T 的右孩子 R 代替 T，T 作为 R 的左孩子，R 的左孩子作为 T 的右孩子。可以看出，调整前后各个结点在中序遍历序列下的先后次序保持不变。图 5-11(c)→图 5-11(d)是 RR 型调整过程。根据调整思路和实例，RR 型调整的具体实现见算法 5-6。

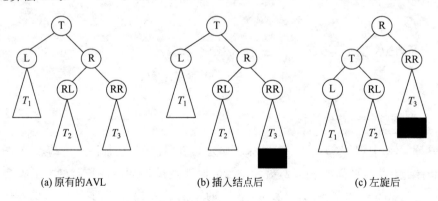

图 5-13　RR 型调整示意图

算法 5-6　RR 型调整。

```
1    void leftRotate(AVLNode * bt)      //左旋
2    {
3        AVLNode rc = ( * bt) -> rightchild;
4        ( * bt) -> rightchild = rc -> leftchild;
5        rc -> leftchild = ( * bt);
```

```
6         ( * bt) = rc;
7    }
```

3. LR 型调整——先左旋再右旋操作

在图 5-14(a)中,假设 T_1、T_2、T_3 的深度都为 h,在 T_2 子树上插入一个结点,如图 5-14(a)所示,此时结点 T 的平衡因子为 2,破坏平衡的原因是在 T 的左孩子 L 的右子树上插入了新结点。调整首先以结点 L 进行左旋,如图 5-14(b)所示,然后以结点 T 进行右旋,如图 5-14(c)所示。左旋和右旋操作的具体方法同上。可以看出,调整前后各个结点在中序遍历序列下的先后次序保持不变。图 5-11(e)→(f)、(i)→(j)和(g)→(h)属于 LR 型调整过程。

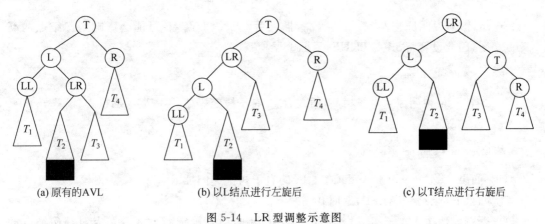

图 5-14 LR 型调整示意图

4. RL 型调整——先右旋再左旋操作

与 LR 型调整类似,这里不再赘述,请读者画出示意图。

通过上述调整,无论是单旋还是双旋,对最小不平衡子树调整后,不仅最小不平衡子树恢复平衡,而且恢复后的子树高度与插入新结点之前的高度相同,这表明失衡结点的所有祖先中的不平衡结点也将恢复为平衡,如图 5-14 所示。从中可以看出,在插入新结点引起失衡后最多经过两次旋转就能使整棵树恢复平衡。

5.9 AVL 的插入操作

对于平衡二叉排序树的插入,**旋转调整和更新平衡因子**是两个核心方面,前面介绍了对 4 种不平衡进行调整,对调整后相关结点的平衡因子的变化没有讨论。另外,插入一个结点后即使没有破坏平衡性,但是某些结点的平衡因子发生了变化,因此也需要记录这些变化,只有这样才能正确地插入后续结点。

对于 AVL 树,插入的结点总是作为叶子结点插入,插入的过程是从根结点开始查找其插入位置,如果比根结点小,进入左子树查找插入位置;如果比根结点大,沿着右子树查找插入位置。对左、右子树的查找重复这个过程,可以看到这是一个递归过程。**问题的关键是**

递归的出口在哪里？**当指针为空时找到了插入位置或者存在一个同样的 key 时递归返回。**

(1) 从根结点 bt 开始。

(2) bt==NULL，找到插入位置，生成新结点，设置标志位 more=TRUE。

(3) data==(*bt)->data，已经存在相同的数据，不进行插入，more=FALSE。

(4) 如果 data<(*bt)->data，在 bt 的左子树上递归插入。

① 如果 more==FALSE，返回 0。

② 否则成功插入左子树，插入后需要检查 bt->bf，确定新插入的结点对其父结点的影响。

- case 1：说明 bt 左子树高，插入后破坏了左子树平衡，进行左子树平衡处理。

    more = FALSE;break;

- case 0：说明原来左、右子树等高，插入后左子树变高，有可能会影响到父结点的高度，因此设置 more=TRUE，返回上层检查。

    bt -> bf = 1;break;

- case -1：说明原来右子树高，插入后左、右子树变等高，不需要返回检查，设置 more=FALSE。

    bt -> bf = 0;break;

(5) 如果 data>(*bt)->data，在 bt 的右子树上递归插入。

① 如果 more==FALSE，返回 0。

② 否则成功插入右子树，插入后需要检查 bt->bf，确定新插入的结点对其父结点的影响。

- case -1：说明 bt 右子树高，插入后破坏了右子树平衡，进行右子树平衡处理。

    more = FALSE;break;

- case 0：说明原来左、右子树等高，插入后左子树变高，有可能会影响到父结点的高度，因此设置 more=TRUE，返回上层检查。

    bt -> bf = 1;break;

- case 1：说明原来左子树高，插入后左、右子树变等高，不需要返回检查，设置 more=FALSE。

    bt -> bf = 0; break;

(6) 返回 1。

按照以上插入算法流程，插入算法的具体实现见算法 5-7。

算法 5-7　AVL 插入算法。

1	//实现对平衡二叉树的插入操作
2	Status insertAVL(AVLNode * bt, DataType data, Status * more)
3	{
4	if (* bt == NULL)　　　　　　　　　　//bt 为空，树长高

```
5       {
6                       * bt = (AVLNode)malloc(sizeof(AVLTreeNode));
7               ( * bt) -> rightchild = ( * bt) -> leftchild = NULL;
8               ( * bt) -> data = data;
9               ( * bt) -> bf = 0;
10              * more = TRUE;
11      }
12      else
13      {
14          //树中已存在和 data 相等的结点
15          if (data == ( * bt) -> data)
16          {
17              * more = FALSE; return 0;        //未插入
18          }
19          //插入左子树
20          else if (data < ( * bt) -> data)
21          {
22              if(insertAVL(&(( * bt) -> leftchild), data, more) == 0)
23                  return 0;                //递归循环,递归出口
24              if (TRUE == * more)
25              {
26                  switch (( * bt) -> bf)   //检查 bt 的平衡因子
27                  {
28                      case 1://原左高, 左平衡
29                          leftBalance(bt); * more = FALSE; break;
30                      case 0://原等高, 左变高
31                          ( * bt) -> bf = 1; * more = TRUE; break;
32                      case -1://原右高, 变等高
33                          ( * bt) -> bf = 0; * more = FALSE; break;
34                  } //end 26
35              } //end 24
36          } //end 20
37          //插入右子树
38          else
39          {
40              if (insertAVL(&(( * bt) -> rightchild), data, more) == 0)
41                  return 0;                //递归循环
42              if ( TRUE == * more)
43              {
44                  switch (( * bt) -> bf)
45                  {
46                      case 1: //原左高, 变等高
47                          ( * bt) -> bf = 0; * more = FALSE;break;
48                      case 0: //原等高, 右变高
49                          ( * bt) -> bf = -1; * more = TRUE;break;
50                      case -1: //原右高, 右平衡
51                          rightBalance(bt); * more = FALSE;break;
52                  } //end 44
```

```
53              } //end 42
54           } //end 38
55        } //end 12
56        return 1;
57 }
```

下面通过 5.7 节的实例具体说明左子树平衡处理 leftBalance 的功能,其主要实现对于 LL 型和 LR 型不平衡的旋转处理和更新结点因子的功能。

对于 LL 型的不平衡,只需要修改子树根结点和其左孩子结点的因子为 0,再进行右旋操作即可。下面详细说明图 5-15 中的 LL 型调整过程。

(a) 插入结点 48 作为根结点,插入完成。

(b) 插入结点 40 后返回上层,检查父结点 48 的平衡因子为 0,修改为 1,插入 40 完成。

(c) 插入结点 10 后返回上层,检查其父结点 40 的平衡因子为 0,修改为 1,继续返回上传 40 的父结点 48,检查 48 的平衡因子是 1,进行左子树平衡处理,属于 LL 型。

(d) 右旋后的结果,注意右旋后 40 和 48 的平衡因子由 1 修改为 0。

图 5-15(e)~(f)是继续依次插入 8 和 5 后右旋的结果,注意右旋后 8 和 10 的平衡因子由 1 修改为 0。

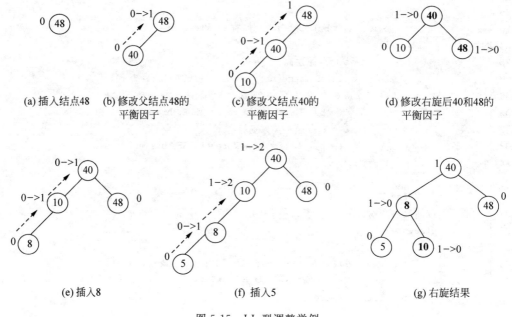

图 5-15 LL 型调整举例

对于 LR 型需要分为 LR(0)、LR(L)和 LR(R)3 种情况,每种情况都会涉及 3 个结点平衡因子的变化。假设用 bt 表示最小不平衡子树的根结点,用 lc 表示它的左孩子结点,用 lc_rc 表示 lc 的右孩子结点。

(1) 如图 5-16(a)所示,对于 LR(0)型,调整后各结点的平衡因子变化如下。

lc—>bf=0 时,(*bt)—>bf=0; lc—>bf=0; lc_rc—>bf=0;

(2) 如图 5-16(b)所示,对于 LR(L)型,调整后各结点的平衡因子变化如下。

lc—>bf=1 时,(*bt)—>bf=-1; lc—>bf=0; lc_rc—>bf=0;

(3) 如图 5-16(c)所示,对于 LR(R)型,调整后各结点的平衡因子变化如下。

lc−>bf=−1 时,(*bt)−>bf=0; lc−>bf=1; lc_rc−>bf=0;

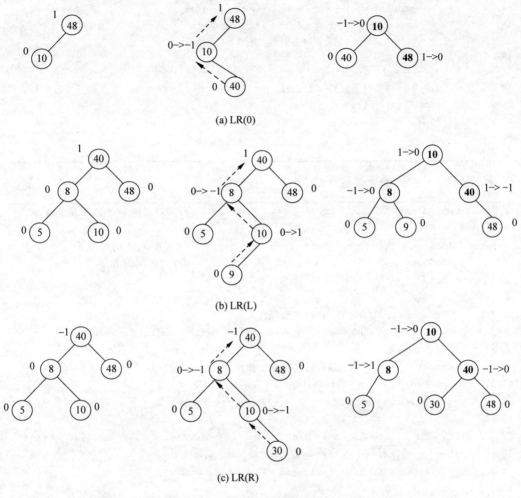

图 5-16 LR 型调整举例

leftBalance 功能的具体实现见算法 5-8,读者可以类似地写出对右子树的平衡处理 rightBalance,见算法 5-9。

算法 5-8 左子树平衡处理算法。

```
1   void leftBalance(AVLNode * bt)
2   {
3       AVLNode lc = ( * bt)−>leftchild;        //lc 指向 bt 的左孩子
4       AVLNode lc_rc;                          //lc_rc 指向 lc 的右孩子
5       switch (lc−>bf)
6       {
7           case 1:   //LL 型,进行右旋操作
8               ( * bt)−>bf = 0; lc−>bf = 0;    rightRotate(bt);
9               break;
10          case −1:  //LR 型,进行左旋再右旋操作
```

```
11          lc_rc = lc->rightchild;
12          switch (lc_rc->bf)                    //修改 bt 及其左孩子的平衡因子
13          {
14              case 1:(*bt)->bf = -1; lc->bf = 0;break;
15              case 0:(*bt)->bf = 0;lc->bf = 0;break;
16              case -1:(*bt)->bf = 0;lc->bf = 1;break;
17          }
18          lc_rc->bf = 0;
19          leftRotate(&((*bt)->leftchild));
20          rightRotate(bt);
21          break;
22      }
23  }
```

算法 5-9 右子树平衡处理算法。

```
1   void rightBalance(AVLNode *bt)                //实现对树 bt 的右平衡处理
2   {
3       AVLNode rc = (*bt)->rightchild;           //rc 指向 bt 的右孩子
4       AVLNode rc_lc;                            //rc_lc 指向 rc 的左孩子
5       switch (rc->bf)
6       {
7           case -1:    //RR 型,进行左旋操作
8               (*bt)->bf = 0;    rc->bf = 0;    leftRotate(bt);
9               break;
10          case 1:     //RL 型,进行右旋再左旋操作
11              rc_lc = rc->leftchild;
12              switch (lc->bf)
13              {
14                  case 1:(*bt)->bf = 0;rc->bf = -1;break;
15                  case 0:(*bt)->bf = 0;rc->bf = 0;break;
16                  case -1:(*bt)->bf = 1;rc->bf = 0;break;
17              }
18              rc_lc->bf = 0;
19              rightRotate(&((*bt)->rightchild));
20              leftRotate(bt);
21              break;
22      }
23  }
```

5.10　AVL 的删除操作

与插入不同的是,删除后经过单旋或双旋,局部子树恢复了平衡,如图 5-17 所示。但是在有些情况下,低层子树恢复平衡会导致其高层子树的不平衡。如图 5-18 所示,删除结点 60 后引起结点 40 的不平衡,注意此时 40 的父结点 86 是平衡的。通过 LR 型的调整,结点 40 已经平衡,但是此时其父结点 86 变得不平衡,这就是删除时可能存在的失衡传播。不难

想象,如果结点 86 属于某一更高祖先的短分支,因此调整结点 86 后仍然会继续失衡传播,这种失衡传播有可能一直到整棵树的根结点,并且这种传播是由底向上的,故可以沿着父结点遍历祖先检查其平衡性,并进行相应的处理。这个过程可以采用递归删除算法实现,对每个结点处理结束后就会返回上层检查处理。具体实现见算法 5-10。

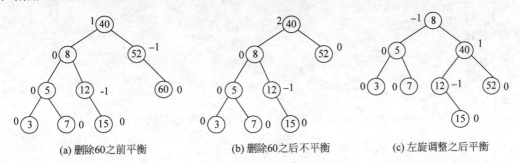

图 5-17 AVL 删除举例 1

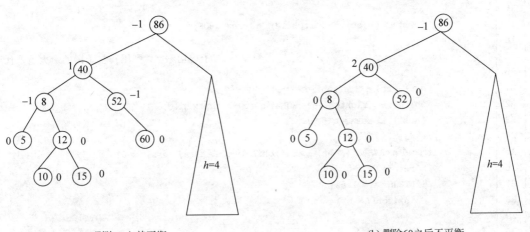

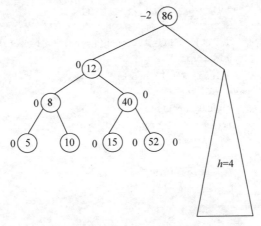

图 5-18 AVL 删除举例 2

算法 5-10 AVL 删除算法。

```
1   //实现对平衡二叉树的删除操作
2   Status deleteAVL(AVLNode * bt, DataType data, Status * less)
3   {
4       AVLNode q = NULL;
5       if(( * bt) == NULL)                    //空树
6       {
7           * less = FALSE; return 0;
8       }
9       else if(data == ( * bt) -> data)       //相等
10      {
11          if(( * bt) -> leftchild == NULL)   //左子树为空,接右子树
12          {
13              ( * bt) = ( * bt) -> rightchild; * less = TRUE;
14          }
15          else if(( * bt) -> rightchild == NULL) //右子树为空,接左子树
16          {
17              ( * bt) = ( * bt) -> leftchild; * less = TRUE;
18          }
19          else                               //左、右子树均不空,则用其左子树的最大值取代
20          {
21              q = ( * bt) -> leftchild;
22              while(q -> rightchild != NULL) q = q -> rightchild;
23              ( * bt) -> data = q -> data;
24      //递归删除左孩子
25              if (deleteAVL(&(( * bt) -> leftchild), q -> data, less) == 0)
26                  return 0;
27              if(TRUE == * less)
28                  switch(( * bt) -> bf)
29                  {
30                      case 1:
31                          ( * bt) -> bf = 0;   * less = TRUE; break;
32                      case 0:
33
34                          ( * bt) -> bf = AVLDepth(( * bt) -> leftchild) - AVLDepth(( * bt) -> rightchild);
35                          * less = FALSE; break;
36                      case -1:
37                          rightBalance(bt);
38                          if(( * bt) -> rightchild -> bf == 0)
39                              * less = FALSE;
40                          else
41                              * less = TRUE;
42                          break;
43                  }
44          }
45      }
46      else if(data < ( * bt) -> data)        //在左子树中继续查找
47      {
```

```
48          //递归删除左孩子
49          if(deleteAVL(&((*bt)->leftchild), data, less) == 0) return 0;
50          if(TRUE == *less )
51              switch((*bt)->bf)
52              {
53                  case 1:
54                      (*bt)->bf = 0; *less = TRUE; break;
55                  case 0:
56                      (*bt)->bf = -1; *less = FALSE; break;
57                  case -1:
58                      rightBalance(bt);
59                      if((*bt)->rightchild->bf == 0)
60                          *less = FALSE;
61                      else
62                          *less = TRUE;
63                      break;
64              }
65      }
66      else        //在右子树中继续查找
67      {
68          //递归删除右孩子
69          if(deleteAVL(&((*bt)->rightchild), data, less) == 0) return 0;
70          if (TRUE == *less)
71              switch((*bt)->bf)
72              {
73                  case 1:
74                      leftBalance(bt);
75                      if((*bt)->leftchild->bf == 0)
76                          *less = FALSE;
77                      else
78                          *less = TRUE;
79                      break;
80                  case 0:
81                      (*bt)->bf = 1; *less = FALSE; break;
82                  case -1:
83                      (*bt)->bf = 0; *less = TRUE; break;
84              }
85      }
86      return 1;
87  }
```

5.11 红黑树的基本概念

红黑树(Red Black Tree)是一种自平衡二叉查找树,在 1972 年由 Rudolf Bayer 发明,当时被称为平衡二叉 B 树(symmetric binary B-trees)。后来,在 1978 年被 Leo J. Guibas 和 Robert Sedgewick 修改为如今的"红黑树"。STL map 采用红黑树进行管理,在 Linux 中

map 同样提供了红黑树的具体实现,在内核中很多模块都使用了红黑树,建议有兴趣的读者阅读 STL map 和 Linux 中的源代码。本节主要介绍红黑树的基本概念以及插入、删除等操作,从而理解该数据结构良好的性能。

AVL 树在进行删除操作时需要多次旋转,并且对原有的二叉树的逻辑结构影响较大。相对于 AVL 树的**近似平衡**,本节介绍的红黑树对平衡的要求进一步减弱,要求从根到叶子的最长的可能路径不超过最短的可能路径的两倍。正是这种**大致平衡**使得红黑树插入和删除后的调整仅涉及常数个结点的逻辑关系变化。同时,红黑树通过引入"颜色"使得红黑树的平衡条件得以简化。正如著名的密码学专家 BruceSchneier 所说,红黑树并不追求"完全平衡",它只要求部分达到平衡要求,降低了对旋转的要求,从而提高了性能。

为了便于理解和操作红黑树,在后面的描述中约定将原有的二叉树引入 $n+1$ 个外部结点,这些外部结点只是一种假设,它们的结构和内部结点一样,但是这里并不关心它们的属性,而是作为操作判断边界的条件。图 5-19 所示为一棵红黑树。

红黑树是一棵满足以下 5 个性质的二叉排序树:

(1) 根结点是黑色的;

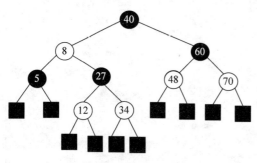

图 5-19　红黑树举例

(2) 每个结点或者是黑色的,或者是红色的;
(3) 每个叶子结点(即外部结点)是黑色的;
(4) 如果一个结点是红色的,则它的两个子结点必须是黑色的;
(5) 从一个结点到该结点的子孙结点的所有简单路径上包含相同数目的黑结点。

5.12　红黑树的插入

和前面的二叉排序树、AVL 树一样,红黑树插入的结点总是作为叶子结点插入,因此将插入结点的颜色设置为红色。具体插入算法可参考二叉排序树的插入。在插入结点后,红黑树发生了变化,可能不再满足红黑树的 5 条性质,也就不再是一棵红黑树了,需要通过调整使之恢复为一棵红黑树。

红黑树的插入有以下几种情况。

(1) 情况一:插入的是根结点。

处理方式:因为原来的树是空树,所以直接把此结点着色为"黑色"。

(2) 情况二:如果不是作为根结点,把新插入的结点着色为"红色",新插入结点的"父结点"是"黑色"。

处理方式:不用旋转,因为结点插入后仍然是红黑树。

(3) 情况三:新插入结点的"父结点"是红色,会破坏红黑树的性质,需要进行调整。

在这种情况下需要分 3 种具体情况讨论,以下仅讨论父结点是祖父结点左孩子的情况,另外一种情况对称处理即可。为了方便画图描述和讨论,对符号说明如下:

x 表示当前插入的结点,xp 表示 x 的父结点,x.c 表示 x 结点的颜色;xu 表示 x 的叔叔结点，xpp 表示 x 的祖父结点；x.left 表示 x 的左孩子，x.right 表示 x 的右孩子。

① case1："祖父结点"的另一个子结点（即父结点的兄弟结点——"叔叔结点"）是"红色"。

处理方式：将被插入结点的"父结点"和"叔叔结点"着色为"黑色"，将"祖父结点"着色为"红色"。之后由于祖父的红色可能会破坏红黑树的性质，因此需要进行迭代处理。把"当前结点"指向"祖父结点"，也就是将"祖父结点"设置为"当前结点"，然后重新处理新的"当前结点"。

case1 的调整示意图如图 5-20 所示，其中 x 是父结点 xp 的左孩子。对于 x 是父结点 xp 的右孩子，处理类似。

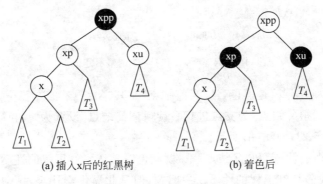

(a) 插入x后的红黑树　　　(b) 着色后

图 5-20　case1 调整示意图

处理分析："当前结点"也就是被插入的结点，"当前结点"和"父结点"都是"红色"，破坏了红黑树的"性质 4"。将"父结点"设置为"黑色"可以解决这个问题。但是，将"父结点"由"红色"变成"黑色"之后会破坏"性质 5"，因为包含"父结点"的分支的"黑色结点"的总数增加了 1。

解决这个问题的办法：将"祖父结点"由"黑色"变成"红色"，同时将"叔叔结点"由"红色"变成"黑色"。这里需要说明几点：第一，"祖父结点"开始是黑色的。因为在进行变换操作之前该树是红黑树，"父结点"是"红色"，那么"祖父结点"一定是"黑色"。第二，将"祖父结点"由"黑色"变成"红色"，同时将"叔叔结点"由"红色"变成"黑色"，能解决"包含'父结点'的分支的黑色结点的总数增加了 1"的问题。因为"包含'父结点'的分支的黑色结点的总数增加了 1"同时也意味着"包含'祖父结点'的分支的黑色结点的总数增加了 1"，这样通过将"祖父结点"由"黑色"变成"红色"解决"包含'祖父结点'的分支的黑色结点的总数增加了 1"的问题；但是，这样处理之后又会引起另一个问题——"包含'叔叔结点'的分支的黑色结点的总数减少了 1"，不过现在已知"叔叔结点"是"红色"，将"叔叔结点"设置为"黑色"就能解决这个问题。所以将"祖父结点"由"黑色"变成"红色"，同时将"叔叔结点"由"红色"变成"黑色"，就解决了该问题。

按照上面的步骤处理之后，"当前结点""父结点"和"叔叔结点"之间都不会破坏红黑树的特性，但祖父结点却不一定。若此时祖父结点是根结点，直接将祖父结点设置为"黑色"，那就完全解决这个问题了；若祖父结点不是根结点，需要将"祖父结点"设置为"新的当前结点"，接着对"新的当前结点"进行迭代处理。可以看出，经过一次处理后，红黑树中父子结点同为红色的位置相应地上升两层，所以插入调整操作最多迭代 $O(\log_2 n)$ 次。

② case2:"叔叔结点"是"黑色",并且"当前结点"是"父结点"的右孩子。

处理方式:将"父结点"作为新的"当前结点",以新的"当前结点"为支点进行左旋操作,之后转入 case3,如图 5-21(a)和(b)所示。

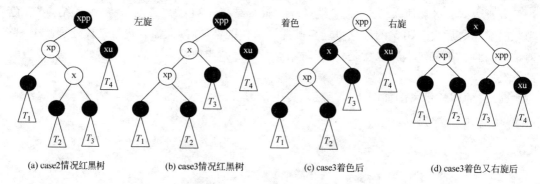

(a) case2情况红黑树　　(b) case3情况红黑树　　(c) case3着色后　　(d) case3着色又右旋后

图 5-21　case2 和 case3 调整示意图

③ case3:"叔叔结点"是黑色,且"当前结点"是其"父结点"的左孩子。

处理方式:以"祖父结点"为支点进行右旋,将"父结点"设置为"黑色",将"祖父结点"设置为"红色",如图 5-21(c)和(d)所示。

处理分析:"当前结点"和"父结点"都是"红色",破坏了红黑树的性质 4。把"父结点"变为"黑色"可以解决破坏红黑树的性质 4 的问题,但是此操作会让经过"父结点"的分支的黑色结点的个数增加 1,这样就破坏了红黑树的性质 5。将"祖父结点"着色为"红色",再以它为支点进行右旋操作,这样就解决了新的问题。

在 case2 和 case3 之后,由于 x 的父结点为黑色,所以经过常数级的旋转和着色,插入结束。

综合 case1、case2 和 case3,插入调整算法的时间复杂度为 $O(\log_2 n)$。

总结插入结点的第 3 种情况下父子结点同为红色时的 case1、case2 和 case3 的处理情况,如表 5-1 所示。对于上述 3 种 case 情况,读者可以通过图 5-22 所示的具体实例进一步理解,其中图 5-22(a)是图 5-19 插入 10 之后的形态。

表 5-1　父子结点同为红色时的 3 种情况处理表

	case1	case2	case3
情况	xu. c=red	xp. c=red xu. c=black xp. right=x	xu. c=black xp. left=x
左旋		x=xp; Leftroate(x);	
着色	xp. c=black; xu. c=black;	xp. c=black; xpp. c=red;	
右旋		Rightrotate(xpp)	
循环迭代	可能再次 case1 但是上升两层:x=xpp 迭代	由于 xp. c=black; 结束	

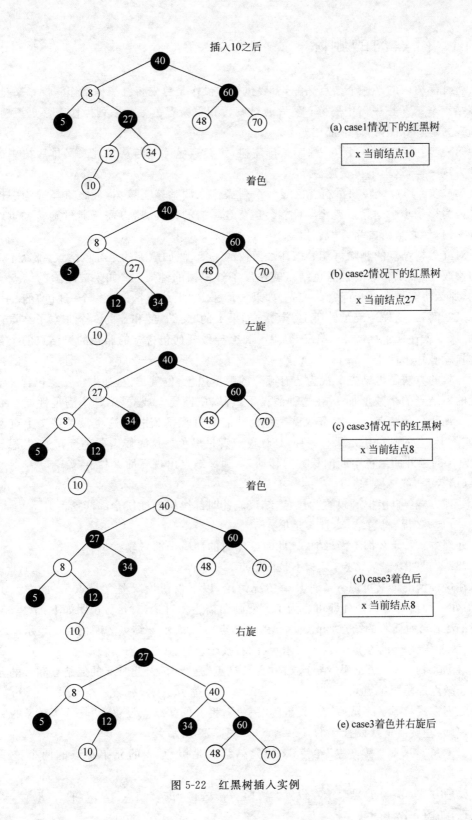

图 5-22 红黑树插入实例

5.13 红黑树的删除

将红黑树内的某一个结点删除,需要执行的操作是首先将红黑树当作一棵二叉排序树,将该结点从二叉排序树中删除;然后通过旋转和重新着色等一系列操作来修正该树,使之重新成为一棵红黑树,详细描述如下。

第一步:将红黑树当作一棵二叉排序树,将结点删除。与从常规二叉排序树中删除结点的方法一样,这里不再赘述。

第二步:通过旋转和重新着色等一系列操作来调整修正该树,使之重新成为一棵红黑树。因为第一步中删除结点之后可能会违背红黑树的特性,所以需要通过旋转和重新着色来调整树,使之重新成为一棵红黑树。

对红黑树结点的删除可能会破坏红黑树的平衡,假如删除的是红色结点,那么不需要做任何修改,但如果删除的是黑色结点就违反了红黑树的性质 5。如果被删除的结点 x 是黑色的,那么将会导致 3 个问题。首先,如果 x 原来是"根结点",x 的一个"红色"的"子结点"就成了新的根,这样违反了性质 1。其次,如果 x 的"父结点"和 x 的一个非空子结点都是红色的,那么就违反了性质 4。第三,删除 x 将会导致任何包含 y 的路径的黑结点的个数减少 1,这样就破坏了性质 5。

补救的方法是把结点 x 视为还有额外的一重黑色,也就是说,如果将任意包含 x 结点的路径的黑结点的个数增加 1,在这种假设下,可以使性质 5 成立,但却不满足性质 2,因为 x 多了一种颜色。结点 x 可能是双重黑色的或者是红黑的,注意,这也只是逻辑上有两种颜色,实际上,它的颜色还是只有一种,是红色或者是黑色。这时候需要进行调整,其思想是将 x 所包含的额外的黑色不断向根方向移动,直到 x 结点出现下面 3 种情况。

(1) x 是"红+黑"结点。

处理方式:直接把 x 设置为黑色,结束。此时红黑树的性质全部恢复。

(2) x 是"黑+黑"结点,且 x 是根。

处理方式:什么都不做,结束。此时红黑树的性质全部恢复。

(3) x 是"黑+黑"结点,且 x 不是根结点。

在这种情况下又可以分 4 种具体情况讨论,以下仅讨论 x 是父结点 xp 的左孩子的情况,另外一种情况对称处理即可。为了方便画图描述和讨论,对符号说明如下:

x 表示当前插入的结点,xp 表示 x 的父结点,x.c 表示 x 结点的颜色;xs 表示 x 的兄弟结点;xsl 表示 xs 的左孩子,xsr 表示 xs 的右孩子。

① case1:x 是"黑+黑"结点,x 的"兄弟结点"是"红色"(此时 x 的父结点和 x 的兄弟结点的子结点都是黑结点)。

处理方式:将 x 的兄弟结点设置为"黑色",将 x 的父结点设置为"红色",对 x 的父结点进行左旋,左旋后重新设置 x 的兄弟结点,如图 5-23 所示。

② case2:x 是"黑+黑"结点,x 的兄弟结点是黑色,x 的兄弟结点的两个孩子都是黑色。

处理方式:将 x 的兄弟结点设置为"红色",设置"x 的父结点"为"新的 x 结点",进行迭代处理,如图 5-24 所示。

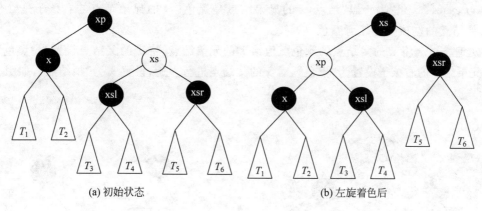

图 5-23 case1 调整示意图

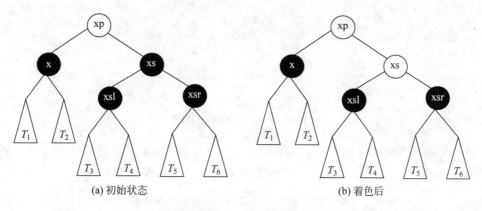

图 5-24 case2 调整示意图

③ case3：x 是"黑＋黑"结点，x 的兄弟结点是黑色；x 的兄弟结点的左孩子是红色，右孩子是黑色。

处理方式：将 x 的兄弟结点的左孩子设置为"黑色"，将 x 的兄弟结点设置为"红色"，对 x 的兄弟结点进行右旋，右旋后重新设置 x 的兄弟结点，如图 5-25 所示。

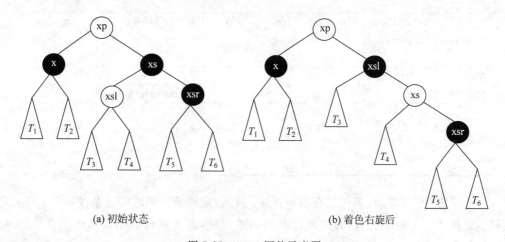

图 5-25 case3 调整示意图

④ case4：x 是"黑＋黑"结点，x 的兄弟结点是黑色；x 的兄弟结点的右孩子是红色，x 的兄弟结点的左孩子是任意颜色。

处理方式：将 x 的父结点的颜色赋值给 x 的兄弟结点，将 x 的父结点设置为"黑色"，将 x 的兄弟结点的右孩子设置为"黑色"，对 x 的父结点进行左旋，设置 x 为"根结点"，如图 5-26 所示。

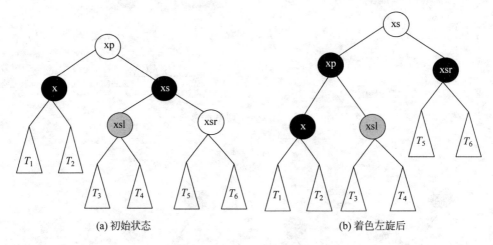

(a) 初始状态　　　　　　　　　　　　(b) 着色左旋后

图 5-26　case4 调整示意图

总结删除结点的第 3 种情况下 case1、case2、case3 和 case4 的处理情况，如表 5-2 所示。图 5-27 是删除 5 的具体实例，读者可以通过实例进一步理解红黑树的删除。

表 5-2　x 为黑，且 x 不是根结点的处理情况

	x!＝T.root and x.c＝＝black			
	case1	case2	case3	case4
形态	xs.c＝red	xs.c＝black		
		xsr.c＝black		xsr.c＝red
		xsl.c＝black	xsl.c＝red	xsl.c＝red or xsl.c＝black
着色	xs.c＝black xp.c＝red	xs.c＝red	xsl.c＝black xs.c＝red	xs.c＝xp.c xp.c＝black xsr.c＝black
左旋	Leftrotate(xp)			Leftrotate(xp)
右旋			Rightrotate(xs)	
循环迭代	xs＝xp.right； 进入 case2、case3、case4	x＝xp； 可能再次 case1、case2、case3、case4，但是上升一层	xs＝xp.right 进入 case4	x＝T.root 结束

从上面的分析来看，红黑树具有以下特性：插入、删除操作的时间复杂度都是 $O(\log_2 n)$，且最多旋转 3 次。相对于 AVL 树删除时的调整，意味着整棵树的拓扑结构不会频繁地做出大的改变。

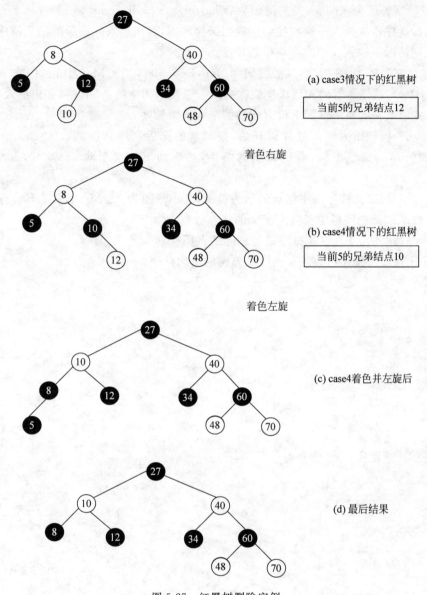

图 5-27 红黑树删除实例

习题

5-1 已知一个长度为 18 的递增有序的顺序表 L，若采用二分查找方法查找一个 L 中不存在的元素，则关键字的比较次数最多是多少次？

5-2 已知有序表(4,10,18,27,36,48,50,56,63,82)，对其进行二分查找，画出生成的二分查找判定树。

5-3 已知有序表(4,10,18,27,36,48,50,56,63,82)，对其进行二分查找，若查找 10，则需要依次与表中的哪些元素进行比较，结果查找成功；若查找 70，则需要依次与表中的哪些元素进行比较，结果查找失败。

5-4　已知长度为 8 的表,其关键码为(zhao,qian,sun,li,zhou,wu,zheng,wang),试按元素的先后次序依次插入一棵初始为空的二叉排序树,画出插入完成后的二叉排序树,并求其在等概率情况下检索成功的平均检索长度。

5-5　已知长度为 12 的表,其关键码为(Jan,Feb,Mar,Apr,May,June,July,Aug,Sep,Oct,Nov,Dec),试按元素的先后次序依次插入一棵初始为空的 AVL 树,画出插入完成后的 AVL 树,并求其在等概率情况下检索成功的平均检索长度。

5-6　从一棵初始为空的红黑树开始,按元素的先后次序依次插入 40、60、55、10、48、70、52、5、46、43 构造红黑树,画出每步的结果,然后画出依次删除 52 和 40,并分别画出结果。

5-7　设一棵二叉排序树中结点的值为整型,大小范围为 0～MAX,任意给定值 x,编写非递归算法求二叉排序树中所有大于 x 的结点数据。

5-8　编写算法,实现二叉排序树的删除结点操作。

5-9　比较二叉排序树、AVL 树和红黑树的适用性。

第6章 图

本章关键词：两种遍历和多种应用。

关键词——两种遍历。图(graph)是数据结构中最为复杂的数据结构，也是应用最为广泛的数据结构，图中的任意结点之间都可能存在关系。从某种意义上来说，前面章节学习的线性表、二叉树和树都可以看作一种特殊的图。遍历是图最为重要的操作，包括深度优先遍历和广度优先遍历。通过遍历可以将图转换为二叉树的形态，使问题得到简化，以借助树形结构的基本运算和技巧解决问题。这两种遍历贯穿了后续各部分应用问题的解决。

关键词——多种应用。图结构能够描述各种复杂的应用场景，例如网络爬虫、项目规划、人工智能和线路规划等领域。离散数学中对图的讨论主要是研究它的数学性质，在计算机技术中，主要研究图的应用。本章中重点讨论了图的最小生成树、图的最短路径、关键路径以及拓扑排序等。这些应用既要关注算法设计，也要关注采取何种存储形式。本章最后给出了一个综合应用实例——中国邮递员问题，希望读者能够应用基础知识解决复杂的问题。总之，通过这些广泛而具体的应用能更好地理解图的相关知识，并学习设计和实现高效的算法。

"青，取之于蓝而青于蓝；冰，水为之而寒于水。"

——《荀子》

6.1 图的基本概念和抽象数据类型定义

6.1.1 图的基本概念

在线性结构中，结点之间的关系是线性关系，除开始结点和终端结点外，每个结点只有唯一的直接前驱和直接后继；在树形结构中，结点之间的关系是层次关系，每个结点只有唯一的前驱结点(父结点)，有零个或多个后继结点(孩子)；在图结构中，每个结点的前驱和后继的个数没有限制，即结点之间的关系是任意的。图是应用最为广泛的数据结构。

图：图由顶点(vertex)的有穷集合 $V(G)$ 和边(edge)的有穷集合 $E(G)$ 组成的，用 $G=(V,E)$ 表示图。

无向图(undirected graph)：无向图是表示边的两个顶点之间没有次序关系的图，用圆括号 (V_i,V_j) 表示无向图的一条边。例如图 6-1(a)所示的 G_1 和图 6-1(b)所示的 G_2 是无向图。

有向图(directed graph)：有向图是表示边的两个顶点之间有方向的图，用尖括号 $<V_i,V_j>$ 表示有向图的一条边，V_i 是弧的头顶点，V_j 是弧的尾顶点。注意，$<V_i,V_j>$ 和 $<V_j,V_i>$

表示两条不同的边。例如图 6-1(c)所示的 G_3 是有向图。

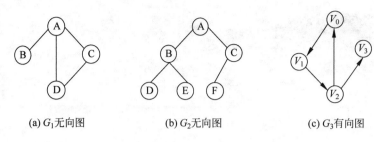

(a) G_1 无向图　　　　　(b) G_2 无向图　　　　　(c) G_3 有向图

图 6-1　两个示意图

图 6-1 中的 3 个图的集合表示为：

$V(G_1)=\{A,B,C,D\}$　　　　　$E(G_1)=\{(A,B),(A,C),(A,D),(C,D)\}$

$V(G_2)=\{A,B,C,D,E,F\}$　　　$E(G_2)=\{(A,B),(A,C),(B,D),(B,E),(C,F)\}$

$V(G_3)=\{V_0,V_1,V_2,V_3\}$　　　$E(G_3)=\{<V_0,V_1>,<V_1,V_2>,<V_2,V_0>,<V_2,V_3>\}$

可以看到，G_2 是一棵二叉树。正如线性表可以看作二叉树的特例一样，二叉树可以看作图的特例。

度：如果 (V_0,V_1) 是无向图中的一条边，则称顶点 V_0 和 V_1 是相邻的，它们互为邻接点，并称顶点 V_0 和 V_1 与边 (V_0,V_1) 关联。在无向图中，与顶点 V_i 关联的边数称为顶点的度。例如在图 6-1(a)中，顶点 $\{A,B,C,D\}$ 的度分别为 $\{3,1,2,2\}$。在图 6-1(b)中，顶点 $\{A,B,C,D,E,F\}$ 的度分别为 $\{2,3,2,1,1,1\}$。如果 $<V_i,V_j>$ 是有向图的一条边，则称 V_i 邻接到 V_j，或称 V_j 邻接于 V_i，并称顶点 V_i 和 V_j 与边 $<V_i,V_j>$ 关联。在有向图中，以顶点 V 为头顶点的边数称为顶点 V 的出度，以顶点 V 为尾顶点的边数称为顶点 V 的入度。例如在图 6-1(c)中，顶点 $\{V_0,V_1,V_2,V_3\}$ 的出度为 $\{1,1,2,0\}$，入度为 $\{1,1,1,1\}$。

无论是无向图还是有向图，图 G 中的顶点个数 n、顶点的度 d 和 e 条边之间存在以下关系（d_i 表示顶点 V_i 的度）：

$$e=\left(\sum_{i=0}^{n-1}d_i\right)/2$$

完全图：具有最多边数的图称为完全图，即任意两个顶点之间都有边。对于具有 n 个顶点的无向图，边的最大值达到 $n(n-1)/2$（任意两个顶点 V_i、V_j 的组合 C_n^2）。对于具有 n 个顶点的有向图，边的最大值达到 $n(n-1)$（任意两个顶点 V_i、V_j 的排列 P_n^2）。

路径和路径长度：在图 G 中，从顶点 V_i 到 V_j 的一条路径是一个顶点序列 $V_i,V_0,V_1,V_2,\cdots V_n,V_j$，如果 G 是无向图，(V_i,V_0)、(V_0,V_1)、$\cdots$、(V_n,V_j) 是图 G 的边；如果 G 是有向图，$<V_i,V_0>,<V_0,V_1>,\cdots,<V_n,V_j>$ 是图 G 的弧。路径长度是路径上边的个数。

简单路径和回路（环路）：一条简单路径是指路径上除了起点和终点可能相同外，其余顶点都不相同的路径，用顶点序列表示。例如图 6-1(a)中的 B,A,D,C 和 A,C,D,A 分别是一条简单路径。回路是起点和终点相同的简单路径，例如图 6-1(a)中的 A,C,D,A 是回路，图 6-1(c)中的 V_0,V_1,V_2,V_0 是回路。

连通图和连通分量：在无向图 G 中，如果从顶点 V_i 到 V_j 存在一条路径，则称顶点 V_i 和 V_j 是连通的。如果无向图中任意两个顶点之间都存在一条路径，则称无向图 G 是连通图。例如图 6-1(a)所示的 G_1 和图 6-1(b)所示的 G_2 是连通图，如图 6-2 所示的图 G_4 不是连通图。连通分量是无向图中的极大连通子图。图 G_4 具有两个连通分量,如图 6-2 所示。

强连通图和强连通分量:在有向图 G 中,对于任意两个不同的顶点 V_i 和 V_j,如果从顶点 V_i 到 V_j 存在一条路径并且从顶点 V_j 到 V_i 存在一条路径,则称顶点 V_i 和 V_j 是连通的。如果有向图中的任意两个顶点之间都存在一条路径,则称有向图 G 是强连通图。例如图 6-1(c)所示的 G_3 不是强连通图,因为从 V_3 到 V_0 没有路径。强连通分量是有向图的极大连通子图,例如图 6-3 所示为图 6-1(c)所示的 $G3$ 的两个连通分量。

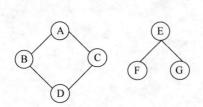
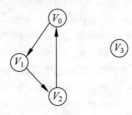

图 6-2 具有两个连通分量的无向图 G_4　　　图 6-3 有向图 G_3 的两个强连通分量

带权图或带权网络:在实际应用中,图不仅表示结点之间的关系,而且还能够根据应用场景表示代价。例如在城市交通网络中,为了表示两个城市之间的运输成本、通信成本或者是运输成本等,在每条边上赋予一个权值(weight),每条边带有权的图称为带权图(weighted graph)或者带权网络(weighted network),如图 6-4 所示。

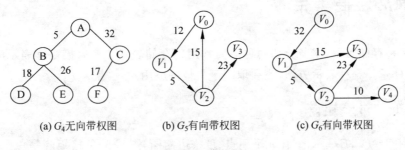

图 6-4　带权图

有向无环图(**Directed Acyclic Graphy**,**DAG**):如果一个有向图不存在回路,则称之为有向无环图。例如图 6-4(c)所示的 G_6 是有向无环图。

6.1.2 图的抽象数据类型定义

图的主要操作包括初始化图、销毁图、图的遍历、图的连通性、图的最小生成树、图的最短路径、图的拓扑排序、图的关键路径等。图的抽象数据类型定义如下:

1	ADTGraph is
2	operations
3	Graph * InitGraph(int num)
4	初始化一个图
5	int indegree(Grap * graph, int vertex)
6	计算顶点 vertex 的入度
7	int outdegree(Grap * graph, int vertex)
8	计算顶点 vertex 的出度

9	int firstNeighbour(Grap * graph, int vertex)
10	顶点 vertex 的第一个邻接点
11	int nextNeighbour(Grap * graph, int i, int j)
12	顶点 i(相对于顶点 j)的下一个邻接点
13	void DFS(Grap * graph, int source)
14	从起点 source 深度遍历图 graph
15	void BFS(Grap * graph, int source)
16	从起点 source 广度遍历图 graph
17	Graph * prim(Graph * graph, int source)
18	从起点 source 构建图 graph 的最小生成树
19	Graph * kruskal(Graph * graph)
20	构建图 graph 的最小生成树
21	int dijkstra(Graph * graph, int source)
22	从起点 source 计算图 graph 的最短路径
23	int topologicalsort (Graph * graph)
24	输出图 graph 的拓扑序列
25	void criticalPath(Graph * graph)
26	计算图 graph 的关键路径
27	End ADT Graph

6.2 图的存储表示

图有多种存储表示，本节介绍两种最为常用的存储表示——邻接矩阵表示法和邻接表表示法，具体选择哪种表示方法，主要取决于具体的应用。

6.2.1 邻接矩阵

假设图 $G=(V,E)$ 是一个有 n 个顶点、E 条边的图，图 G 的邻接矩阵是一个 $n \times n$ 的二维数组 $arc[i][j]$。如果 (V_i,V_j) 是图 G 中的一条边，即 $(V_i,V_j) \in (G)$，则 $arc[i][j]=1$，否则 $arc[i][j]=0$。

$$arc[i][j] = \begin{cases} 1 & 如果(V_i,V_j) \in E 或者 <V_i,V_j> \in E \\ 0 & 如果(V_i,V_j) \notin E 或者 <V_i,V_j> \notin E \end{cases}$$

用邻接矩阵表示图的数据结构类型定义如下：

1	#define MAX 1000 //图中结点个数的最大值
2	typedef struct GRAPHMATRIX_STRU
3	{
4	int size; //图中顶点的个数
5	int ** graph; //用二维数组保存图
6	}GraphMatrix;

图 6-1(a)所示的 G_1 和 6-1(c)所示的 G_3 的邻接矩阵如图 6-5 和图 6-6 所示。

无向图的邻接矩阵一定是对称矩阵，为了节省空间，可以只存储其上三角或下三角矩阵，而有向图的邻接矩阵不一定是对称矩阵。

$$\text{arc}_1 = \begin{array}{c} \\ A \\ B \\ C \\ D \end{array} \begin{array}{cccc} A & B & C & D \\ \left[\begin{array}{cccc} 0 & 1 & 1 & 1 \\ 1 & 0 & 0 & 0 \\ 1 & 0 & 0 & 1 \\ 1 & 0 & 1 & 0 \end{array}\right] \end{array}$$

$$\text{arc}_2 = \begin{array}{c} \\ V_0 \\ V_1 \\ V_2 \\ V_3 \end{array} \begin{array}{cccc} V_0 & V_1 & V_2 & V_3 \\ \left[\begin{array}{cccc} 0 & 1 & 0 & 0 \\ 0 & 0 & 1 & 0 \\ 1 & 0 & 0 & 1 \\ 0 & 0 & 0 & 0 \end{array}\right] \end{array}$$

图 6-5　G_1 的邻接矩阵　　　　　　　　图 6-6　G_3 的邻接矩阵

在图的邻接矩阵表示中,可以很容易地求出结点的度。对于无向图,顶点 i 的度等于该顶点所在行(列)的非零元素个数。对于有向图,顶点 i 所在行非零个数等于顶点 i 的出度,对应列的非零个数等于其入度。

在图的邻接矩阵表示中,也可以很容易地确定顶点之间是否有边相连,这需要扫描整个矩阵,即 n^2。由于对角线中的元素为 0,扫描元素个数为 n^2-n。对于无向图,由于无向图的邻接矩阵是对称的,只需要扫描上三角或下三角矩阵,扫描元素个数为 $\frac{1}{2}(n^2-n)$,可以得到时间复杂度为 $O(n^2)$。如果一个图是稀疏图(边很少的图),采用邻接矩阵存储,扫描时间绝大部分用在对大部分元素 0 的检查上,可以看出对于稀疏图采用邻接矩阵表示并不合适。6.2.2 节给出的邻接表表示能够减少扫描的时间,其时间复杂度降为 $O(n+e)$,其中 e 是图的边的个数,并且 $e \ll n^2$。

对于带权网络的邻接矩阵表示,其对角线元素用 0 表示,其余元素表示如下:

$$\text{arc}[i][j] = \begin{cases} w_{ij} & \text{如果}(V_i,V_j) \text{ 或者} <V_i,V_j> \text{是图 G 的边}, w_{ij} \text{ 是该边的权值且 } i \neq j \\ \infty & \text{如果}(V_i,V_j) \text{ 或者} <V_i,V_j> \text{不是图 G 的边,且 } i \neq j \end{cases}$$

图 6-4(b)所示的带权图 G_5 的邻接矩阵如图 6-7 所示。

下面给出邻接矩阵表示图的初始化和输入信息构建图的算法,注意这里将非带权图看作带权图的特例,其权值为 1,这样在后面关于图的算法中能够统一使用该算法。图的邻接矩阵的初始化过程见算法 6-1,算法中设置任意两个顶点之间不相邻。图的邻接矩阵构建过程见算法 6-2,其功能是读入图中边的信息。

$$\text{arc}_3 = \begin{array}{c} \\ V_0 \\ V_1 \\ V_2 \\ V_3 \end{array} \begin{array}{cccc} V_0 & V_1 & V_2 & V_3 \\ \left[\begin{array}{cccc} 0 & 12 & \infty & \infty \\ \infty & 0 & 5 & \infty \\ 15 & \infty & 0 & 23 \\ \infty & \infty & \infty & 0 \end{array}\right] \end{array}$$

图 6-7　带权图 G_5 的邻接矩阵

算法 6-1　图的邻接矩阵初始化算法。

```
1   GraphMatrix *  InitGraph(int num)                       //邻接矩阵初始化
2   {
3       int i,j;
4       GraphMatrix *  graphMatrix = (GraphMatrix * )malloc(sizeof(GraphMatrix));
5       graphMatrix -> size = num;                          //图中结点的个数
6       //给图分配空间
7       graphMatrix -> graph = (int ** )malloc(sizeof(int * ) * graphMatrix -> size);
8       for (i = 0;i < graphMatrix -> size;i++)
9       graphMatrix -> graph[i] = (int * )malloc(sizeof(int) * graphMatrix -> size);
10      for (i = 0;i < graphMatrix -> size;i++)             //给图中所有元素设置初值
11      {
12          for(j = 0;j < graphMatrix -> size;j++)
13              graphMatrix -> graph[i][j] = MAX;           //初始设置所有顶点不邻接
```

```
14      }
15      return graphMatrix;
16  }
```

算法 6-2 图的邻接矩阵构建算法。

```
1   void ReadGraph(GraphMatrix * graphMatrix)   //输入边信息构建图
2   {
3       int vex1, vex2, weight;
4       //输入方式为点 点 权值,权值为0,则输入结束
5       printf("请输入,输入方式为点 点 权值,权值为0,则输入结束\n");
6       scanf("%d%d%d", &vex1, &vex2, &weight);
7       while(weight != 0)
8       {
9           graphMatrix -> graph[vex1][vex2] = weight;
10          scanf("%d%d%d", &vex1, &vex2, &weight);
11      }
12  }
```

6.2.2 邻接表

图的邻接表表示结合了顺序存储和链式存储的存储结构。把图中的 n 个顶点按照序号进行顺序存储,每个顶点 V_i 对应一个链表,这个链表代替邻接矩阵中的每行,每个链表中存储和该顶点相邻的所有顶点。链表中的结点结构至少包括顶点域和指针域,而对于带权网络,在结点结构中增加权值域。例如图 6-8 表示无向图 G_2 的邻接表。对于有向图,可以采用邻接表和逆邻接表两种表示方式,如图 6-9 所示。其中,邻接表的链表中的每个顶点对应以顶点 v_i 为弧头的边,而逆邻接表的链表中的每个顶点对应以顶点 V_i 为弧尾的边。

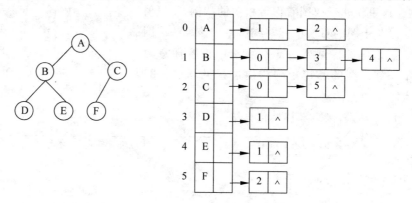

图 6-8 无向图 G_2 的邻接表

用邻接表存储表示图的数据结构类型定义如下:

```
1   #define MAX 1000;                           //图中结点个数的最大值
2   typedef struct     GRAPHLISTNODE_STRU
3   {
4       int nodeno;                             //图中结点的编号
5       struct    GRAPHLISTNODE_STRU * next;    //指向下一个结点的指针
```

```
 6      }
 7   GraphListNode;
 8   typedef struct     GRAPHLIST_STRU
 9   {
10       int size;                              //图中实际的结点个数
11       GraphListNode * graphListArray;        //图的顶点表,用二维数组表示
12   }
13   GraphList;
```

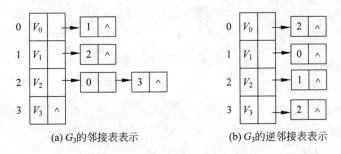

(a) G_3 的邻接表表示   (b) G_3 的逆邻接表表示

图 6-9 有向图 G_3 的邻接表和逆邻接表

对于无向图,统计某个顶点 V_i 对应链表中的结点数可以得到该顶点的度。对于具有 n 个顶点、e 条边的图 G,如果要确定图中的边,只需要扫描整个邻接表,其时间代价为 $O(n+e)$。对于有向图,同样可以统计某个顶点 V_i 对应链表中的结点数,可以得到该顶点的出度,也可以在 $O(n+e)$ 时间内确定图中边的个数,但是用这种方式确定顶点的入度比较复杂。为了能够容易地确定顶点的入度,可以采用图的逆邻接表表示,如图 6-9(b)所示。图的邻接表表示初始化过程见算法 6-3,算法中设置任意两个顶点之间不相邻。图的邻接矩阵构建过程见算法 6-4,其功能是读入图中边的信息构建链表,并且插入过程采用头插法。

算法 6-3 图的邻接表初始化算法。

```
 1   GraphList * InitGraph(int num)                                //图的邻接表初始化
 2   {
 3       int i;
 4       GraphList * graphList = (GraphList * )malloc(sizeof(GraphList));
 5       graphList -> size = num;                                  //图中实际顶点的个数
 6       graphList -> graphListArray =
 7            (GraphListNode * )malloc(sizeof(GraphListNode) * num);  //分配空间
 8       for (i = 0; i < num; i++)                                 //初始化每条链表
 9       {
10           graphList -> graphListArray[i].next = NULL;
11           graphList -> graphListArray[i].nodeno = i;
12       }
13       return graphList;
14   }
```

算法 6-4 图邻接表的构建算法。

```
 1   void ReadGraph(GraphList * graphList)
 2   {
 3       int vex1, vex2;
```

```
4       GraphListNode * tempNode = NULL;
5       //输入方式为点 点,点为-1,则输入结束
6       printf("请输入,输入方式为点 点,点为-1,则输入结束\n");
7       scanf("%d%d", &vex1, &vex2);
8       while(vex1 >= 0 && vex2 >= 0)
9       {
10          tempNode = (GraphListNode * )malloc(sizeof(GraphListNode));
11          tempNode -> nodeno = vex2;
12          tempNode -> next = NULL;
13          //这里采用了头插法,因此链表的顺序和输入的顺序相反
14          tempNode -> next = graphList -> graphListArray[vex1].next;
15          graphList -> graphListArray[vex1].next = tempNode;
16          scanf("%d%d", &vex1, &vex2);
17      }
18  }
```

6.3 图的遍历

二叉树的遍历是二叉树最为常用的操作。同样,图的遍历也是图最常用的操作。图中大部分算法的主体框架使用了图的遍历算法。图的遍历和二叉树遍历一样,需要访问图中的所有顶点并且仅访问一次。图的遍历相比二叉树的遍历要复杂得多。一方面在图中没有一个类似二叉树的根结点的起始顶点,另一方面图中的顶点之间可能存在多条路径,因此在访问的过程中需要根据情况给结点设置不同的状态以免访问多次,直到所有的顶点都访问完毕。根据遍历时的搜索策略不同分为深度优先搜索和广度优先搜索。

6.3.1 深度优先搜索

深度优先搜索(Depth First Search,DFS)首先访问图中的某个顶点 V,然后选择一个与 V 邻接的未被访问过的顶点 W,访问 W,并从 W 开始进行深度优先搜索,重复这个过程,直到一个顶点的所有邻接点都已经被访问过,按照刚才的访问顺序回溯已经访问过的顶点序列,直到回溯到的顶点的某个相邻结点 U 未被访问过为止,然后访问 U,再从 U 出发进行深度优先搜索。重复以上过程,直到前面访问过的顶点的所有邻接点都已经被访问过。如果图中还有没有被访问过的顶点,则任选一个顶点出发重复上述过程,直到所有的顶点都被访问过为止。对于无向图 G_7,从 V_0 出发的深度优先搜索过程如图 6-10 所示,其中虚线表示回溯过程。其搜索顶点序列为 $V_0,V_1,V_2,V_3,V_4,V_5,V_6$。

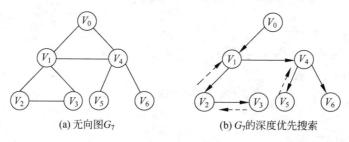

(a) 无向图 G_7　　　　(b) G_7 的深度优先搜索

图 6-10　无向图 G_7 的深度优先搜索

1. 深度优先搜索树

深度优先搜索时经过的边和所有顶点构成深度优先搜索树,如图 6-10(b) 所示。如果一个图是非连通图,经过 DFS 组成一个森林,森林中树的个数就是图中连通分支的个数。图 G_7 从不同的顶点出发会构成不同的深度优先搜索树。

2. DFS 算法

DFS 算法分析:如果图采用邻接矩阵表示,那么访问顶点 V 的所有邻接顶点需要的时间开销是 $O(n)$,在搜索过程中最多访问 n 个顶点,所以时间复杂度为 $O(n^2)$。如果采用邻接表表示,在搜索过程中,邻接表中的每个顶点和边最多访问一次,所以时间复杂度为 $O(n+e)$。那么具体采用什么存储方式更为合适呢?正如 6.2 节分析的那样,当 $e \ll n^2$ 时(即是稀疏图的时候),采用邻接表比较合适。采用邻接矩阵表示的 DFS 算法见算法 6-5,采用邻接表表示的 DFS 算法见算法 6-6。

算法 6-5 采用邻接矩阵表示的 DFS 算法。

```
1   void DFS(GraphMatrix * graphMatrix, int * visited, int source)
2   {
3       int j;
4       visited[source] = 1;
5       printf("%d", source);
6       for(j = 0; j < graphMatrix -> size; j++)
7       {
8           if(graphMatrix -> graph[source][j]!= INT_MAX && !visited[j])
9               DFS(graphMatrix, visited, j);
10      }
11  }
12  void DFSGraphMatrix(GraphMatrix * graphMatrix)
13  {
14      int i;
15      //用于记录图中的哪些结点已经被访问了
16      int * visited = (int * )malloc(sizeof(int) * graphMatrix -> size);
17      //初始化为点都没有被访问
18      for(i = 0; i < graphMatrix -> size; i++)
19          visited[i] = 0;
20      for(i = 0; i < graphMatrix -> size; i++)
21          if(!visited[i]) //对未访问过的顶点调用 DFS,若是连通图,只会执行一次
22              DFS(graphMatrix, visited, i);
23  }
```

算法 6-6 采用邻接表表示的 DFS 算法。

```
1   void DFS(GraphList * graphList, int * visited, int source)
2   {
3       int j;
4       GraphListNode * tempNode = NULL;
5       visited[source] = 1;
6       printf("%d", source);
```

```
7        tempNode = graphList->graphListArray[source].next;
8        while(tempNode!= NULL)
9        {
10            if(!visited[tempNode->nodeno])
11                DFS(graphList, visited, tempNode->nodeno);
12            tempNode = tempNode->next;
13        }
14   }
15   void DFSGraphList(GraphList * graphList)
16   {
17       int i;
18       //用于记录图中的哪些结点已经被访问了
19       int * visited = (int *)malloc(sizeof(int) * graphList->size);
20       //初始化为点都没有被访问
21       for(i = 0; i < graphList->size; i++)
22           visited[i] = 0;
23       for(i = 0; i < graphList->size; i++)
24           if(!visited[i]) //对未访问过的顶点调用 DFS,若是连通图,只会执行一次
25               DFS(graphList, visited, i);
26   }
```

6.3.2 广度优先搜索

广度优先搜索(Breadth First Search,BFS)是从图中的某个顶点 V 出发,访问 V,再依次访问和 V 邻接的没有被访问过的顶点 W_1、W_2、$\cdots$、W_n,然后依次访问和 W_1 邻接的没有访问过的所有顶点,访问和 W_2 邻接的没有被访问过的所有顶点,以此类推,当所有已被访问过的顶点的相邻顶点都被访问过时,如果图中还有未被访问过的结点,则从另一个未被访问过的顶点出发重复上述过程,直到图中的所有顶点都被访问过为止。从上述过程可以看出,广度优先搜索过程类似于树的层次遍历。对于无向图 G_7,从 V_0 出发的广度优先搜索过程如图 6-11(b)所示,其搜索顶点序列为 $V_0,V_1,V_4,V_2,V_3,V_5,V_6$。

1. 广度优先搜索树

广度优先搜索时经过的边和所有顶点构成广度优先搜索树(Breadth First Spanning Tree),如图 6-11(b)所示。如果一个图是非连通图,经过 BFS 组成一个森林,森林中树的个数就是图中连通分支的个数。图 G_7 从不同的顶点出发会构成不同的广度优先搜索树。

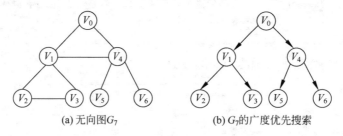

图 6-11　无向图 G_7 的广度优先搜索

2. BFS 算法

类似二叉树的层次遍历,图的广度优先搜索算法同样采用辅助队列实现,任何顶点在入队时同时设置其标志位 visited[source]=1。BFS 算法在循环迭代过程中,首先从队列中取出队头结点 V,再逐个检查与其相邻的结点 W 的访问状态,如果没有被访问过,则标记为已经访问,并入队。循环该过程直到队列为空结束 BFS 算法。具体实现见算法 6-7。

算法 6-7 邻接表表示的 BFS 算法。

```
1   void BFS(GraphList * graphList, int * visited, int source)
2   {
3       int tempVex;
4       GraphListNode * tempNode = NULL;
5       queue<int> waitingQueue;
6       visited[source] = 1;                              //设置标记,表明已经被访问
7       printf("%d", source);                             //输出访问的结点编号
8       waitingQueue.push(source);                        //将刚访问的结点放入队列
9       while(!waitingQueue.empty())                      //访问结点,广度优先
10      {
11          tempVex = waitingQueue.front();
12          waitingQueue.pop();
13          //依次访问与当前结点相邻的点
14          tempNode = graphList->graphListArray[tempVex].next;
15          while(tempNode != NULL)
16          {
17              //如果其他顶点与当前顶点存在边且未被访问过
18              if(!visited[tempNode->nodeno])
19              {
20                  visited[tempNode->nodeno] = 1;        //做标记
21                  waitingQueue.push(tempNode->nodeno);  //入队
22                  printf("%d", tempNode->nodeno);       //输出
23              }
24              tempNode = tempNode->next;                //移动到下一个结点
25          }
26      }
27  }
28  void BFSGraphList(GraphList * graphList)
29  {
30      int i;
31      //用于记录图中的哪些结点已经被访问了
32      int * visited = (int *)malloc(sizeof(int) * graphList->size);
33      //设置所有结点都没有被访问,其中 1 为访问过,0 为没有被访问
34      for(i = 0; i < graphList->size; i++)
35          visited[i] = 0;
36      for(i = 0; i < graphList->size; i++)              //从 0 号结点开始进行广度优先遍历
37      {
38          if (!visited[i])
39              BFS(graphList, visited, i);
40      }
41  }
```

6.3.3 图的连通分支

使用图的两种基本搜索算法可以判断一个无向图是否为连通图。由广度优先搜索不难发现,图 G_7 调用 BFS(V_0) 就可以访问到与 V_0 连通的所有顶点,并且图中所有的结点都被访问过了,说明图 G_7 是连通图。对于图 6-1 所示的图 G_3 调用 BFS(V_0),调用结束后,顶点 V_3 还没有被访问,说明图 G_3 是非连通图。同样,对图 6-2 所示的图 G_4 调用 BFS(A),调用结束后仍然有 E、F、G 没有被访问,说明图 G_4 是非连通图。因此统计一个图连通分支个数的过程如下:

任选一个顶点 V 作为起始顶点,调用 BFS(V),然后检查是否还存在没有被访问过的结点,就可以判断图是否为连通图。如果不是连通图,从没有被访问过的任意顶点 W 出发,重复调用 BFS(W),以此类推,直到所有的顶点都被访问过为止,这样就得到了图的所有连通分支。因此只需要在 BFSGraphList() 算法添加记录分支的变量 brance=0,每次调用 BFS 算法,令 brance 加 1 即可。

类似地,采用 DFS 同样可以解决图的连通性判断以及连通分支的输出。

6.3.4 图的层数

对图进行深度优先搜索,访问的顶点和经过的边构成图的深度优先搜索树,同样对图进行广度优先搜索可以生成广度优先搜索树,如图 6-12(b) 所示,树的显著特点是分层结构。如何确定一个连通图的生成树的层数呢?现在重新考虑使用队列进行广度优先搜索的过程中队列的变化以及访问序列的变化,如表 6-1 所示。假设用 level 记录 G_7 的层数,初始设置 level=0,当起始结点 V_0 出队访问时,和 V_0 邻接的顶点 V_1 和 V_4 入队,level 达到了 1 层。接着 V_1 出队访问,其邻接顶点 V_2 和 V_3 入队,V_4 出队访问时,其邻接点 V_5 和 V_6 入队,此时 level 达到了 2 层,以此类推,直到 V_6 出队访问时,level 达到了 3 层,此时队列为空,结束。只有当同一层的最后入队的顶点被访问时 level 才加 1。因此继续使用广度优先搜索算法的框架,增加变量 level,用来记录层数,增加变量 last,用来保存上一层最后入队的顶点,增加变量 tail,用来记录当前最后访问的顶点,当 last==tail 时 level 加 1。具体实现见算法 6-8。

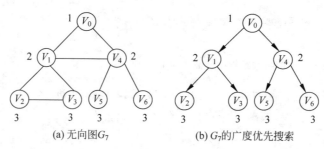

图 6-12 图的层数实例

除了上述算法外,也可以考虑使用计数器的方式来判断同一层的最后入队的顶点是否访问,设置 Levelcnt 变量,同一层的顶点入队使其加 1,而在出队访问时使其减 1,当 Levelcnt 为 0 时,说明这一层的最后入队的顶点被访问,令 level 加 1。对图 G_7 层次遍历过程中的队列内容变化以及 level 变化如表 6-1 所示。请读者具体实现该过程。

表 6-1 广度优先遍历过程

循 环	访 问 序 列	队 列 内 容	level 记录层数
初始		V_0	level=0
1	V_0	V_1,V_4	level=1
2	V_0,V_1	V_4,V_2,V_3	
3	V_0,V_1,V_4	V_2,V_3,V_5,V_6	level=2
4	V_0,V_1,V_4,V_2	V_3,V_5,V_6	
5	V_0,V_1,V_4,V_2,V_3	V_5,V_6	
6	V_0,V_1,V_4,V_2,V_3,V_5	V_6	
7	$V_0,V_1,V_4,V_2,V_3,V_5,V_6$		level=3

算法 6-8 统计图的层数算法。

```
1   void BFS_Level(GraphList * graphList, int * visited, int source)
2   {
3       int tempVex;
4       int level = 0;                                      //记录广度优先搜索树的层数
5       int last = source;                                  //用 last 保存上一层最后访问的结点
6       int tail = source;                                  //用 tail 记录当前最后访问的结点
7       GraphListNode * tempNode = NULL;
8       queue< int > waitingQueue;
9       visited[source] = 1;                                //设置标记,表明已经被访问
10      printf(" % d ", source);                            //输出访问的结点的编号
11      waitingQueue.push(source);                          //将刚访问的结点放入队列
12      while(!waitingQueue.empty())                        //访问结点,广度优先
13      {
14          tempVex = waitingQueue.front();
15          waitingQueue.pop();
16          //依次访问与当前结点相邻的点
17          tempNode = graphList -> graphListArray[tempVex].next;
18          while(tempNode!= NULL)
19          {
20              //如果其他顶点与当前顶点存在边且未访问过
21              if(!visited[tempNode -> nodeno])
22              {
23                  visited[tempNode -> nodeno] = 1;        //做标记
24                  waitingQueue.push(tempNode -> nodeno);  //入队
25                  printf(" % d ", tempNode -> nodeno);    //输出
26                  tail = tempNode -> nodeno;
27              }
28              tempNode = tempNode -> next;                //移动到下一个结点
29          }
30          //从队列中取出的结点的下一层都访问后,再判断刚才的结点是否为其所在层的最后结点
31          if (tempVex == last)
32          {
```

```
33              level++;
34              last = tail;
35              printf(" the current level is   % d \n", level);
36          }
37      }
38  }
39  void BFSGraphList(GraphList * graphList)
40  {
41      int i;
42      //用于记录图中的哪些结点已经被访问了
43      int * visited = (int * )malloc(sizeof(int) * graphList->size);
44      //设置所有结点都没有被访问,其中 1 为访问过,0 为没有被访问
45      for(i = 0; i < graphList->size; i++)
46          visited[i] = 0;
47      //从 0 号结点开始进行广度优先遍历
48      for(i = 0; i < graphList->size; i++)
49      {
50          if (!visited[i])
51              BFS_Level(graphList, visited, i);
52      }
53  }
```

6.4　Prim 算法

对于连通图 G,从任意一个顶点出发进行深度优先搜索或广度优先搜索都能访问到图 G 中的所有顶点,搜索时经过的边加上所有的顶点构成一棵生成树。采用 DFS 构造的生成树称为深度优先搜索生成树,采用 BFS 构造的生成树称为广度优先搜索生成树。对图 G_7 从 V_0 出发进行深度优先搜索和广度优先搜索所得到的生成树如图 6-11(b)和图 6-12(b)所示。如果从 V_1 出发会得到不同的生成树,如图 6-13 所示。

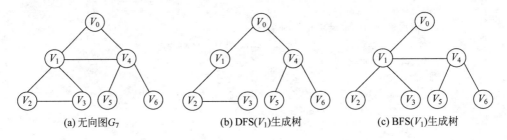

(a) 无向图 G_7　　　　　(b) DFS(V_1)生成树　　　　　(c) BFS(V_1)生成树

图 6-13　图的生成树

可以看出,对于同一个图,起始顶点不同,采用的搜索策略不同,会得到不同的生成树。对于带权的连通图,其生成树的代价是该生成树中所有边的权值之和。最小生成树就是代价最小的生成树(Minmum Spanning Tree)。从最小生成树的定义得知,具有 n 个顶点的图的最小生成树有 n 个顶点、$n-1$ 条边,并且没有回路。Prim 算法和 Kruskal 算法是构造最小生成树的算法,二者采用的都是贪心迭代策略。

构造最小生成树必须满足以下约束条件:

(1) 只能使用图中的边;

(2) 只能使用图中的 $n-1$ 条边；

(3) 添加的边不能产生回路。

Prim 算法是通过每次选择一条代价最小的边及其相应的顶点加入到最小生成树,以此来构造最小生成树。

设 $G=(V,E)$,最小生成树 $T_{mst}=(V_T,E_T)$。算法过程如下：

(1) 从图 G 中的任意顶点 $V_m(V_m \in V)$ 开始,将 V_m 加入到最小生成树；

(2) 选择代价最小的边 (V_k,V_j) 加入到最小生成树中,并将顶点 V_j 加入到最小生成树。要求两个顶点属于不同的集合,$V_k \in V_T$,$V_j \in V-V_T$。

(3) 重复这个过程,直到 T_{mst} 中有 $n-1$ 条边为止,即 $V_T=V$。

Prim 算法的具体实例如图 6-14 所示,其展示了 Prim 算法构造最小生成树的执行过程。

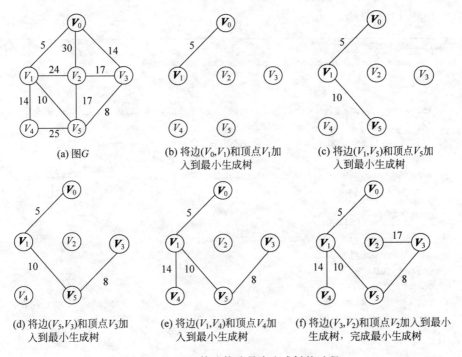

图 6-14　Prim 算法构造最小生成树的过程

过程详析：将 V_0 作为起始顶点,加入到最小生成树,在 $(V_0,V_K)(K=1,2,3,4,5)$ 所有边中 (V_0,V_1) 代价最小,将边 (V_0,V_1) 和顶点 V_1 加入到生成树中,此时 $V_T=\{V_0,V_1\}$,$E_T=\{(V_0,V_1)\}$,如图 6-14(b) 所示。接下来,在 $(V_0,V_K)(K=2,3,4,5)$ 以及 (V_1,V_K) $(K=2,3,4,5)$ 所有的边中选择代价最小的,其中 (V_1,V_5) 是代价最小的,将边 (V_1,V_5) 和顶点 V_5 加入到最小生成树,此时 $V_T=\{V_0,V_1,V_5\}$,$E_T=\{(V_0,V_1)(V_1,V_5)\}$,如图 6-14(c) 所示。如此重复下去,直到图 6-14(f) 完成,此时 $V_T=\{V_0,V_1,V_5,V_3,V_4,V_2\}$,$E_T=\{(V_0,V_1)(V_1,V_5)(V_3,V_5)(V_1,V_4)(V_2,V_3)\}$。最小生成树的权值之和为 54。

图的最小生成树并不一定是唯一的,例如 (V_2,V_3) 和 (V_2,V_5) 权值相同,并且在图 6-14(f) 中添加 (V_2,V_5) 也不会产生回路。Prim 算法生成的另外一棵最小生成树如图 6-15 所示。

采用邻接矩阵存储方式,Prim 算法的具体实现见算法 6-9。假设算法的起始顶点 source＝0,在算法中需要设置以下辅助数组。

- component[j]数组:用来记录已加入最小生成树的顶点 j,初始化 component[j]＝0,当顶点 j 加入最小生成树后设置 component[j]＝1。
- distance[j]数组:用来记录代价最小的边(V_k,V_j),其中 $V_k \in$ component[ ],初始化 distance[j]＝graphMatrix—>graph[0][j]。
- neighbor[j]数组:用来记录代价最小的边(V_k,V_j)对应的顶点 V_k,初始化 neighbor[j]＝0。

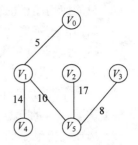

图 6-15 Prim 算法生成的另外一棵最小生成树

算法 6-9 Prim 算法。

```
1   #defineMAX 1000
2   GraphMatrix*  prim(GraphMatrix * graphMatrix,int source)
3   {
4       int i,j;
5       int * component = (int * )malloc(sizeof(graphMatrix->size));   //新点集合
6       int * distance = (int * )malloc(sizeof(graphMatrix->size));    //距离
7       //邻居,例如 neighbor[j] = i 表示 j 的邻居是 i
8       int * neighbor = (int * )malloc(sizeof(graphMatrix->size));
9       GraphMatrix * tree = InitGraph(graphMatrix->size);             //存放结果的图
10      for (j = 0; j < graphMatrix->size; j++)                        //初始化工作
11      {
12          component[j] = 0;
13          distance[j] = graphMatrix->graph[source][j];
14          neighbor[j] = source;
15      } //end 10
16      component[source] = 1;                                         //将起点放入新点集合
17      for (i = 1; i < graphMatrix->size; i++)                        //每次添加一个结点到新点集合中
18      {
19          int v;
20          int min = MAX;
21          for (j = 0; j < graphMatrix->size; j++)
22                  //选择不是新点集合中的距离新点集合最短的那个点
23          {
24              if (!component[j]&&(distance[j] < min) )               //找最小值
25              {
26                  v = j;
27                  min = distance[j];
28              }
29          } //end 21
30          if (min < MAX)
31          {
32              component[v] = 1;                                      //将找到的点 v 加入新点集合
33              tree->graph[v][neighbor[v]] = distance[v];
34              tree->graph[neighbor[v]][v] = distance[v];
```

```
35              for (j = 0; j < graphMatrix -> size; j++)
36                  //更新非新点集合中的点到新点集合的距离
37              {
38                  if (!component[j] &&
39                      (graphMatrix -> graph[v][j] < distance[j]))
40                  {
41                      distance[j] = graphMatrix -> graph[v][j];
42                      neighbor[j] = v;
43                  }
44              } //end 35
45          }
46          else break;
47      } //end 17
48      return tree;
49  }
```

表 6-2 展示了 Prim 算法执行过程中各变量的变化情况,加粗的表示已经加入到最小生成树中。

表 6-2 Prim 算法执行过程中各变量的变化情况

循环	集合 V_T	集合 V-V_T	component[]、distance[]和 neighbor[]数组的变化					
			0	1	2	3	4	5
初始化	$\{V_0\}$	$\{V_0,V_1,V_2,V_3,V_4,V_5\}$	**1,0,0**	0,5,0	0,30,0	0,14,0	$0,\infty,0$	$0,\infty,0$
1	$\{V_0,V_1\}$	$\{V_2,V_3,V_4,V_5\}$	**1,0,0**	**1,5,0**	0,24,1	0,14,0	0,14,1	0,10,1
2	$\{V_0,V_1,V_5\}$	$\{V_2,V_3,V_4\}$	**1,0,0**	**1,5,0**	0,17,5	0,8,5	0,14,1	**1,10,1**
3	$\{V_0,V_1,V_5,V_3\}$	$\{V_2,V_4\}$	**1,0,0**	**1,5,0**	0,17,5	**1,8,5**	0,14,1	**1,10,1**
4	$\{V_0,V_1,V_5,V_3,V_4\}$	$\{V_2\}$	**1,0,0**	**1,5,0**	0,17,5	**1,8,5**	**1,14,1**	**1,10,1**
5	$\{V_0,V_1,V_5,V_3,V_4,V_2\}$	$\{\ \}$	**1,0,0**	**1,5,0**	**1,17,5**	**1,8,5**	**1,14,1**	**1,10,1**
6			**1,0,0**	**1,5,0**	**1,17,5**	**1,8,5**	**1,14,1**	**1,10,1**

算法分析:Prim 算法的时间消耗在选择最小生成树的 $n-1$ 条边的两重循环上。算法的第 17~47 行(外层循环)执行 $n-1$ 次,时间代价是 $O(n)$。内层循环有两个,分别是第 21~29 行选择最短的边和第 35~44 行调整数组,时间代价都是 $O(n^2)$,因此整个算法的时间代价为 $O(n^2)$。

6.5 Kruskal 算法

Kruskal 算法首先把所有的顶点加入到最小生成树,然后选择一条合适的边来构造最小生成树。

设 $G=(V,E)$,最小生成树 $T_{mst}=(V_T,E_T)$。算法过程如下:
(1) 将图 G 中边的代价按照非递减的顺序排列;
(2) 在 E 中选择最小的边 $e_{i,j}(V_i,V_j)$,如果顶点 V_i、V_j 属于两个不同的连通分量,加入到最小生成树 T_{mst};

(3) $E=E-e_{i,j}$;

(4) 重复这个过程,直到 T_{mst} 中有 $n-1$ 条边为止(即只有一个连通分量)。

Kruskal算法的具体实例如图 6-16 和表 6-3 所示,其展示了 Kruskal 算法构造最小生成树的执行过程。图 6-16(f)所示为生成的最小生成树,和 Prim 算法一样,其权值之和为 54。

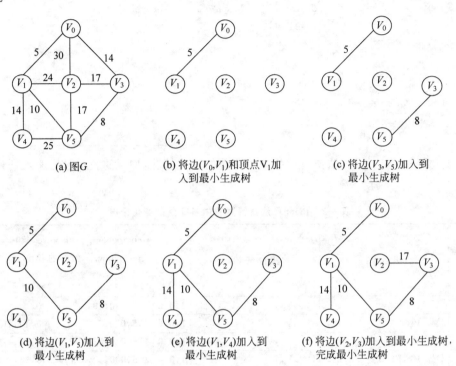

图 6-16 Kruskal 算法构造最小生成树的过程

表 6-3 Kruskal 算法权值表

权值(非递减排序)	边	是否添加到最小生成树	图示
5	(V_0,V_1)	✓	(b)
8	(V_3,V_5)	✓	(c)
10	(V_1,V_5)	✓	(d)
14	(V_0,V_3)	✗(产生回路)	
14	(V_1,V_4)	✓	(e)
17	(V_2,V_3)	✓	(f)
17	(V_2,V_5)	✗(已有 n−1 边)	
24	(V_1,V_2)	✗(已有 n−1 边)	
25	(V_4,V_5)	✗(已有 n−1 边)	
30	(V_0,V_2)	✗(已有 n−1 边)	

定义边的存储结构如下:

```
1  typedef struct     EDGE_STRU
2  {
```

3	int begin;	//边的起点
4	int end;	//边的终点
5	int weight;	//边的权值
6	}	
7	Edge;	

采用邻接矩阵存储方式，Kruskal 算法的具体实现过程见算法 6-10。Kruskal 算法的关键是选择权值最小的边 $e_{i,j}(V_i,V_j)$，如何判断顶点 V_i、V_j 是否属于两个不同的连通分量，以及如何更新剩余的原来和终点 V_j 属于同一连通分量的连通性。第一个问题是按照边权值进行排序，在后面的循环迭代中依次从小的开始判断是否加入最小生成树。后面两个问题通过设置 group 数组实现。算法设置 group 数组来记录各个顶点归属的连通分量，设置 tree 来存放最小生成树。开始时，每个顶点单独属于各自的一个连通分量，如果最小权值起点和终点不属于同一连通分量，即 group[edge[i].begin]!=group[edge[i].end]，则加入最小生成树 tree 中。之后就要检查 group 数组中是否存在和终点 edge[i].end 属于同一连通分量的顶点，如果存在，更新其和起点 edge[i].begin 为同一连通分量（包括对终点 edge[i].end 的更新）。group 数组的内容变化如表 6-4 所示。

表 6-4 group 数组的更新变化

循环	本次循环添加的边	group[] 数组					
		0	1	2	3	4	5
1	(V_0,V_1)	0	**0**	2	3	4	5
2	(V_3,V_5)	0	0	2	3	4	**3**
3	(V_1,V_5)	0	0	2	**0**	4	**0**
4	(V_1,V_4)	0	0	2	0	**0**	0
5	(V_2,V_3)	**2**	**2**	2	**2**	**2**	**2**

算法 6-10 Kruskal 算法。

```
1   GraphMatrix *  kruskal(GraphMatrix * graphMatrix)
2   {
3       int i,j,k;
4       int edgeNum = 0;
5       Edge * edge = NULL;
6       Edge tempEdge;                                  //给边排序时的临时变量
7       int pos;                                        //记录添加到哪条边
8       int * group;                                    //记录点是否属于同一连通分量
9       int changeGroup;                                //记录要变化的连通值
10      GraphMatrix* tree = InitGraph(graphMatrix->size); //存放结果的图
11      group = (int *)malloc(sizeof(int) * graphMatrix->size);
12      for(i = 0;i < graphMatrix->size;i++)            //初始化,点之间现在都没有连通
13          group[i] = i;
14      //分析有多少条边,其实在读入数据的时候就可以进行边数量的统计
15      for(i = 0; i < graphMatrix->size; i++)
16      {
17          for(j = i + 1; j < graphMatrix->size; j++)
18              if(graphMatrix->graph[i][j] < INT_MAX)
```

```c
19                  edgeNum++;
20              }
21          //根据刚计算出来的边的数量分配空间
22          edge = (Edge *)malloc(sizeof(Edge) * edgeNum);
23          k = 0;                                          //给边赋值的时候用
24          for (i = 0; i<graphMatrix->size; i++)           //给边赋值
25          {
26              for (j = i+1; j<graphMatrix->size; j++)
27              {
28                  if (graphMatrix->graph[i][j] < INT_MAX)
29                  {
30                      edge[k].begin = i;
31                      edge[k].end = j;
32                      edge[k].weight = graphMatrix->graph[i][j];
33                      k++;
34                  }
35              }
36          } //end 24
37          for (i = 0;i<edgeNum;i++)                       //根据边权值进行排序
38          {
39              for (j = i+1;j<edgeNum;j++)
40              {
41                  if (edge[i].weight > edge[j].weight)
42                  {
43                      tempEdge = edge[i];
44                      edge[i] = edge[j];
45                      edge[j] = tempEdge;
46                  }
47              } //end 39
48          } //end 37
49          //每次从边数组中取出最小的一条边,判断是否能添加到最小生成树中
50          //边数组这时已经排好顺序了
51          for (i = 0;i<edgeNum;i++)
52          {
53              //只添加终点和起点属于两个不同连通分量的边
54              if (group[edge[i].begin] != group[edge[i].end])
55              {
56                  //添加到树中
57                  tree->graph[edge[i].begin][edge[i].end] = edge[i].weight;
58                  tree->graph[edge[i].end][edge[i].begin] = edge[i].weight;
59                  //更新所有跟终点属于同一连通分量的点的连通性
60                  changeGroup = group[edge[i].end];
61                  for (j = 0;j<edgeNum;j++)
62                  {
63                      if (group[j] == changeGroup)
64                      {
65                          group[j] = group[edge[i].begin];
66                      }
67                  } //end 61
68              } //end 54
```

```
69        } //end 51
70        return tree;
71 }
```

算法分析：算法 15～20 行和 24～36 行，都是两重循环，时间代价为 $O(n^2)$，37～48 行和 51～69 行，同样由两重循环组成，时间代价为 $O(e^2)$，因此整个算法的时间代价为 $O(n^2+e^2)$。对于稀疏网，$e \ll n$ 时，时间代价为 $O(n^2)$。对于 Prim 算法，更适合求稠密网的最小生成树。

6.6 Dijkstra 算法

假设一个图表示城市之间的公路系统，图中的顶点表示城市，边表示城市之间的公路，边上的权值表示城市之间的距离。城市 A 和城市 B 之间是否有通路？如果有多个通路，哪一条路径最短？这些问题就是本节将要研究的最短路径的相关问题。在这里研究带权的有向图，其应用场景还有通信网络、物流系统、社交网络等。对于无权图，可以看作是带权图的特例，把无权图的边上的权值看作是 1。

本节介绍单源多目标最短路径问题。单源多目标最短路径是指从图中的某个起始顶点（源点）到其他各个顶点之间的最短路径问题。对于图中所有顶点对之间的最短路径不再讨论。

在图 G 中以 V_0 为源点，可以依次得到 V_0 到其他各个顶点的最短路径（如图 6-17 所示）。

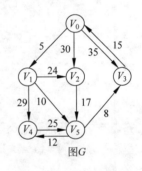

图 6-17 最短路径实例

$V_0 \to V_1$：最短路径为 (V_0, V_1)，最短路径长度为 5；
$V_0 \to V_2$：最短路径为 (V_0, V_1, V_2)，最短路径长度为 29；
$V_0 \to V_3$：最短路径为 (V_0, V_1, V_5, V_3)，最短路径长度为 23；
$V_0 \to V_4$：最短路径为 (V_0, V_1, V_5, V_4)，最短路径长度为 27；
$V_0 \to V_5$：最短路径为 (V_0, V_1, V_5)，最短路径长度为 15。

Dijkstra 提出了按照路径长度非递减的顺序产生路径。

设带权图 $G=(V,E)$，顶点集合 S 用来存放已经求得最短路径的所有顶点，$V-S$ 是没有确定最短路径的所有顶点集合。逐个将集合 $V-S$ 中的顶点加入到集合 S 中，直到 S 包含图中的所有顶点、$V-S$ 为空集合为止。

采用邻接矩阵存储方式，Dijkstra 算法的具体实现见算法 6-11。在算法中设置三个数组。

(1) Distance[w] 数组：表示从顶点 V_0 出发，且只经过 S 中的顶点，最终达到 w 的最短路径长度。distance[w] 的初值设置方式为 distance[0]=0，如果图中有弧 $<V_0, V_w>$，则 distance[w] 为弧的权值，否则为 ∞。

(2) found[i] 数组：表示集合 S，如果顶点 i 在 S 中，found[i]=TRUE，否则 found[i]=FALSE。

(3) path[i] 数组：表示集合 S 中，顶点 i 的前驱结点。

① 在集合 $V-S$ 中选择距离最小的顶点 V_{min} 加入到集合 S 中，设置 found[min]=TRUE。

② 对集合 $V-S$ 中的所有顶点的距离进行更新，如果将 V_{min} 作为中间顶点，使得 V_0 到 V_i 的距离比原来的距离小，则更新原来的距离。

③ 重复上述过程，直到 $S=V$ 为止，即对所有顶点 i，found[i]=TRUE。

算法 6-11　Dijkstra 算法。

```c
1   int *   dijkstra(GraphMatrix * graphMatrix,int source)
2   {
3       int i, j, vex,min;
4       //found 数组用于记录哪些点是新点集合的,哪些不是
5       int * found = (int * )malloc(sizeof(int) * graphMatrix->size);
6       //距离数组,在算法过程中不断更新,最后结果也放在这里
7       int * distance = (int * )malloc(sizeof(int) * graphMatrix->size);
8       int *  path = (int * )malloc(sizeof(int) * graphMatrix->size);
9       for (i = 0; i < graphMatrix->size; i++)        //初始化
10      {
11          found[i] = 0; path[i] = 0;
12          distance[i] = graphMatrix->graph[source][i];
13      } //end 9
14      //将起点加入新点集合中
15      found[source] = 1; distance[source] = 0;
16      //每次加入一个点到新点集合中,规则是当前距离最小的
17      for (i = 0; i < graphMatrix->size; i++)
18      {
19          min = MAX;                                 //寻找距离最小的点
20          for (j = 0; j < graphMatrix->size; j++)
21          {
22              if (!found[j]&& (distance[j] < min))
23              {
24                  vex = j;
25                  min = distance[j];
26              }
27          } //end 20
28          found[vex] = 1;                            //找到的点加入新点集合
29          for(j = 0; j < graphMatrix->size;j++)      //有点加入新点集合,更新距离
30          {
31              if (!found[j] && graphMatrix->graph[vex][j]!= MAX)
32              {
33                  if (min + graphMatrix->graph[vex][j] < distance[j])
34                  {
35                      distance[j] = min + graphMatrix->graph[vex][j];
36                      path[j] = vex;
37                  }
38              }
39          } //end 29
40      } //end 17
41      return distance;
42  }
```

Dijkstra 算法执行过程中各变量的变化情况如表 6-5 所示。V_0 到各个顶点的最短路径可以通过 distance[] 和 path[] 数组得知,例如由 distance[2]=29 得出 V_0 到 V_2 的最短路径长度为 29,由 path[2]=1 和 path[1]=0 得出 V_0 到 V_2 的最短路径为 (V_0,V_1,V_2)。类似地,由 distance[4]=27 得出 V_0 到 V_4 的最短路径长度为 27,由 path[4]=5,path[5]=1,path[1]=0 得出 V_0 到 V_4 的最短路径为 (V_0,V_1,V_5,V_4)。

表 6-5　Dijkstra 算法执行过程中各变量的变化情况

循环	S	min	源点 V_0 到各个终点的距离：distance[] 和 path[] 数组元素的变化					
			V_0	V_1	V_2	V_3	V_4	V_5
初始			0	5,0	30,0	35,0	∞,0	∞,0
1	{0}	1	0	5,0	29,1	35,0	34,1	15,1
2	{0,1}	5	0	5,0	29,1	23,5	27,5	15,1
3	{0,1,5}	3	0	5,0	29,1	23,5	27,5	15,1
4	{0,1,5,3}	4	0	5,0	29,1	23,5	27,5	15,1
5	{0,1,5,3,4}	2	0	5,0	29,1	23,5	27,5	15,1
6	{0,1,5,3,4,2}		0	5,0	29,1	23,5	27,5	15,1

算法分析：对于 n 个顶点的有向图，算法的时间消耗主要在添加 n 条边的过程中，包括两重循环。算法第 17～40 行（外循环）执行 n 次，时间消耗为 $O(n)$；内层嵌套循环两个，算法第 20～27 行和算法第 29～39 行的时间消耗都是 $O(n)$，所以该算法总的时间复杂度为 $O(n^2)$。

6.7　拓扑排序

6.7.1　AOV 网

在第 2 章关于链表的各个知识点之间存在着依赖关系，如图 6-18 所示。读者如何将这些知识点串起来，使得在学习某个知识点时其依赖的知识点已经掌握，从而形成学习计划呢？

通常一个大工程（如学习计划、工程施工、项目开发等）能够划分成许多较小的子工程，当这些子工程完成时整个大工程也就完成了，这些子工程称为活动。如表 6-6 所示，信息安全专业开设若干课程，这些课程之间存在着先后关系，学生只能按照课程的先后关系顺序修学才能正常完成学业。例如，学生只有在学习了高级程序设计和离散数学之后才能学习数据结构，而有些课程是没有先修课程的，如高等数学等课程。

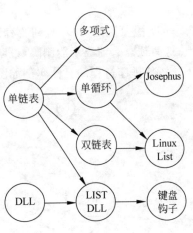

图 6-18　链表知识点关系图

表 6-6　信息安全专业课程计划表

课程编号	课程名称	先修课程
C_1	高级程序设计	无
C_2	离散数学	无
C_3	计算机组成原理	C_1
C_4	数据结构	C_1、C_2
C_5	高等数学	无

续表

课程编号	课程名称	先修课程
C_6	信息论	C_5
C_7	计算机导论	无
C_8	计算机网络	C_7
C_9	操作系统	C_3、C_4
C_{10}	密码学	C_4、C_6
C_{11}	网络安全技术	C_{10}、C_8

用有向图来表示课程之间的先后次序。在这种有向图中,顶点表示活动,边表示活动之间的优先关系。这种用顶点表示活动的有向图称为 AOV 网(Activity On Vertex network)。在 AOV 网中不能出现回路,如果出现回路,说明顶点的活动必须在自身完成之前完成,显然这是不可能的。课程先后关系的 AOV 网如图 6-19 所示。

拓扑序列:有向图中所有顶点形成的线性序列 V_0,V_1,V_2,…,V_n,并且对于任意的两个顶点 V_i 和 V_j,如果有向图中存在 V_i 到 V_j 的一条路径,那么在线性序列中 V_i 一定在 V_j 的前面。

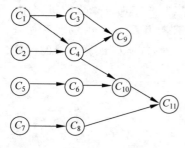

图 6-19 表示课程先后关系的 AOV 网

拓扑排序的步骤如下:

(1) 输出 AOV 网中一个没有前驱结点的顶点。

(2) 在 AOV 网中删除该顶点以及对应的出边。

(3) 重复上述两步,直到所有顶点都输出为止,完成了拓扑排序;或者还有未输出的顶点,这些顶点有前驱不能删除,说明存在环路,这样的工程是不可行的。

拓扑排序过程的具体实例如图 6-20 所示。

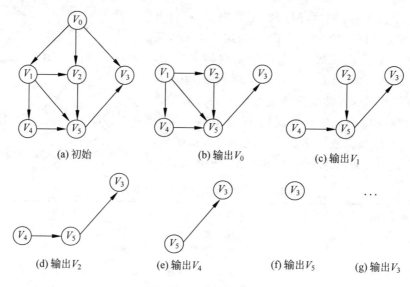

图 6-20 拓扑排序过程

6.7.2 拓扑排序算法

采用邻接表表示 AOV 网,边表为出边表的拓扑排序算法的具体实现见算法 6-12。在算法中设置 inPoint 数组存放各个顶点的入度,使用 STL 中的栈,栈 nodeStack 存放入度为 0 的顶点。变量 count 用来记录拓扑序列中顶点的个数,count 如果等于图中的顶点个数,说明完成了拓扑排序,否则不能完成拓扑排序。算法核心过程(算法第 14~43 行)如下:

(1) 计算各个顶点的入度;
(2) 将入度为 0 的顶点入栈;
(3) 如果栈不空,从栈中取出一个元素 v,输出到拓扑序列中;
(4) 检查顶点 V 的出边表,将出边表中的每个顶点 W 的入度减 1(即删除顶点 V 为弧头的边表),如果 W 的入度为 0,则顶点 W 入栈;
(5) 重复第(3)步和第(4)步,直到栈为空结束。

算法 6-12 拓扑排序算法。

```
1   #include<stack>
2   using namespace std;
3   int topologicalsort(GraphList * graphList)      //完成拓扑排序输出 1,否则输出 0
4   {
5       int i;
6       int count = 0;
7       int nodeNum;
8       int success = 1;
9       stack<int> nodeStack;
10      //为了简化描述,在算法描述中使用了 STL 中的 stack,读者也可以使用在第 3 章中自己写的栈
11      GraphListNode * tempNode = NULL;
12      int * inPoint = (int *)malloc(sizeof(int) * graphList->size);
13      for (i = 0; i<graphList->size; i++)
14          inPoint[i] = 0;
15      for (i = 0; i<graphList->size; i++)         //计算顶点的入度
16      {
17          tempNode = graphList->graphListArray[i].next;
18          while(tempNode != NULL)
19          {
20              inPoint[tempNode->nodeno]++;
21              tempNode = tempNode->next;
22          }
23      } //end 15
24      for(i = 0; i<graphList->size; i++)          //将入度为 0 的顶点入栈
25      {
26          if (inPoint[i] == 0)
27              nodeStack.push(i);
28      } //end 24
29      while(!nodeStack.empty())                   //如果记录结点的栈不为空
30      {
31          nodeNum = nodeStack.top();              //取栈顶元素 v
```

```
32              printf(" % d ", nodeNum);
33              nodeStack.pop();
34              count++;
35              //检查 v 的出边,将每条出边的终端顶点的入度减 1,若该顶点的入度为 0,入栈
36              tempNode = graphList -> graphListArray[nodeNum].next;
37              while(tempNode != NULL)
38              {
39                  inPoint[tempNode -> nodeno] -- ;
40                  if (inPoint[tempNode -> nodeno] == 0)
41                      nodeStack.push(tempNode -> nodeno);
42                  tempNode = tempNode -> next;
43              } //end 37
44          } //end 29
45          if (count != graphList -> size) success = 0;
46          return success;
47      }
```

对于图 6-21 所示的 AOV 网,其拓扑排序算法执行过程中各个变量的变化如表 6-7 所示。

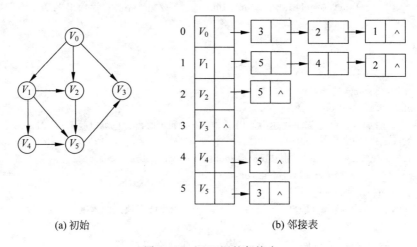

(a) 初始   (b) 邻接表

图 6-21 AOV 网的邻接表

表 6-7 拓扑排序算法执行过程中各变量的变化情况

拓扑序列						各顶点的入度 inPoint[ ]						栈 nodeStack 的内容
						V_0	V_1	V_2	V_3	V_4	V_5	
初始						0	1	2	2	1	3	V_0
V_0						0	0	1	1	1	3	V_1
V_0	V_1					0	0	0	1	0	2	V_2 V_4
V_0	V_1	V_2				0	0	0	1	0	1	V_4
V_0	V_1	V_2	V_4			0	0	0	1	0	0	V_5
V_0	V_1	V_2	V_4	V_5		0	0	0	0	0	0	V_3
V_0	V_1	V_2	V_4	V_5	V_3	0	0	0	0	0	0	

算法分析：对于具有 n 个顶点、e 条边的 AOV 网，算法第 14～22 行计算各个顶点的入度，对应每个顶点访问一次，而对于每条出边也是访问一次，故时间消耗为 $O(n+e)$；算法第 29～44 行每个顶点入栈、出栈各一次，每条边检查一次，时间消耗为 $O(n+e)$。因此拓扑排序算法的时间复杂度为 $O(n+e)$。

扩展延伸：

这里给出的是使用 STL 中栈的拓扑排序算法，也可以用自定义的栈或者队列来实现，请读者练习。

6.8 关键路径

6.8.1 AOE 网

在有向图中，用顶点表示事件、用边表示活动的网络称为 AOE 网（Activity On Edge network）。边上的权值表示完成该活动的代价，顶点事件表示其入边活动已经完成，出边活动可以开始。某商业大厦进行维修涉及的各个活动、活动需要的时间（天）以及活动之间的依赖关系如表 6-8 所示。图 6-22 是该工程的 AOE 网，其中包括 9 项活动（C_0、C_1、…、C_8）、8 个事件（V_0、V_1、…、V_7），V_0 是工程开始事件，即入度为 0 的开始顶点，V_7 看作是工程完成事件，即出度为 0 的终端顶点。工程开始后，活动 C_0 就可以开始，经过 14 天 C_0 活动完成，意味着 V_1 事件发生，即对应的活动 C_1 和 C_2 就可以开始。同样事件 V_3 发生后，活动 C_3 和 C_4 就可以开始。另外，注意到只有在活动 C_4 和 C_5 都完成后事件 V_4 才发生。AOE 的邻接表和逆邻接表如图 6-23 所示。

表 6-8 活动计划表

活动名称	符号	活动所需时间/天	依赖活动
框架	C_0	14	
屋面	C_1	22	C_0
外墙	C_2	25	C_0
门窗	C_3	17	C_2
卫生管道	C_4	34	C_2
各种电气	C_5	35	C_1
内部装修	C_6	12	C_4、C_5
外部粉刷	C_7	24	C_3
工程验收	C_8	13	C_6、C_7

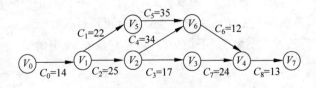

图 6-22 一个维修工程的 AOE 网

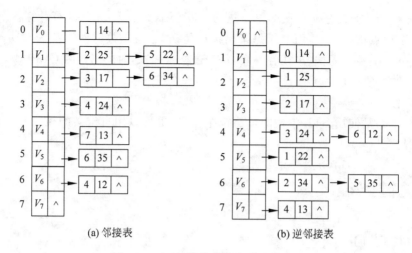

图 6-23　AOE 网的邻接表和逆邻接表

AOE 网通常可以用来评估工程完成所需要的最短时间。在 AOE 网中的某些子活动可以并行进行，所以完成工程的最短时间是从开始顶点到终端顶点的最长路径的长度，在这里指该路径上所有活动所需的时间之和，把这个最长路径称为**关键路径**（critical path）。关键路径上的活动称为**关键活动**。例如在图 6-22 中，路径 $V_0, V_1, V_2, V_6, V_4, V_7$ 就是一条关键路径，其长度为 98。关键路径上的活动是否按计划完成会影响到整个工程的完成情况。缩短关键路径上的活动所需时间，能够缩短工程工期，降低成本，因而值得项目管理人员特别关注。

6.8.2　关键路径算法

采用邻接表表示 AOE 网下关键路径的具体实现见算法 6-13。为了能够求得关键路径，需要定义以下几个变量。

1. 事件的最早发生时间

事件 V_i 的最早发生时间是从开始顶点 V_0 到顶点 V_i 的最长路径的长度。计算事件的最早发生时间采用正向递推方式：

$$\text{初始 earliestTime}[0] = 0$$
$$\text{earliestTime}[j] = \max\{\text{earliestTime}[i] + \text{weight} <V_i, V_j>\}$$

其中，$<V_i, V_j>$ 是以顶点 V_j 为终点的所有有向边。

在拓扑排序中，计算一个顶点 V_j 的最早发生时间时，其所有前驱结点 V_i 的最早发生时间已经计算出来了，那么利用上面的正向递推公式就可以计算出所有顶点的最早发生时间。只要修改拓扑排序算法 6-12，添加以下语句即可，见算法 6-14 中的第 39～42 行。

```
if (earliestTime[tempNode->nodeno]< earliestTime[nodeNum] + tempNode->weight)
{
    earliestTime[tempNode->nodeno] = earliestTime[nodeNum] + tempNode->weight;
}
```

2. 事件的最迟发生时间

事件 V_i 的最迟发生时间是指在不推迟整个工期的前提下事件 V_i 允许的最晚时间。采用反向递推方式：

$$\text{初始 latestTime}[n-1] = \text{earliestTime}[n-1]$$
$$\text{latestTime}[j] = \min\{\text{latestTime}[i] - \text{weight} <V_j, V_i>\}$$

其中，$<V_j, V_i>$ 是以顶点 V_j 为起点的所有有向边。

在拓扑排序算法中，将图的邻接表表示修改为逆邻接表表示，这样计算一个顶点 V_j 的最迟发生时间时，其所有后继结点 V_i 的最迟发生时间已经计算出来了，那么利用上面的反向递推公式就可以计算出所有顶点的最迟发生时间。和计算事件的最早发生时间一样，只要修改拓扑排序算法 6-12，添加以下语句即可，见算法 6-15 中的第 41~46 行。

```
if (latestTime[tempNode->nodeno] > latestTime[nodeNum] - tempNode->weight)
{
    latestTime[tempNode->nodeno] = latestTime[nodeNum] - tempNode->weight;
}
```

计算顶点的最早发生时间的顶点顺序是和拓扑序列的顺序一致的，分别为 $V_0 V_1 V_2 V_3 V_5 V_6 V_4 V_7$，而计算顶点的最迟发生时间的顺序和拓扑序列相反，分别为 $V_7 V_4 V_6 V_5 V_3 V_2 V_1 V_0$。对于图 6-23 所示的 AOE 网，各顶点的最早和最迟发生时间的计算结果如表 6-9 所示。

表 6-9 各顶点的最早和最迟发生时间

	V_0	V_1	V_2	V_3	V_4	V_5	V_6	V_7
earliestTime	0	14	39	56	85	36	73	98
latestTime	0	14	39	61	85	38	73	98

3. 活动的最早发生时间的计算

设 Ck 是边 $<V_i, V_j>$ 上的活动，则 activityEarliestTime 是从源点 V_0 到起始顶点 V_i 的最长路径长度，即为：

```
activityEarliestTime[k] = earliestTime[i]
```

4. 活动的最迟发生时间的计算

设 Ck 是边 $<V_i, V_j>$ 上的活动，activityLatestTime[k] 是在不引起时间延误的前提下活动 Ck 允许的最迟时间，也就是顶点事件 V_j 的最迟发生时间减去活动 Ck 持续的时间 weight $<V_i, V_j>$，即为：

```
activityLatestTime[k] = latestTime[j] - weight <Vi, Vj>
```

5. 活动的时间余量

reminder[k] 表示活动 Ck 的最早发生时间和最迟发生时间的时间余量，即为：

reminder[k] = activityLatestTime[k] - activityEarliestTime[k]

当 activityLatestTime[k] = activityEarliestTime[k] 时，reminder[k] = 0，表示活动 Ck 的时间余量为 0，即该活动为关键活动。

对于图 6-22 所示的 AOE 网，各活动的最早和最迟发生时间以及关键活动的结果如表 6-10 所示。关键路径如图 6-24 所示，关键路径长度为 98。

表 6-10　活动的最早发生和最迟发生时间以及关键活动

	C_0	C_1	C_2	C_3	C_4	C_5	C_6	C_7	C_8
activityEarliestTime	0	14	14	39	39	36	73	56	85
activityLatestTime	0	16	14	44	39	38	73	61	85
reminder	0	2	0	5	0	2	0	5	0
关键活动	是	否	是	否	是	否	是	否	是

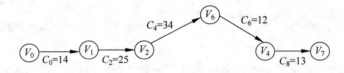

图 6-24　关键路径

算法 6-13　关键路径算法。

```
1    void criticalPath(GraphList *graphList, GraphInverseList *graphInverseList)
2    {
3        int i; int max;
4        //earliestTime、latestTime 分别记录事件的最早发生时间和最迟发生时间
5        int * earliestTime = (int *)malloc(sizeof(int) * graphList->size);
6        int * latestTime = (int *)malloc(sizeof(int) *
7                                          graphInverseList->size);
8        int activityEarliestTime;            //记录活动的最早发生时间
9        int activityLatestTime;              //记录活动的最迟发生时间
10       GraphListNode *tempNode = NULL;
11       //初始化所有事件可能的最早发生时间为 0
12       for(i = 0; i < graphList->size; i++)
13           earliestTime[i] = 0;
14       //求事件可能的最早发生时间
15       if(0 == eventEarliestTime(graphList, earliestTime)) exit(0);
16       //求事件最早发生时间的最大值，以方便后面设置事件允许最迟发生时间的初值
17       max = earliestTime[0];
18       for (i = 0; i < graphList->size; i++)
19       {
20           if (max < earliestTime[i])
21               max = earliestTime[i];
22       }
23       //初始化所有事件允许的最迟发生时间为最大值
24       for(i = 0; i < graphInverseList->size; i++)
25           latestTime[i] = max;
```

```
26      if(0 == eventLatestTime(graphInverseList, latestTime)) exit(0);
27      //遍历每条边,求每条边的最早开始时间和最晚开始时间,并对比,相等者为关键路径上的边
28      for (i = 0; i < graphList -> size; i++)
29      {
30          tempNode = graphList -> graphListArray[i].next;
31          while(tempNode != NULL)
32          {
33              //活动的最早开始时间等于起点事件的最早发生时间
34              activityEarliestTime = earliestTime[i];
35              activityLatestTime = latestTime[tempNode -> nodeno] -
36                                      tempNode -> weight;
37              if (activityEarliestTime == activityLatestTime)
38                  printf("<v%2d,v%2d>", i, tempNode -> nodeno);
39              tempNode = tempNode -> next;
40          }
41      }
42  }
```

算法 6-14　计算事件的最早发生时间算法。

```
1   int eventEarliestTime(GraphList * graphList, int * earliestTime)
2   {
3       int i;
4       int cnt = 0;
5       int nodeNum;
6       int success = 1;
7       stack < int > nodeStack;
8       GraphListNode * tempNode = NULL;
9       int * inPoint = (int *)malloc(sizeof(int) * graphList -> size);
10      for (i = 0; i < graphList -> size; i++)              //初始化入度为 0
11          inPoint[i] = 0;
12      for (i = 0; i < graphList -> size; i++)              //计算点的入度
13      {
14          tempNode = graphList -> graphListArray[i].next;
15          while(tempNode != NULL)
16          {
17              inPoint[tempNode -> nodeno]++;
18              tempNode = tempNode -> next;
19          }
20      }
21      for(i = 0; i < graphList -> size; i++)               //将入度为 0 的顶点入栈
22      {
23          if (inPoint[i] == 0)
24              nodeStack.push(i);
25      }
26      while(!nodeStack.empty())                            //如果记录结点的栈不为空
27      {
```

```
28          //取栈顶元素,获得边的起点,该事件的可能最早发生时间已经能定下
29          nodeNum = nodeStack.top();
30          nodeStack.pop();
31            printf(" %d ", nodeNum);
32          cnt++;
33          //检查v的出边,将每条出边的终端顶点的入度减1,若该顶点的入度为0,入栈
34          tempNode = graphList->graphListArray[nodeNum].next;
35          while(tempNode != NULL)
36          {
37              inPoint[tempNode->nodeno]--;              //去掉入边
38              //为每条出边的终点事件更新可能的最早发生时间
39              if (earliestTime[tempNode->nodeno]
40                       < earliestTime[nodeNum] + tempNode->weight)
41              {   earliestTime[tempNode->nodeno] = earliestTime[nodeNum] +
42                                                 tempNode->weight;
43              }
44              if (inPoint[tempNode->nodeno] == 0)       //入栈
45                  nodeStack.push(tempNode->nodeno);
46              tempNode = tempNode->next;
47          }  //end 35
48      }  //end 26
49      if (cnt != graphList->size)   success = 0;
50      return success;
51  }
```

算法 6-15 计算事件的最迟发生时间算法。

```
1   int eventLatestTime(GraphInverseList * graphInverseList, int * latestTime)
2   {
3       int i;
4       int cnt = 0;
5       int nodeNum;
6       int success = 1;
7       stack<int> nodeStack;
8       GraphInverseListNode * tempNode = NULL;
9       int * outPoint = (int *)malloc(sizeof(int) * graphInverseList->size);
10      for (i = 0; i < graphInverseList->size; i++)
11          outPoint[i] = 0;
12      for (i = 0; i < graphInverseList->size; i++)        //计算点的出度
13      {
14          tempNode = graphInverseList->graphInverseListArray[i].next;
15          while(tempNode != NULL)
16          {
17              outPoint[tempNode->nodeno]++;
18              tempNode = tempNode->next;
```

```
19              }
20          }   //end 12
21          for(i = 0; i < graphInverseList -> size; i++)        //将出度为 0 的顶点入栈
22          {
23              if (outPoint[i] == 0)
24                  nodeStack.push(i);
25          }   //end 21
26          while(!nodeStack.empty())                             //如果记录结点的栈不为空
27          {
28              //取栈顶元素,获得边的终点,该事件的允许最迟发生时间已经能定下
29              nodeNum = nodeStack.top();
30              nodeStack.pop();
31              printf(" % d ", nodeNum);
32              cnt++;
33              //检查 v 的入边,将每条入边的终端顶点的出度减 1,若该顶点的出度为 0,入栈
34              tempNode = graphInverseList -> graphInverseListArray[nodeNum].next;
35              while(tempNode != NULL)
36              {
37                  outPoint[tempNode -> nodeno] -- ;    //去掉出边
38                  //为每条入边的起点事件更新允许最迟发生时间
39                  if (latestTime[tempNode -> nodeno] > latestTime[nodeNum] - tempNode -> weight)
40                  {
41                      latestTime[tempNode -> nodeno] =
42                              latestTime[nodeNum] - tempNode -> weight;
43                  }
44                  //如果去掉出边后出度为 0,则点入栈
45                  if (outPoint[tempNode -> nodeno] == 0)
46                      nodeStack.push(tempNode -> nodeno);
47                  tempNode = tempNode -> next;
48              }
49          }
50          if (cnt != graphInverseList -> size)   success = 0;
51          return success;
52      }
```

算法分析：对于具有 n 个顶点、e 条边的 AOE 网,算法 6-14 计算事件可能的最早发生时间,算法 6-15 计算事件的最迟发生时间,都是对图中所有顶点以及每个顶点的出边表进行检查,时间消耗为 $O(n+e)$。在求关键路径的算法 6-13 中,对图中所有顶点以及每个顶点的出边表进行检查,时间消耗为 $O(n+e)$,因此关键路径算法的时间复杂度为 $O(n+e)$。

6.9 六度空间问题

六度空间理论是一个数学领域的猜想,又叫六度分割理论或者小世界理论,在社交网络中同样适用,即通过 6 个人可以找到一个陌生人,也就是最多通过 6 个中间人就能找到一个

陌生人。针对某一大型社交网络,假定至少具有 6 层的图,使用六度空间理论对每个个体计算具有六度空间的个体占所有个体的百分比。

在 6.3.4 节中,通过广度优先搜索遍历能够记录图的层数,因此可以记录层数 level=6 的顶点个数。这里继续使用 6.3.4 节中的算法,进行修改,设置变量 cnt,用来记录满足六度空间的顶点个数,将其作为这时 BFS 算法的返回值。具体实现见算法 6-16。

算法 6-16 六度空间算法。

```
1    int BFS(GraphList * graphList, int * visited, int source)
2    {
3        int tempVex;
4        int level = 0;                              //记录广度优先搜索树的层数
5        int last = source;                          //用 last 保存上一层最后访问的结点
6        int tail = source;                          //用 tail 记录当前最后访问的结点
7        int cnt = 1;                                //在 6 层内能访问到的结点个数,最后这个值用于返回
8        GraphListNode * tempNode = NULL;
9        queue < int > waitingQueue;
10       visited[source] = 1;                        //设置标记,表明已经被访问
11       printf(" % d ", source);                    //输出访问的结点的编号
12       waitingQueue.push(source);                  //将刚访问的结点放入队列
13       while(!waitingQueue.empty())                //访问结点,广度优先
14       {
15           tempVex = waitingQueue.front();
16           waitingQueue.pop();
17           //依次访问与当前结点相邻的点
18           tempNode = graphList -> graphListArray[tempVex].next;
19           while(tempNode != NULL)
20           {
21               //如果其他顶点与当前顶点存在边且未被访问过
22               if(!visited[tempNode -> nodeno])
23               {
24                   visited[tempNode -> nodeno] = 1;      //做标记
25                   waitingQueue.push(tempNode -> nodeno); //入队
26                   printf(" % d ", tempNode -> nodeno);   //输出
27                   cnt++
28                   tail = tempNode -> nodeno;
29               }
30               tempNode = tempNode -> next;              //移动到下一个结点
31           }
32           //从队列中取出的结点的下一层都访问后,再判断该结点是否为其所在层的最后结点
33           if (tempVex == last)
34           {
35               level++;
36               last = tail;
37               printf(" the current level is   % d \n", level);
```

```
38              }
39              if level == 6
40                  break;
41          }
42          return cnt;
43      }
44      void SixDegreeofSeperation(GraphList * graphList)
45      {
46          int i;
47          int cnt;                                        //记录具有六度空间的顶点数
48          int * visited = (int *)malloc(sizeof(int) * graphList->size);
49          //设置所有结点都没有被访问,其中1为访问过,0为没有被访问
50          for(i = 0; i < graphList->size; i++)
51              visited[i] = 0;
52          //从0号结点开始进行广度优先遍历
53          for(i = 0; i < graphList->size; i++)
54          {
55              cnt = BFS(graphList, visited, i);
56              printf("%d:%.2f\n", i, cnt * 100.0/graphList->size);
57          }
58      }
```

在算法6-16中采用邻接表表示图。对于大型的人际关系网来说,一般情况下 $e \ll n^2$,故本应用不适合采用邻接矩阵表示法。

算法延伸:

在算法6-16中计算以 V_0 为起点,满足六度空间的百分比,如果使用六度空间理论对某一大型社交网络中的每个人进行分析,对于具有六度空间属性的所有个体,输出其所在的连通分量,并能够输出任意两个人之间的最短路径以及查找某个人可以找到的陌生人,应如何改进算法?

6.10 中国邮递员问题

6.10.1 问题的引入

现在,网络购物已经成为人们生活中的一部分,快递员每天送达快递时需要对线路进行规划,以便更好地节省时间成本。与此类似的一个典型问题是中国邮递员问题(Chinese Postman Problem,CPP)。它是我国数学家管梅谷先生在20世纪60年代提出的。问题描述如下:对于图6-25所示的邮递员投递街区图,邮递员从邮局(A)出发**走遍每条街道**,最后返回邮局,邮递员应按怎样的顺序投递才能使经过的**路径长度最小**?

邮递员从邮局(A)出发最后又返回邮局,问题的解首先要求街道图满足一笔画要求。

相信很多读者都玩过一笔画的游戏,本题的原型是著名的"一笔画"问题,如图6-26所示。图6-26(b)和(c)可以画成一笔画,图6-26(a)和(d)不可以画成一笔画。满足"一笔画"

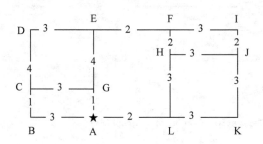

图 6-25 中国邮递员问题实例

的要求如下：

(1) 凡是由偶度点组成的连通图一定可以一笔画成，在画时可以把任一偶度点作为起点，最后一定能以这个点为终点画完此图。

(2) 凡是只有两个奇度点的连通图（其余都为偶度点）一定可以一笔画成，在画时必须把一个奇度点作为起点，把另一个奇度点作为终点。

(3) 其他情况的图都不能一笔画出。

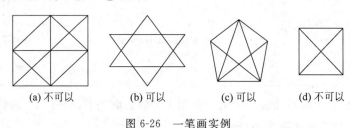

图 6-26 一笔画实例

6.10.2 相关知识点

这是一个综合运用图论知识解决现实生活和工程实际问题的典型案例。中国邮递员问题需要图论的相关基础知识，包括图的存储表示、顶点的度、图的遍历算法、图的连通性判断、图的最短路径算法、图的欧拉回路判断、如何使非欧拉图变为欧拉图以及一笔画的输出等。**该应用涉及建模、算法设计、编码调试能力以及阅读相关文献的能力**。通过对该项目的学习，希望读者能够在上述各方面得以提高。

(1) **工程项目建模做好数据抽象**：对中国邮递员问题进行抽象，建立数据结构模型，图中的顶点表示邮局，图中的边表示每条街道，边上的权值表示邮递员行走的代价，可以表示长度距离也可以表示邮递员行走该街道花费的时间。最短欧拉回路就是找出代价最小的路线。

(2) **设计存储方式**：采用邻接矩阵表示或邻接表表示。对于图 6-25 所示的实例，由于顶点和边的个数不多，故采用两种存储形式都可以。

(3) **设计关键算法是项目核心**：主要包括以下几种算法。

- 图的遍历算法采用深度遍历算法 DFS。
- 最短路径算法包括 Dijkstra 算法和 Floyd 算法。本应用项目中需要对奇度点进行分组，求出每一个奇度点到其他奇度点的最短路径，这里采用 Floyd 算法。
- 对奇度顶点进行分组，找到最优组合：Grouping 算法。该算法采用两两组合贪心算法，保证找到最优解。
- 图的连通性判断算法：ConnectivityTest 算法。
- 欧拉回路判断算法：Fleury 算法。

（4）**动手编码、调试、测试**。

6.10.3 Fleury 算法

算法的核心源于 Euler() 函数对欧拉路径的寻找和记录，这里利用了 Fluery 算法，该算法的核心是能不走桥就尽量不走桥。如图 6-27 所示，V_5-V_6 是桥。

算法描述：每次进行到一个顶点上的时候，都会删除已经走过的边。在选择下一条边的时候，不应该出现这样的状况：在删除下一条边之后，连通图被分割成两个不连通的图。除非没有别的边可选择。该算法从一个奇度数顶点开始（若所有顶点度数均为奇，则任选一个顶点）。当所有的边都走完的时候，该算法结束，欧拉路径为删除路径的顺序。

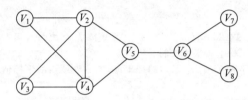

图 6-27　Fleury 算法示意图

6.10.4 具体实现

中国邮递员问题的函数功能模块关系如图 6-28 所示，具体代码实现如算法 6-17 所示。

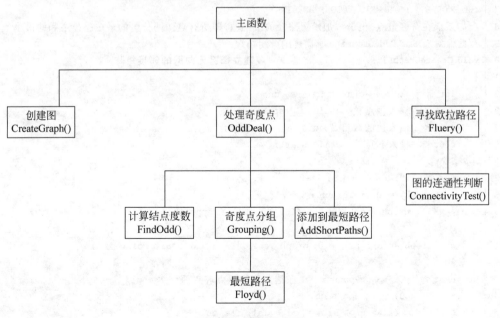

图 6-28　函数关系图

算法 6-17 中国邮递员问题源代码

```cpp
#include <limits.h>
#include <iostream>
#include <cstdlib>
#include <set>
#include <vector>
using namespace std;
#define MAX_NODE 26                         //最大结点数
#define COST_NO_LINK 1000                   //定义结点之间没有连接的花销为 INT_MAX
typedef struct{
    int n;                                  //图的顶点个数
    int numc;
    char vexs[MAX_NODE];
    int arcs[COST_NO_LINK][COST_NO_LINK];
} GraphMatrix;
typedef struct
{
    int a[MAX_NODE][MAX_NODE];              //关系矩阵 A,存放每对顶点间最短路径长度
    int nextvex[MAX_NODE][MAX_NODE];
    //nextvex[i][j]存放 vi 到 vj 最短路径上 vi 的后继顶点的下标值
} ShortPath;
GraphMatrix graph; ShortPath path;
int dec[MAX_NODE]; int Graph[MAX_NODE][MAX_NODE];
int Start_Point;                            //顶点数和边数,以及开始的起点(以 0 开始)
int Odd_Grouping[MAX_NODE];                 //为 0 表示不为奇,为 1 表示为奇
//从 2 开始表示配对分组情况,如同为 2 的两个为一组,同为 3 的两个为一组
int Bak_Odd_Grouping[MAX_NODE];             //最好情况下分组策略的备份,因为可能还有其他
                                            //情况更好,如果有,就更新此备份
int SHORTEST_PATH_WEIGHT(COST_NO_LINK);
//如果存在奇度数点,记录添加最短路径的最小值,即所有点两两分组的最短路径之和的最小值
//此值对应 Bak_Odd_Grouping 所描述的分组情况
void CreateGraph()                          //建立街区无向网的邻接矩阵
{
    int i, j, m, n, w; char start, cm, cn;
    cout << "输入顶点数:"; cin >> graph.n;
    cout << "输入边的数目:"; cin >> graph.numc;
    cout << "输入起点:"; cin >> start;
    Start_Point = start - 'a';
    for (i = 0; i < graph.n; i++){
        for (j = 0; j < graph.n; j++){
            graph.arcs[i][j] = COST_NO_LINK; Graph[i][j] = 0;
        }
        graph.arcs[i][i] = 0; graph.vexs[i] = (char)Start_Point + i;
    }
    cout <<"输入"<< graph.numc <<"条边对应的顶点和权值:"<< endl;
    for (i = 0; i < graph.numc; i++){
        cin >> cm >> cn >> w; m = cm - 'a'; n = cn - 'a';
        Graph[m][n] += 1; Graph[n][m] += 1;
```

```
47              graph.arcs[m][n] = w; graph.arcs[n][m] = w;
48          }
49      }
50      int FindOdd(){                    //求各顶点的度数,并求出所有奇数点,返回奇数点的个数
51          int i, j, rSum, count = 0;
52          for (i = 0; i < graph.n; i++){
53              Odd_Grouping[i] = 0;      //0 表示不为奇
54              Bak_Odd_Grouping[i] = 0;
55          }
56          for (i = 0; i < graph.n; i++){
57              rSum = 0;
58              for (j = 0; j < graph.n; j++){
59                  if((graph.arcs[i][j]!=0)&&(graph.arcs[i][j]!=COST_NO_LINK))
60                      rSum++;
61              }
62              if (rSum % 2 == 1){
63                  Odd_Grouping[i] = 1; count++;
64              }
65          }
66          return count;
67      }
68      void floyd(GraphMatrix * pgraph, ShortPath * ppath){
69          for (i = 0; i < pgraph->n; i++){
70              for (j = 0; j < pgraph->n; j++){
71                  if (pgraph->arcs[i][j] != COST_NO_LINK)
72                      ppath->nextvex[i][j] = j;
73                  else ppath->nextvex[i][j] = -1;
74                  ppath->a[i][j] = pgraph->arcs[i][j];
75              }
76          }
77          for (int k = 0; k < pgraph->n; k++){
78              for (int i = 0; i < pgraph->n; i++){
79                  for (int j = 0; j < pgraph->n; j++){
80                      if(ppath->a[i][k]>=COST_NO_LINK||ppath->a[k][j]>=COST_NO_LINK)
81                          continue;
82                      if (ppath->a[i][j] > ppath->a[i][k] + ppath->a[k][j]){
83                          ppath->a[i][j] = ppath->a[i][k] + ppath->a[k][j];
84                          ppath->nextvex[i][j] = ppath->nextvex[i][k];
85                      }
86                  }
87              }
88          }
89      }
90      int MinLength(int v0, int v1){    //求从 v0 点开始到 v1 点的最短距离
91          floyd(&graph, &path); return path.a[v0][v1];
92      }
93      void Bak_Grouping(){
94          for (int i = 0; i < graph.n; i++)
```

```cpp
 95             Bak_Odd_Grouping[i] = Odd_Grouping[i];
 96  }
 97  bool Grouping(int level){            //采用贪心算法找到奇度点最优组合，level 值从 2 开始
 98      if (level < 2){
 99          cerr << "小于 2 的 level 值是不允许的." << endl; exit(-1);
100      }
101      int i, j, find = -1;
102      for (i = 0; i < graph.n; i++)
103          if (Odd_Grouping[i] == 1){
104              Odd_Grouping[i] = level;  //找到第一个组合点
105              find = i; break;
106          }
107      }
108      bool re = true;
109      if (find == -1) {             //形成一对新的组合后，此时计算各组合最小路径之和
110          int weightSum = 0;
111          for (i = 2; i < level; i++){
112  //根据 level 的值可以知道分组的取值是从 2 到 level-1 的，所以 i 如是计数
113              int index[2], *pIndex = index;
114              for (j = 0; j < graph.n; j++){
115                  if (Odd_Grouping[j] == i){
116                      *pIndex = j;
117                      if (pIndex == index + 1) break;      //设置了第二个 index 值
118                      pIndex++;
119                  }
120              }
121              weightSum += MinLength(index[0], index[1]);
122          }
123          if (weightSum < SHORTEST_PATH_WEIGHT){
124  //当前组合比以往要优，将当前的排列组合情况更新到全局
125              Bak_Grouping();             //如果当前分组比以往都好，备份一下
126              SHORTEST_PATH_WEIGHT = weightSum;
127              return true;
128          }
129          else return false;
130      }
131      else if (find > -1){             //上面找到了第一个点了，现在继续找第二个点
132          for (/* 继续上面的 for */; i < graph.n; i++){
133              if (Odd_Grouping[i] == 1){  //找到第二个点
134                  Odd_Grouping[i] = level; re = Grouping(level + 1);    //递归下去
135                  Odd_Grouping[i] = 1;
136              }
137          }
138      }
139      else{
140          cerr << "findCount 值异常" << endl; exit(-1);
141      }
142      if (find > -1) Odd_Grouping[find] = 1;
```

```cpp
143         return re;
144 }
145 void AddShortPath(int from, int to){           //添加一条边
146     Graph[from][to]++; Graph[to][from]++;
147 }
148 void AddShortPaths(){                          //根据 odd 数组的分组情况添加最短路径
149     int i, j;
150     for (i = 0; i < graph.n; i++){
151         if (Bak_Odd_Grouping[i] > 1){
152             for (j = i + 1; j < graph.n; j++){
153                 if (Bak_Odd_Grouping[j] == Bak_Odd_Grouping[i]){
154                     AddShortPath(i, j); break;
155                 }
156             }
157         }
158     }
159 }
160 void OddDeal(){                                //处理图中可能存在度为奇的情况
161     int oddCount = FindOdd();
162     if (oddCount > 0){                         //判断是否存在度为奇的点,有的话要处理
163         Grouping(2);                           //对度为奇的点进行排列组合
164         AddShortPaths();                       //根据 odd 数组的分组情况添加最短路径
165     }
166 }
167 bool ConnectivityTest(int start, bool& bNoPoints){    //图的连通性测试
168     set<int> nodeSet;                          //连通顶点集
169     vector<int> for_test_nodes;                //与新加入连通点连通的未加入点集
170     int i, j; set<int> singlePoints;           //图中的单点集
171     bool hasEdge = false;
172     for (i = 0; i < graph.n; i++){
173         hasEdge = false;
174         for (j = 0; j < graph.n; j++){
175             if (Graph[i][j] > 0)
176             {
177                 hasEdge = true; break;
178             }
179         }
180         if (!hasEdge)
181             singlePoints.insert(i);
182     }
183     bNoPoints = (singlePoints.size() == graph.n);    //设置 bNoPoints 标志
184     if (singlePoints.find(start) != singlePoints.end())
185         return false;
186     for_test_nodes.push_back(start);
187     while (for_test_nodes.size() > 0){
188         int testNode = for_test_nodes.back();
189         for_test_nodes.pop_back();
190         for (i = 0; i < graph.n; i++){
191             if (Graph[testNode][i] > 0){
192                 if (nodeSet.insert(i).second
```

```cpp
                    for_test_nodes.push_back(i);
            }
        }
    }
    for (i = 0; i < graph.n; i++){
        if (singlePoints.find(i) == singlePoints.end()&& nodeSet.find(i) == nodeSet.end())
//若存在点,它既不是单点,也不在当前连通顶点集中,则这个点一定在其他连通子图中,返回假
            return false;
    }
    return true;
}
struct stack{
    int top, node[MAX_NODE];
}s;
int Edge[MAX_NODE][MAX_NODE],n;
void dfs(int x){
    s.top++; s.node[s.top] = x;
    for (int i = 0; i<n; i++){
        if (graph.arcs[i][x]> 0){
            graph.arcs[i][x] = 0; graph.arcs[x][i] = 0; dfs(i); break;
        }
    }
}
void Fleury(int start){                          //欧拉回路
    int i; int vi = start;                        //v0e1v1…eivi 已经选定
    bool bNoPoints, bCnecTest; cout << "你要的结果:";
    while (true){
        for (i = 0; i < graph.n; i++){           //找一条不是割边的边 ei+1
            if (Graph[vi][i] > 0){
                Graph[vi][i]--; Graph[i][vi]--;  //假设选定(vi,i)这条边
                bCnecTest = ConnectivityTest(i, bNoPoints);
                if (!bNoPoints && !bCnecTest) {
                    Graph[vi][i]++; Graph[i][vi]++; continue;
                }
                cout <<(char)('a' + vi)<<"-"<<(char)('a' + i)<< " ";
                vi = i; break;
            }
        }
        if (i == graph.n){
            cout << endl; break;
        }
    }
}
int main(){
    CreateGraph();                               //建立街区无向网的邻接矩阵
    OddDeal();                                   //处理可能的奇度点情况
    Fleury(Start_Point);                         //求欧拉回路
    system("pause");
    return 0;
}
```

测试图 6-25 所示问题，其中顶点个数为 12，对应的邻接矩阵如图 6-29 所示。

```
   A B C D E F G H I J K L
A  0 3 0 0 0 0 1 0 0 0 0 2
B  3 0 1 0 0 0 0 0 0 0 0 0
C  0 1 0 4 0 0 3 0 0 0 0 0
D  0 0 4 0 3 0 0 0 0 0 0 0
E  0 0 0 3 0 2 4 0 0 0 0 0
F  0 0 0 0 2 0 0 2 3 0 0 0
G  1 0 3 0 4 0 0 0 0 0 0 0
H  0 0 0 0 0 2 0 0 0 3 0 3
I  0 0 0 0 0 3 0 0 0 2 0 0
J  0 0 0 0 0 0 0 3 2 0 3 0
K  0 0 0 0 0 0 0 0 0 3 0 3
L  2 0 0 0 0 0 0 3 0 0 3 0
```

图 6-29 邻接矩阵

距离最短的添加边为：

E→F：2　C→G：3　A→L：2　H→J：3

添加边的总权值为：10

按照算法 6-17 运行，输出一笔画的路径，即邮递员经过的路径为：

A→B→C→D→E→F→E →G→C→G→A→L→H→ F→I→J→H→J→K→L→A

显然一笔画的路径不唯一，请读者试着写出其他路径。另外还可以参考配套实验教程中其他实现方法。

习题

6-1　设有一个有向图 $G=(V,E)$，其中 $V=\{V_0,V_1,V_2,V_3\}$，$E=\{<V_0,V_1>,<V_0,V_3>,<V_1,V_2>,<V_2,V_1>,<V_3,V_0>\}$，请画出该有向图。

6-2　设有图 6-30 所示的无向图，回答以下问题：

(1) 画出其邻接矩阵和邻接表。

(2) 从顶点 A 出发，分别画出其深度优先和广度优先生成树。

6-3　对于图 6-31 所示的无向图，请分别用 Kruskal 和 Prim 两种算法构造最小生成树，要求写出构造过程。

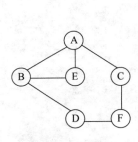

图 6-30　无向图

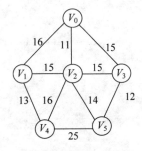

图 6-31　无向图

6-4 对于图 6-31 所示的无向图，请用 Dijkstra 算法计算 V_0 到其他各个顶点的最短路径。

6-5 对于图 6-32 所示的有向图，试给出其所有的拓扑序列。

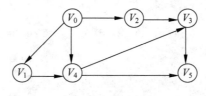

图 6-32 有向图

6-6 表 6-11 给出了某工程活动之间的优先关系和活动所需要的时间，要求：
(1) 画出相应的 AOE 网；
(2) 列出各个事件的最早发生时间和最迟发生时间；
(3) 计算关键路径，并说明工程需要的最短时间。

表 6-11 某工程活动之间的优先关系和活动所需要的时间

活动名称	a_1	a_2	a_3	a_4	a_5	a_6	a_7	a_8	a_9	a_{10}	a_{11}
活动所需时间	6	4	5	1	1	2	9	7	4	2	4
依赖关系				a_1	a_2	a_3	a_4, a_5	a_4, a_5	a_6	a_7	a_8, a_9

6-7 编写算法，判断两个顶点之间是否存在路径。

6-8 编写算法，判断一个有向图是否存在回路。

6-9 若用 4 种颜色对地图上的国家涂色，相邻边界的国家不能涂相同的颜色，要求：
(1) 用一种数据结构表示地图上各国的相邻关系；
(2) 设计涂色算法。

6-10 用图的深度优先和广度优先搜索算法解决迷宫问题，并比较二者的适用性。

6-11 迷宫问题的扩展：如图 6-33 所示，四周为 -1 表示围墙，内部为 -1 表示障碍，权值 1、2、5、9 表示经过需要消耗的能量代价。请找出从入口(3,6)到出口(8,8)，老鼠消耗能量最小的路径。

$$
\begin{array}{cccccccccc}
-1 & -1 & -1 & -1 & -1 & -1 & -1 & -1 & -1 & -1 \\
-1 & 2 & 1 & 1 & 1 & 1 & 1 & 5 & 1 & -1 \\
-1 & 1 & 9 & 9 & 9 & 1 & 1 & -1 & 1 & -1 \\
-1 & 1 & 1 & 1 & 1 & 1 & 1 & -1 & 1 & -1 \\
-1 & 1 & -1 & -1 & -1 & -1 & -1 & 1 & 1 & -1 \\
-1 & 1 & 9 & 9 & 9 & 1 & 1 & 1 & 1 & -1 \\
-1 & 1 & 1 & 1 & 1 & 1 & 1 & 1 & 1 & -1 \\
-1 & 1 & 1 & 1 & 1 & 1 & 1 & 1 & 1 & -1 \\
-1 & 1 & 1 & 1 & 1 & 1 & 1 & 1 & 2 & -1 \\
-1 & -1 & -1 & -1 & -1 & -1 & -1 & -1 & -1 & -1 \\
\end{array}
$$

图 6-33 迷宫地图

6-12 应用题：如图 6-34 所示，设 a、b、c、d、e、f 表示一个乡的 6 个村庄，弧上的权值表示两村之间的距离。现要在这 6 个村庄中选择一个村庄建一所医院，问医院建在哪个村庄才能使离医院最远的村庄到医院的距离最短？

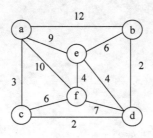

图 6-34 村庄关系示意图

第 7 章

字 典

本章关键词：时空折中和查找校验。

关键词——时空折中。字典的主要运算是检索，其评价的标准是检索效率，而检索效率往往以空间效率为代价，跳跃链表是典型的以空间效率换取时间效率的字典形式，这种思想同样体现在第 9 章的 Trie 树中。散列表的字典形式能够兼顾时间和空间，具有常数级的检索效率，其代价是需要对冲突的有效解决方法。

关键词——查找校验。在一些应用场合，如点对点网络 BT 下载和区块链中，关注的不只是查找操作本身，还关注查找到的信息是否为期待的正确信息，也就是完成校验的功能。Merkle 树具有哈希列表所不能比拟的方便和高效，不但能够进行完整性验证，而且能够快速定位错误的数据块。

"博学之，审问之，慎思之，明辨之，笃行之。"

——《中庸》

7.1 字典的基本概念

字典（dictionary）是一种由数据组成的集合，其中的每个数据元素是由关键码 key 和数值 value 合成的词条 entry。对字典的主要操作是检索，即给定一个关键码 key，在字典中查找该 key 是否存在，如果存在则检索成功，否则检索失败。除了检索以外，字典的基本操作还有插入、删除、修改等。如果一个字典建立后基本固定不变，这样的字典称为静态字典；反之，如果字典需要经常更新（插入、删除、修改等），这样的字典称为动态字典。对应不同的字典，可以根据需要选择不同的存储方式。不同的存储方式不仅体现在空间利用方面的差别，并且在一定程度上决定了其检索的效率。因此，需要在空间效率和检索效率（时间效率）之间做出折中。

前面介绍了顺序字典和二叉树的字典，顺序字典虽然在有序情况下具有较高的检索效率，但是由于其插入和删除的效率低，因此不适用于动态字典的表示。第 5 章介绍的搜索树适用于动态字典，具有插入和删除效率，但是 AVL 和红黑树的插入操作和删除操作的复杂性高。本节介绍跳跃链表和散列结构字典两种形式。

跳跃链表是一种采用链接存储表示的高效字典，它采用折半的"跳跃指针"，既能够达到二分查找的检索效率，也具有良好的空间性能。它既能够实现动态字典，便于字典的动态维护,也能够弥补顺序检索的低效性和难以维护的缺点。

散列结构是兼顾了时空性能的一种字典表示,字典中的词条存储位置不依赖于关键码 key 的大小,而是依赖于散列函数。通过散列函数和关键码 key 来计算词条存储位置,具有常数级的检索效率。

散列结构在一些学科领域中发挥着重要作用,例如在密码学中哈希函数能够将任意长度的数据映射为固定长度的哈希值,其主要功能是用于对传输数据完整性的验证。Merkle 树形结构不仅能够进行完整性验证,而且能够快速检索、定位错误的数据块。

字典的主要操作包括创建一个字典、在字典中查找词条、插入词条到字典中、删除字典中的词条。字典的抽象数据类型定义如下:

```
1   ADT Dict is
2   operations
3       HashDictionary SetNullHash(n)
4       创建一个长度为 n 的字典空间
5       int Search(KeyType key)
6       在字典中查找关键码 key 的词条,如果存在则返回 1,否则返回 0
7       int Insert(KeyType key)
8       向字典中插入关键码 key 的词条
9       int Delete(KeyType key)
10      删除字典中关键码 key 的词条
11  End ADT Dict
```

7.2 跳跃链表的基本概念

前面第 2 章的介绍链表,其缺点是只能顺序查找,即使是有序链表也不能实现二分查找操作。跳跃链表(skiplist)是有序链表的变种,它能够达到 $O(\log_2 n)$ 的查找性能,是一种高效的字典结构。同时,相对于前面复杂的二叉排序树及其多种变形(AVL 和红黑树),它在算法的理解和代码实现方面要简单得多,只需要能够对链表熟练操作即可。

在单链表中只有一个指向直接后继的指针,而在跳跃链表中增加指向其他后继结点的指针,使得在访问链表的过程中可以交替跳过它的直接后继结点。例如图 7-1 所示的跳跃链表,结点 7 有 4 个指针指向其不同的后继结点。在跳跃链表中每一个水平链表称为一层(level),同一层链表结点之间仍然具有前驱和后继关系,为了方便查找,结点通常按照关键码排序。

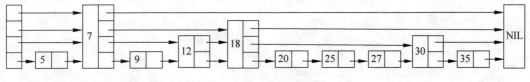

图 7-1 跳跃链表示意图

跳跃链表的数据结构类型定义如下：

```
1   #define MAX_LEVEL 6                    //定义最大层数
2   typedef int KeyType;
3   //跳跃链表的结点结构定义
4   typedef struct node
5   {
6    int level;                            //结点层数
7    KeyType key;                          //结点的值
8    struct node * next[MAX_LEVEL];        //指针数组
9   } * PNode;
10  //跳跃链表的结构定义
11  typedef struct
12  {
13   int num;                              //跳跃链表的计数器
14   int maxLevel;                         //跳跃链表的最大层数
15   PNode head;                           //跳跃链表的头指针
16  } * SkipList;
```

7.3 跳跃链表的建立和查找

7.3.1 空跳跃链表的建立

创建空跳跃链表就是创建一个带有头结点的链表，设置其后继指针为 NULL，并将跳跃链表的长度设置为 0。具体实现见算法 7-1。

算法 7-1 创建空跳跃链表。

```
1   //创建带有头结点的空跳跃链表
2   SkipList SetNullSkipList(int level)
3   {
4       SkipList list = (SkipList)malloc(sizeof(SkipList));
5       if (list == NULL)                         //申请内存失败
6           return NULL;
7       list->maxLevel = level;                   //跳跃链表的层数
8       list->num = 0;                            //空跳跃链表的计数器赋值为 0
9       list->head = CreateNode(level, -1);       //头结点的数据域赋值为 -1
10      if (list->head == NULL)
11      {
12          free(list);
13          return NULL;
14      }
15      for (int i = 0; i < level; i++)
16          list->head->next[i] = NULL;           //头结点的每一层的后继为空
17      return list;
18  }
19  PNode CreateNode(int level, KeyType key)      //生成一个新结点
20  {
```

```
21      PNode p = (PNode)malloc(sizeof(struct node) + sizeof(PNode) * level);
22      if (p == NULL) return NULL;
23      p -> level = level;
24      p -> key = key;
25      return p;
26  }
```

7.3.2 跳跃链表的查找

查找算法过程：假设要查找元素 key,从最高层的指针开始,如果找到该元素,则返回结点指针。如果到达了链表的末尾,或者找到大于 key 的某个结点,降低一层,从那个结点的前一个结点重新开始查找。重复该过程,直到找到 key,或者在第一层查找达到了链表末尾,或者找到了一个大于 key 的元素。

例如在图 7-1 中查找关键码 12,首先在第 4 层查找,这一层只有一个结点是 7,查找失败。接着从头结点开始的第 3 层查找,这一层的第一个结点是 7,然后继续比较 7 的后继 18,18 大于要查找的 12,这一层的查找失败。接着从第 2 层的元素 18 结点的前驱 7 开始查找,7 的后继是 12,查找成功。

查找关键码 23,首先在第 4 层查找,这一层只有一个结点是 7,查找失败。接着从头结点开始的第 3 层查找,这一层的第一个结点是 7,然后继续比较 7 的后继 18,到达了这一层的末尾,查找失败。接着从第 2 层的元素 18 结点的前驱 7 开始查找,7 的后继是 12,12 的后继是 18,到达了这一层的末尾,查找失败。接着从第 1 层的元素 18 结点的前驱 12 开始查找,依次比较 12 的后继 18,18 的后继 20,20 的后继 25,25 大于要查找的 23,此时已经是第 1 层,因此此查找结束,查找失败。具体实现见算法 7-2。

算法 7-2 跳跃链表查找算法。

```
1   //按值查找,成功返回 key 的位置,失败返回 NULL
2   PNode SkipListSearch(SkipList list, KeyType key)
3   {
4       int n = 0;
5       PNode p = NULL, q = NULL;
6       p = list -> head;
7       for (int i = list -> maxLevel - 1; i >= 0; i -- )      //从高层开始,纵向逐层比较
8       {
9           while ((q = p -> next[i]) && (q -> key <= key))    //横向比较
10          {
11              p = q;
12              n++;                                            //记录比较次数
13              if (p -> key == key)
14              {
15                  printf(" % d\n", n);
16                  return p;
17              }
18          }
19      }
20      return NULL;
21  }
```

7.4 跳跃链表的插入和删除

7.4.1 跳跃链表的插入

插入过程是首先进行查找,查找成功,因为在这里约定不能有相同的 key,故不再插入返回 0。查找失败,创建一个新结点,根据投币产生层。在算法中使用逻辑表达式 rand()%2 来模拟投币过程,通过(伪)随机数的奇偶来模拟一次理想的投币过程。根据 RandomLevel 的返回值插入到相应的层。接着逐层修改关联的指针,跳跃链表的计数器加 1。例如,在图 7-2 中要插入 12,需要修改 12 的前驱结点 7 和 9 的指针,虚线是要修改的指针。具体实现见算法 7-3。

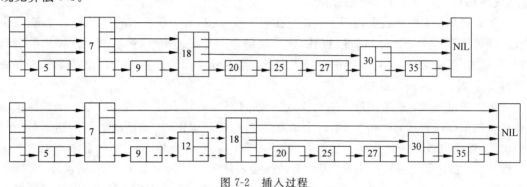

图 7-2　插入过程

算法 7-3　跳跃链表插入算法。

```
1    //插入结点,成功返回1,否则返回0
2    int SkipListInsert(SkipList list, KeyType key)
3    {
4        int level = 0;
5        PNode Pre[MAX_LEVEL];                          //记录每层的前驱结点位置
6        PNode p, q = NULL;
7        p = list -> head;
8         //查找位置,记录前驱结点信息
9        for (int i = list -> maxLevel - 1; i >= 0; i--)   //纵向控制层
10       {
11           //横向查找插入位置,而 for 循环是纵向移动查找位置
12           while ((q = p -> next[i]) && (q -> key < key))
13               p = q;
14           Pre[i] = p;
15       }
16       //已经存在相同的 key,不能插入
17       if ((q != NULL) && (q -> key == key))
18           return 0;
19       level = RandomLevel(list -> maxLevel);         //产生一个随机层数
20       p = CreateNode(level, key);                    //创建新结点
```

```
21        if (p == NULL) return 0;
22        for (int i = 0; i < level; i++)                //纵向逐层修改指针
23        {
24            p -> next[i] = Pre[i] -> next[i];
25            Pre[i] -> next[i] = p;
26        }
27        list -> num++;                                  //跳跃链表的计数器加 1
28        return 1;
29    }
30    int RandomLevel(int maxlevel)                       //产生随机层数
31    {
32        int i = 1;
33        while (rand() % 2)
34            i++;
35        i = (i > maxlevel) ? maxlevel:i;
36        return i;
37    }
```

7.4.2 跳跃链表的删除

删除过程是首先进行查找,查找不成功返回 0,查找成功逐层修改关联的指针,释放结点,跳跃链表的计数器减 1。例如,在图 7-3 中要删除 30,需要修改 30 的前驱结点 18 和 27 的指针,其中虚线表示要修改的指针。具体实现见算法 7-4。

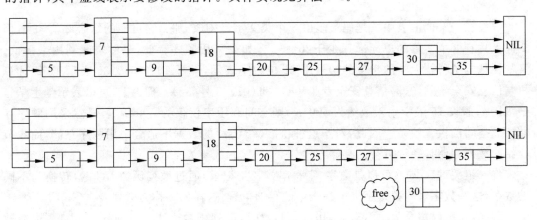

图 7-3 删除过程

算法 7-4 跳跃链表删除算法。

```
1    //按值删除,成功返回 1,否则返回 0
2    int SkipListDelete(SkipList list, KeyType key)
3    {
4        PNode Pre[MAX_LEVEL];
5        PNode  p = NULL, q = NULL;
6        p = list -> head;
7        int k = list -> maxLevel;
```

```
8        for (int i = k - 1; i >= 0; i--)
9        {
10           while ((q = p->next[i]) && (q->key < key))   p = q;
11           Pre[i] = p;
12       }
13       if (q&&q->key == key)                    //存在 key 则进行删除
14       {
15           for (int i = 0; i < list->maxLevel; i++)
16           {
17               if (Pre[i]->next[i] == q)
18               {
19                   Pre[i]->next[i] = q->next[i];
20               }
21           }
22           free(q);                              //删除结点
23           list->num--;                          //跳跃链表的计数器加 1
24           return 1;
25       }
26       return 0;
27   }
```

7.5 散列表的基本概念

假设在一个词汇表中关键码最多由 8 个英文字母构成,那么它可能的组合 $26^8 \approx 2^{38}$,但实际上具有 8 个字母的单词远远少于 $26^8 \approx 2^{38}$,如果采用顺序存储,显然空间利用率极低。又如桂林电子科技大学的学生的学号用 11 位数字表示,学号 16003040135 表示 16 级计算机与信息安全学院(003)信息安全专业(04)1 班(01)35 号(35)。理论上,可以表示学生学号最多 10^{11},假设 16 级学生人数约为 500 人,则空间利用率仅仅为 $500/10^{11}$,显然采用顺序存储造成空间的极大浪费。因此,对于这种松散(sparse)的数据不适合采用顺序存储,而本节介绍的散列存储是一种可行的存储方式。

将一组关键字 key(可以是数字、字符串或者是记录)通过散列函数 h(key)转换为不同的数字,这些数字对应关键字 key 在表中的存储位置,这样的表称为散列表。

例如,关键码集合为{12,7,26,40,16,34,18},散列函数 $h(key) = key \bmod 13$,构造散列表。

计算每个关键码的散列地址:
$h(12)=12$, $h(7)=7$, $h(26)=0$, $h(40)=1$, $h(16)=3$, $h(34)=8$, $h(18)=5$

然后根据散列地址依次存放到数组中构成散列表,如表 7-1 所示。

表 7-1 散列表举例

散列地址	0	1	2	3	4	5	6	7	8	9	10	11	12
关键码	26	40		16		18		7	34				12

7.6 散列函数和冲突

对于包含 8 个字母的词汇表,不能提前预知元素的数目,类似地,C 语言编译器把程序中使用的所有变量保存在一个符号表中,但是程序实际上只使用了这些变量中的一小部分。即使可以提前预知表的容量,采用散列表存储仍然必须解决两个问题。

(1) 如何设计一个函数 h(),让编译器迅速访问与每个变量相关联的位置?

可以将变量名中所有字母的 ASCII 码相加作为散列地址。假设变量 k 由 31 个字母 z 组成,字母 z 的十进制 ASCII 码是 122,则需要 $h(k)=31\times 122=3782$ 个单元。例如在上一节的例子中,散列函数使用取模运算,$h(key)=key \bmod 13$。计算出的每个关键码的散列地址各不相同。

(2) 如何避免碰撞? 出现碰撞如何解决碰撞?

例如,$h("abc")=h("acb")$ 计算出相同的位置。若 key1≠key2,而 $h(key1)=h(key2)$,这种不同的关键码具有相同散列地址的现象称为碰撞(collision),也称为冲突。key1 和 key2 称为同义词。

考虑设计散列函数 $h(key)=key \bmod 4$。重新计算上一节例子中每个关键码的散列地址:
$h(12)=0$, $h(7)=3$, $h(26)=2$, $h(40)=0$, $h(16)=0$, $h(34)=2$, $h(18)=2$

可以看到存在多个碰撞,那么出现碰撞需要给出解决碰撞的方法。同时可以注意到,同一组关键码,给出的散列函数不同,碰撞的情况差异很大。在同样一组关键码集合中设计 $h(key)=key \bmod 13$ 没有碰撞,而设计 $h(key)=key \bmod 4$ 存在多个冲突。那么是否可以避免冲突呢?

以下将围绕着散列函数设计和解决碰撞两个问题展开。

对于散列表,采用两个指标来衡量其空间性能和时间效率,分别是负载因子和平均检索长度(Average Search Length, ASL)。

(1) 衡量散列表的空间复杂度一般采用负载因子 α,定义如下:

$$\alpha = \frac{字典中的结点数目}{基本区域容纳的结点数目}$$

(2) 衡量散列表的检索效率采用平均检索长度。

ASL 的定义同 5.1 节,包括查找成功和查找失败两种情况。

$$\text{ASL}_{成功} = \sum_{i=1}^{n} p_i c_i$$

$$\text{ASL}_{失败} = \sum_{i=1}^{n} p_i (uc_i)$$

其中,n 是字典中元素的个数,p_i 表示查找第 i 个元素的概率,除非特殊说明,一般假设查找每个元素的概率相等,c_i 表示查找到第 i 个元素比较的次数,uc_i 表示查找不到第 i 个元素比较的次数。

7.6.1 散列函数

广义的散列函数是将任意长度的数据映射为固定长度的值,这个值称为哈希值、摘要值等。在数据结构中,哈希表是散列函数的一种使用方式,这种数据结构的主要操作是快速查找数据。散列函数也应用于密码学中,其主要功能是用于对传输数据完整性的验证。在后面介绍的 Merkle 树中使用了这方面的散列函数。

理想的散列函数是散列函数 $h(\text{key})$ 能够把不同的 key 转换为不同的数字。为了具有唯一性,考虑直接将 key 作为散列地址,即 $h(\text{key})=\text{key}$。

理想的散列函数设计原则如下。

- 确定:同一关键码总是映射到同一地址,也就是词条的散列地址完全由关键码确定。
- 快速:散列函数的计算要简单,这样能减少查找的时间开销,达到期望的 $O(1)$。
- 均匀:字典中的词条计算出的散列地址要尽量覆盖整个散列地址空间,并且尽量使散列地址均匀地分布,从而减少冲突。

下面介绍几种常见的散列函数。

1. 数字分析法

如果事先知道关键码集合,且关键码的位数比散列表的地址位数多,在这种情况下可以对关键码的各位进行分析,找到分布比较均匀的若干位作为散列地址。

例如,对下面已知的 7 位关键码的集合设计散列函数,通过分析可以看出前 3 位都是 671,分布不均匀,第 5 位是 2 或 6,同样分布不均匀,因此可以选取第 4 位、第 6 位和第 7 位组合作为散列地址,具体散列地址如表 7-2 所示。

表 7-2 数字分析法散列函数

关 键 码	散列地址 1(0~999)
6713247	347
6714256	456
6712638	238
6716291	691
6715215	515

2. 平方取中法

这种方法是先求出关键码的平方,然后选取中间的几位作为散列地址。

例如关键码 $\text{key}=2456$,$2456^2=6031936$,假设散列地址是 3 位的,则选择第 3 位、第 4 位和第 5 位作为散列地址,即 $h(2456)=319$。

3. 折叠法

如果关键码的位数较多,且分布均匀,可以将关键码分割成位数相同的几段,段的长度取决于散列表的地址位数,然后将各段的叠加和作为散列地址。折叠法又分为移位叠加和边界叠加。移位叠加是将各段的最低位对齐,然后相加;边界叠加则是将相邻的段沿着边界来回折返,然后对齐相加。

例如关键码 $\text{key}=72358164$,散列表的位数是 3 位,则可以将关键码分为 3 段,两种折叠结果如下:

	移位叠加	边界叠加
	723	723
	581	185
	+64	+64
	1368	972
	h(key)=368	h(key)=972

4. 基数转换法

把关键码看成是用另外一个进制表示的数,再把它转换为原来进制的数,然后选取其中的某些位作为散列地址。一般选取大于原来基数的数作为转换的基数,并且两个基数要互素。例如给定一个十进制数关键码 key=235816_{10},首先把它看成是十三进制的数,再把它转换为十进制的数:

$$(235816)_{13}=2\times 13^5+3\times 13^4+5\times 13^3+8\times 13^2+1\times 13+6=(840625)_{10}$$

设散列表的位数为 4 位,则可取低 4 位作为它的散列地址,即 h(235816)=0625。

7.6.2 生日悖论

在实际应用中,即使设计了理想的散列函数,冲突也不可能完全避免,而且发生的概率可能会高于人们的想象。为了说明这一点,下面考虑两个概率问题:

(1) 在一个教室中最少应有多少名学生才能使得找一个学生与某人生日(该人也在教室中)相同的概率不小于 1/2?

(2) 在一个教室中最少应有多少名学生才能使得至少有两个学生的生日在同一天的概率不小于 1/2?

如果凭直观,感觉第一个问题的学生人数多于第二个问题的学生人数,但细心的读者通过概率知识可以计算出来,读者可以忽略计算概率的过程直接看后面的结论。下面是对以上两个问题的求解分析过程。

(1) 假设教室中有 k 人,某一同学(给定)的生日为某天,其他某个同学不是和他同一天出生的概率是 364/365(1−1/365),随机取 k 个人与该同学都不同生日的概率是$(364/365)^k$,所以随机取 k 个人至少有一个人与该同学同生日的概率是 $1-(364/365)^k$,按照概率不小于 1/2,得到 $k\approx 254$。

(2) 假设教室中有 k 人,第一个人的生日为一个特定天,第二个人不在该日出生的概率是 $\left(1-\frac{1}{365}\right)$,第三个人与前两位不同生日的概率是 $\left(1-\frac{2}{365}\right)$,第 k 个人与前 $k-1$ 个人不同生日的概率是 $\left(1-\frac{k-1}{365}\right)$,所以 k 个人都不同生日的概率是:

$$\left(1-\frac{1}{365}\right)\left(1-\frac{2}{365}\right)\cdots\left(1-\frac{k-1}{365}\right)=\frac{365!}{(365-k)!365^k}$$

k 个人至少有两个人生日相同的概率是:

$$1-\frac{365!}{(365-k)!365^k}$$

利用 $1-x\approx e^{-x}$(当 x 很小时),概率约为$(1-e^{\frac{-k(k-1)}{2\times 365}})$,$k\approx 1.18\times 365^{1/2}\approx 22.54$,即随

机选择 23 人,至少有两人生日相同的概率至少为 1/2。

所谓的"生日悖论",是指当人数 k 给定时,得到的至少有两个人的生日相同的概率比想象的要大得多。在数据结构中,Hash 碰撞关心的是第二个问题。通过以上分析可以得知,在一个字典中,假定散列地址空间为 365,当词条的个数 $k=23$ 时,$P(365,23)=0.5073$,即两个关键码 key 发生碰撞的概率不小于 1/2。随着词条数量增多,发生碰撞的概率增大。当 $k=100$ 时,$P(365,100)=0.9999997$,即可以确定发生碰撞。这样,必须要提前制定好解决冲突的方法,以备使用。

7.6.3 解决冲突的方法

解决冲突的方法基本上可以分为两大类,即开地址法和拉链法。

1. 开地址法

在开地址法中,当一个关键码和另外一个关键码发生冲突时,在表中寻找一个可用地址,如果 $h(\text{key})$ 已经被占用,则按照以下序列进行探查:

$$h(\text{key})+p(1), h(\text{key})+p(2), \cdots, h(\text{key})+p(i), \cdots$$

直到找到一个可用位置,或者表满不能再进行插入。

$p(i)$ 是探查函数,根据探查函数的设计不同有不同的开地址法,下面介绍线性探查法、二次函数探查法和双散列探查法 3 种方法。

1) 线性探查法

当 $p(i)=i$ 时是最简单的线性探查法。当发生冲突时,探查序列为:

$$h(\text{key})+1, h(\text{key})+2, \cdots, h(\text{key})+i, \cdots, \quad \text{其中 } i=1,2,\cdots,\text{size}-1$$

例如,关键码集合为 {12,7,26,42,40,16,34,18,51},散列函数 $h(\text{key})=\text{key mod }13$,按照线性探查法解决冲突构造散列表。

计算每个关键码的散列地址:

$$h(12)=12, \quad h(7)=7, \quad h(26)=0, \quad h(42)=3, \quad h(40)=1,$$
$$h(16)=3, \quad h(34)=8, \quad h(18)=5, \quad h(51)=12$$

可以看到存在两组同义词,分别是 42 和 16 以及 12 和 51。

对于同义词 42 和 16,按照线性探查法,关键码 16 的探查地址为 3+1,即 4 的位置,由于 4 的位置空,所以关键码 16 存放在位置 4。

对于同义词 12 和 51,按照线性探查法,关键码 51 的探查地址为 12+1,即 0 的位置,由于 0 的位置已经被占用,故继续探查下一个地址 12+2,即 1 的位置,同样由于 1 的位置已经被占用,故继续探查下一个地址 12+3,即 2 的位置,由于 2 的位置空,所以关键码 51 存放在位置 2。

根据线性探查法构造散列表如表 7-3 所示。

表 7-3 散列表(通过线性探查法解决冲突)

散列地址	0	1	2	3	4	5	6	7	8	9	10	11	12
关键码	26	40	51	42	16	18		7	34				12

线性探查法存在数据聚集(cluster)问题,如以上例子中要插入关键码 51,它的散列地址 12 已经被关键码 12 占用,按照线性探查法,位置 12 是表尾,下一个探查从表头开始,此时位置 0 已经被 26 占用,继续探查下一个位置 1,也已经被 40 占用,直到探查到位置 2,51 放在位置 2,和散列函数得出的位置已经偏离了 3 个单元,这样在表中形成了数据聚集块。随着插入元素的增加,聚集块往往会变得越来越大。这种情况会严重影响散列表存储和检索的性能,可以通过重新设计探查函数 $p(i)$ 来避免形成数据聚集块。

2) 二次函数探查法

令 $p(i)=(-1)^{i-1}\times((i+1)/2)^2$,其中 $i=1,2,\cdots,size-1$,也就是形成以下探查表示:

$$h(\text{key})+i^2, h(\text{key})-i^2, \quad 其中 i=1,2,\cdots,(size-1)/2$$

即形成以下探查序列:

$$h(\text{key})+1, h(\text{key})-1, h(\text{key})+4, h(\text{key})-4, \cdots, h(\text{key})+\frac{(size-1)^2}{4}, h(\text{key})-\frac{(size-1)^2}{4}$$

例如,关键码集合为 $\{12,4,26,42,40,16,34,18,60\}$,散列函数 $h(\text{key})=\text{key mod }13$,按照二次函数探查法解决冲突构造散列表。

计算每个关键码的散列地址:

$h(12)=12, h(4)=4, h(26)=0, h(42)=3, h(40)=1, h(16)=3, h(34)=8,$
$h(18)=5, h(60)=8$

对于同义词 42 和 16,按照二次函数探查法解决冲突,关键码 16 的探查地址为 3+1,即 4 的位置,由于位置 4 已经被 4 占用,则下一个探查地址为 3-1,即 2 的位置,由于 2 的位置空,所以关键码 16 存放在位置 2。从这里可以看出二次函数探查法同样存在数据聚集问题。

对于同义词 34 和 60,同样按照二次函数探查法解决冲突,关键码 60 的探查地址为 8+1,即 9 的位置。

根据以上二次函数探查法解决冲突构造散列表,如表 7-4 所示。

表 7-4 散列表(通过二次函数探查法解决冲突)

散列地址	0	1	2	3	4	5	6	7	8	9	10	11	12
关键码	26	40	16	42	4	18			34	60			12

3) 双散列探查法

如果令 $p(i)$ 为另一散列函数 $h_2(\text{key})$,这种开地址法为双散列探查法。双散列探查法使用两个散列函数,$h_1(\text{key})$ 用来计算关键码的散列位置,$h_2(\text{key})$ 用来解决冲突,形成的探查序列为:

$$h_1(\text{key})+h_2(\text{key}), h_1(\text{key})+2\times h_2(\text{key}), \cdots, h_1(\text{key})+i\times h_2(\text{key}), \cdots$$

例如,关键码集合为 $\{12,7,18,26,42,40,16,34,51\}$,散列函数 $h_1(\text{key})=\text{key mod }13$,$h_2(\text{key})=(\text{key mod }11)+1$,按照双散列探查法解决冲突构造散列表。

计算每个关键码的散列地址:

$h(12)=12, \quad h(7)=7, \quad h(18)=5, \quad h(26)=0, \quad h(42)=3,$
$h(40)=1, \quad h(16)=3, \quad h(34)=8, \quad h(51)=12$

对于同义词 42 和 16,按照双散列探查法解决冲突,关键码 16 的探查地址为 $3+1\times h_2(\text{key})=3+6=9$,由于位置 9 空,故关键码 16 存放在位置 9。

对于同义词 12 和 51,按照二次函数探查法解决冲突,关键码 51 的探查地址为 $12+1\times h_2(\text{key})=(12+8) \bmod 13=7$,由于位置 7 的位置已经占用,继续探查下一个地址 $12+2\times h_2(\text{key})=(12+2\times 8) \bmod 13=2$,由于位置 2 空,故关键码 51 存放在位置 2。

根据以上双散列探查法解决冲突构造散列表,如表 7-5 所示。

表 7-5　散列表(通过双散列探查法解决冲突)

散列地址	0	1	2	3	4	5	6	7	8	9	10	11	12
关键码	26	40	51	42		18		7	34	16			12

2. 拉链法

在拉链法中,表中的每个地址关联着一个链表。假设基本区域表长为 size,则有 size 条链表,具有相同散列地址的词条放到同一个链表中,如图 7-4 所示。在这种方法中永远不会产生溢出的现象,因为有新的同义词时只要对链表进行插入操作即可。该方法适用于同义词比较少的情况,随着链表长度的增加,检索的效率将明显降低。这种方法的优点是没有聚集现象,插入、删除方便,缺点是需要额外的空间保存指针,对于 m 个词条的字典来说,需要 size+m 个指针,随着词条数量 m 的增加,将会需要很大的系统开销。

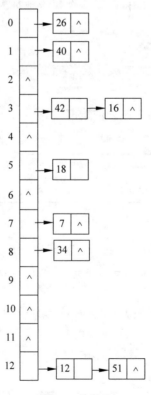

图 7-4　拉链法

7.7 散列表的建立、查找、插入和删除

散列表的类型定义如下：

```
1   #define MAX 1000
2   typedef int KeyType;
3   typedef int ValueType;
4   typedef struct
5   {
6       KeyType key;
7       ValueType value;
8   }
9   DicElem;
10  typedef struct
11  {
12      int size;                          //表长
13      DicElem * data;                    //词条
14  }
15  Dic;
16  typedef Dic * HashTable;
17  #define unoccupied -1                  //位置未被占用标记
18  #define isdelete -2                    //删除后的特殊标记
```

说明：以下散列表的基本运算是在求模散列函数和用开放地址法解决冲突下的实现，对于拉链法，读者可以自行完成。

7.7.1 散列表的建立

创建散列表就是为散列表分配一个预先定义的数组空间，并返回空间的起始位置。具体实现见算法 7-5。

算法 7-5 散列表的创建。

```
1   HashTable * CreateHashTable(int num)
2   {
3       HashTable * hashTable = NULL;
4       int i;
5       hashTable = (HashTable *)malloc(sizeof(HashTable));   //分配空间
6       hashTable->size = num;
7       hashTable->data = (Element *) malloc(sizeof(Element) * num);
8       //初始化，将哈希表中的各个元素设置为没有被占用的状态
9       for (i = 0; i < hashTable->size; i++)
10      {
11          hashTable->data[i].key = unoccupied;
12      }
13      return hashTable;
14  }
```

7.7.2 散列表的查找

散列表的查找过程：计算要查找关键码 key 的散列地址 d，如果位置 d 为空，则查找失败，否则检查位置 d 的关键码是否与要查找的 key 相等，如果相等则查找成功，否则按照开放地址法解决冲突的方法计算下一个探查地址，重复上述过程。如果已经查找了所有散列空间，则查找失败。具体流程如图 7-5 所示。

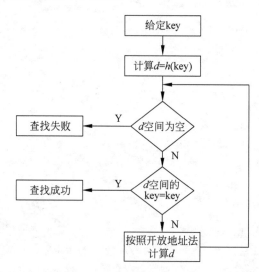

图 7-5　散列表查找流程图

散列表的查找算法如算法 7-6 所示，参数 position 用来记录关键码 key 在散列表中的位置，如果查找成功，返回 1，position 是关键码 key 在散列表中的位置；如果查找失败，返回 0，position 是关键码 key 在散列表中的插入位置；如果散列表已经满了，posotion 设置为－1。

由于查找过程添加了对删除元素的位置的处理，因此在学习算法 7-8 的删除算法后再理解算法 7-6 更好。即一个位置的元素删除后，设置其特殊标记为 isdelete。

算法 7-6　散列表的查找算法。

```
1   int SearchHashTable(HashTable * hashTable, KeyType key, int * position)
2   {
3       int i;                                      //循环变量
4       int pos;                                    //位置
5       int tryPos;                                 //试探位置
6       int cnt = 0;                                //试探次数
7       int returnValue = 0;                        //返回值,设置初值为没有找到状态 0
8       //记录第一个 unoccupied 位置和第一个 isdelete 位置
9       //采用离查找位置最近的作为 position 值
10      int firstUnoccupied = －1;
11      int firstIsdelete = －1;
12      //在查找过程中是否遇到删除位
13      int setFirstDelete = 0;
14      //先检测是否能直接找到
15      pos = h(key, hashTable－>size);
16      while(cnt < hashTable－>size)                //最多检索散列表次数
```

```
17        {
18            //计算试探的位置,循环检测
19            tryPos = (pos + cnt) % hashTable->size;
20            if (hashTable->data[tryPos].key == key)          //能检测到
21            {
22                *position = tryPos;
23                returnValue = 1;
24                break;                                        //找到了要退出循环
25            }
26            //找到第一个空余位置,说明要查找的数据肯定不在散列表中
27            else if (hashTable->data[tryPos].key == unoccupied)
28            {
29                firstUnoccupied = tryPos;
30                break;                                        //没有找到要退出循环
31            }
32            //如果找到一个删除位,则要查找的数据可能还在表里面
33            else if (hashTable->data[tryPos].key == isdelete)
34            {
35                //只设置第一个遇到的因为删除数据留下的位置
36                if (!setFirstDelete)
37                {
38                    firstIsdelete = tryPos;
39                    setFirstDelete = 1;
40                }
41            }
42            //看看下一个元素
43            cnt++;
44        }  //end 16
45        if (cnt < hashTable->size)
46        {
47            //如果是哈希表没有查找完,结束循环的两种情况
48            //①找到需要查找的数据,这时 returnValue 值为 1
49            //②发现没有找到数据,肯定是看到 unoccupied 位置了
50            if (returnValue == 0)
51            {
52            //如果是经过一些被删除数据留下的位置(isdelete)后发现 unoccupied 位置
53                if (setFirstDelete)
54                    *position = firstIsdelete;
55                //如果是直接发现 unoccupied 位置的
56                else
57                    *position = firstUnoccupied;
58            } //end 50
59        }
60        else
61        {
62            //哈希表中的所有元素都已经检测完毕,没有发现关键字相等或者 unoccupied 位置
63            //如果找到有 isdelete 位,也是可以插入数据的
64            if (setFirstDelete)
65                *position = firstIsdelete;
66            else   //如果连 isdelete 位置都没有,说明哈希表满了
67                *position = -1;
68        } //end 45
```

```
69        return returnValue;
70    }
```

在理想情况下,散列表的查找效率为 $O(1)$,但实际情况是由于冲突碰撞的存在,检索效率往往会大于 1。例如对于表 7-3 所示的散列表,其检索效率为:

$$\text{ASL}_{成功} = \frac{1+1+1+1+1+2+1+1+4}{9} = \frac{13}{9}$$

$$\text{ASL}_{失败} = \frac{7+6+5+4+3+2+1+3+2+1+1+1+8}{13} = \frac{44}{13}$$

检索成功的情况:对于同义词 16,需要比较两次检索成功,对于同义词 51,需要比较 4 次检索成功。对于其他的关键码,按照检索过程只需要比较一次就检索成功。

检索失败的情况:如果计算的散列地址为 0,则需要比较 7 次,直到比较到空位置 6 结束比较,判断检索失败。类似地,如果计算的散列地址为 1,则需要比较 6 次,直到比较到空位置 6 结束比较,……,如果计算的散列地址为 6,则比较一次就判断检索失败,以此类推,可以得到检索失败的平均检索长度。

读者可以计算,对于同一组关键码,采用相同的散列函数,不同的解决冲突方法构造的散列表,其平均检索长度是不相同的。在等概率情况下,采用不同的解决碰撞方法得到的散列表的平均查找长度如表 7-6 所示,其中 α 是负载因子,具体推导过程略。

表 7-6　不同解决冲突方法下的平均查找长度

解决冲突的方法	平均查找长度	
	检索成功	检索失败
线性探查法	$(1+1/(1-\alpha))/1$	$(1+1/(1-\alpha)^2)/2$
二次函数探查法、双散列探查法	$-\ln(1-\alpha)/\alpha$	$1/(1-\alpha)$
拉链法	$1+\alpha/2$	$\alpha+\exp(-\alpha)$

7.7.3　散列表的插入

散列表的插入首先调用算法 7-6,如果返回值为 1,说明已经存在该关键码,不能插入,否则检查 position,如果 position 为 −1,说明哈希表已经满了,不能插入,否则将关键码插入到 position 位置。具体实现见算法 7-7。

算法 7-7　散列表的插入算法。

```
1   int InsertHashTable(HashTable * hashTable, Element element)
2   {
3       int find;
4       int position = -1;
5       int key = element.key;
6       int returnValue = 0;
7       find = SearchHashTable(hashTable, key, &position);
8       if (find == 1)
9           printf("该元素已经存在,插入失败\n");
10      else if(position == -1)
```

```
11              printf("哈希表中已经无位置,插入失败\n");
12          else
13          {
14              hashTable->data[pos] = element;
15              returnValue = 1;
16          }
17          return returnValue;
18      }
```

7.7.4 散列表的删除

散列表的删除首先调用算法 7-6,如果返回值是 1,说明存在该关键码,设置该位置的关键码为特殊值,以表示删除,并设置返回值为 1。这里采用了懒惰删除策略,即删除 key 后,key 所在的位置插入新的特殊值,在算法中设置为 -2。这样在算法 7-7 中可以区分不同的情况。相反,如果不是这样,则需要重写算法 7-7。需要注意的是,懒惰标志特殊值要和散列表中的关键码区分开。具体实现见算法 7-8。

算法 7-8　散列表的删除算法。

```
1   int DeleteHashTable(HashTable * hashTable, KeyType key)    //散列表删除算法
2   {
3       int find;
4       int position = -1;
5       int returnValue = 0;
6           find = SearchHashTable(hashTable, key, &positioin);
7       if (find == 1)                                          //删除数据
8       {
9           hashTable->data[position].key = isdelete;
10          returnValue = 1;
11      }
12      else
13          printf("哈希表中无此元素,删除失败\n");
14      return returnValue;
15  }
```

7.8　Merkle 树的基本概念

Merkle Tree(梅克尔树)是由计算机科学家 Ralph Merkle 于 1979 年提出的数据结构,以他本人的名字来命名。在计算机领域,Merkle Tree 大多用来进行完整性验证,常用的场景有 Git 版本控制系统、文件系统、点对点网络 BT 下载等。2015 年是区块链元年,Merkle Tree 是区块链的基本组成部分。本节将对 Merkle Tree 进行相关介绍。相对于 Hash List,Merkle Tree 的明显优势是可以对单独一个分支(从根结点到叶子的一棵子树)的数据进行校验,这给很多使用场合带来了哈希表所不能比拟的方便和高效。

前面介绍的散列表主要是实现快速的检索,散列也应用于密码学中。密码学中的哈希函数是能够将任意长度的数据映射为固定长度的哈希值,其主要功能是用于对传输数据完

整性的验证。密码学中的 hash 方法包括 MD 系列(MD4、MD5 等)、SHA 系列(SHA256、SHA512 等)和 SHA-3,使用这些算法计算数据的哈希值。如果仅仅防止数据不是蓄意的损坏或篡改,也可以采用一些安全性低但效率高的校验和算法,例如 CRC(循环冗余校验)。

为了实现对数据完整性的校验,需要对整个数据做 hash 运算得到固定长度的 hash 值,然后把得到的 hash 值公布在网上,这样当用户下载到数据之后,对下载的数据再次进行 hash 运算,比较计算的 hash 值和网上公布的 hash 值,如果两个 hash 值相等,说明下载的数据没有损坏,否则说明已经被破坏或篡改。相对于 Hash List,对传输的数据采用 Merkle Tree 结构,不仅能够进行完整性验证,而且能够快速定位错误的数据块。

考虑在 BT 下载的点对点网络中进行数据传输的时候会同时从多个计算机上下载数据,而且很多计算机是不稳定或者不可信的。为了校验数据的完整性,把大的文件分割成小的数据块(例如,分割成 2KB 为单位的数据块)。这样的好处是,如果小块数据在传输过程中损坏了,那么只要重新下载这一数据块就可以了,不用重新下载整个文件。为了确定接收到的每个小的数据块没有损坏,需要计算每个数据块的 hash。BT 下载的时候,首先从可信的数据源得到正确的 root hash,即树根,然后从其他不可信的数据源获得 Merkle Tree,通过可信的根验证不可信的 Merkle Tree。也就是在下载真正小的数据之前下载一个 Hash List,如图 7-6 所示,它对应每个小块数据(例如 Data1~Data4)的 hash 值。把接收到的 Hash List 拼接到一起,然后对这个长字符串计算 hash 值,比较它和接收到的 root hash 是否相等,如果相等,继续下载数据,如果不相等,则需要从其他数据源重新下载 Hash List。在下载数据的时候,利用每个 Hash List 来校验接收到的小的数据块(例如 Data1~Data4)。

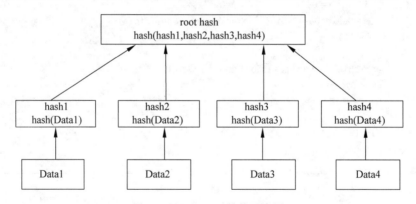

图 7-6　Hash List 结构示意图

Hash List 存在的问题是只有当下载了整个 Hash List 后才能验证数据的完整性,但是在分布式环境中,不可信的数据源多,或者用户只下载了部分数据后中途停止,需要断点续传。Merkle Tree 可以很好地解决这些问题,它可以一次下载一个分支,然后立即验证这个分支,如果分支验证通过,就可以下载数据了。这也意味着如果有个小数据块损坏,仅仅重新下载该数据块就可以了。

Merkle Tree 的叶子是数据块(例如文件或者文件的集合)的 hash 值,非叶子结点是其对应子结点串联字符串的 hash。它可以是二叉树,也可以是多叉树,具有树结构的所有特点,最常见、最简单的形式是二叉梅克尔树(Binary Merkle Tree)。当采用 Merkle Tree 时,在最底层和 Hash List 一样,把数据分成小的数据块,有相应的哈希和它对应。但是往上走,并不是直接去运算根哈希,而是把相邻的两个哈希值作为左、右孩子得到一个父结点,父结点的哈希值是其左、右孩子的哈希值合并成一个字符串,然后运算这个字符串得到的"子哈希"。如果数据块的个数是单数,那么必然会出现一个单独的数据块,在这种情况下直接对它进行哈希运算,所以也能得到它的"子哈希"。继续重复同样的过程,可以得到数目更少的新一级哈希,最终必然形成一棵二叉树,到了树根的这个位置,根结点的值就是"根哈希"(root hash),如图 7-7 所示。

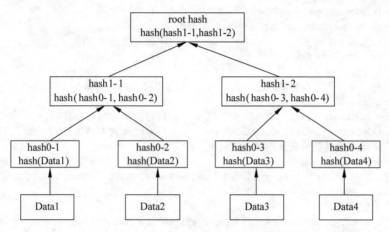

图 7-7　Merkle Tree 结构示意图

Merkle Tree 数据结构类型定义如下:

```
1   typedef struct     MERKLETREENODE_STRU
2   {
3     char * content;                            //hash 码或者是数据内容
4     struct  MERKLETREENODE_STRU ** children;
5   //指向孩子的指针的指针,根据需要分配,孩子个数有可能会大于两个
6     struct  MERKLETREENODE_STRU * parent;      //指向父结点
7   }MerkleTreeNode;
8
9   typedef struct  MERKLETREE_STRU
10  {
11    MerkleTreeNode * root;                     //树根,最终的码
12  }MerkleTree;
```

7.9　Merkle 树的建立和查找比较

7.9.1　Merkle 树的建立

Merkle 树的创建需要从叶子结点开始逐层创建各个结点,然后设置各层结点之间的逻辑关系,并根据 Merkle 树的定义给结点赋值,最后设置树根并返回根结点。其中,哈希值的计算调用 C++语言中的 Hash 函数进行,哈希值字符串的拼接调用 Strcat 函数。具体实现

见算法 7-9。

算法 7-9 Merkle 树的创建算法。

```cpp
#include<functional>                              //用于获得 hash 函数
MerkleTree* CreateMerkleTree(int dataNum, int childNum)
{
//采用一个一维数组临时存放每层结点,每层结点不可能超过最底层存放原始数据的结点个数
    MerkleTreeNode** levelMerkleTreeNodes = NULL;
    MerkleTreeNode* tempTreeNode = NULL;
    std::hash<std::string> str_hash;  std::string tempStr;
    size_t hashcode;                              //用于拼接字符串
    char* buffer = NULL;
    int i,j;
    //用于存放每层真实的数据个数,因为存放每层结点的空间固定多,但是每层结点个数不一
    int levelNum = 0;
    int downLevelNum = 0;                         //存放下层结点个数
    MerkleTree* merkleTree = NULL;                //Merkle 树的结构,用于存放最后结果
    //先读入数据到最底层的数据结点中
    levelMerkleTreeNodes =
        (MerkleTreeNode**)malloc(sizeof(MerkleTreeNode*)*dataNum);
    for(i=0; i<dataNum; i++)
    {
        levelMerkleTreeNodes[i] = (MerkleTreeNode*)malloc(sizeof(MerkleTreeNode));
        //先给字符串分配空间,这里为了简单采用直接读入数据的方法
        levelMerkleTreeNodes[i]->content =
                              (char*)malloc(sizeof(char)*CONTENTSIZE);
        printf("请输入第%d个数据",i+1);
        fflush(stdin);
        gets(levelMerkleTreeNodes[i]->content);
        //最底层的数据结点不会有孩子结点
        levelMerkleTreeNodes[i]->children = NULL;
        //指向上层结点的指针现在先初始化为 NULL,后面再改变
        levelMerkleTreeNodes[i]->parent = NULL;
    }
    levelNum = dataNum;
    //构造 Merkle 树,当层结点个数为 1 时说明已经是根结点了
    while(levelNum != 1)
    {
        //对新的一层数据做处理
        downLevelNum = levelNum;
        levelNum = 0;
        //从下层数据推到上层
        for(i=0; i<downLevelNum; )
        {
            tempTreeNode =
                (MerkleTreeNode*)malloc(sizeof(MerkleTreeNode));
            tempTreeNode->parent = NULL;   //以后赋值
            tempTreeNode->content =
                              (char*)malloc(sizeof(char)*CONTENTSIZE);
            //看看是几个孩子结点
            tempTreeNode->children =
            (MerkleTreeNode**)malloc(sizeof(MerkleTreeNode*)*childNum);
            //分配足够的空间用于存放字符串,使用字符串拼接
```

```
51              buffer = (char * )malloc(sizeof(char) * CONTENTSIZE * childNum);
52              buffer[0] = '\0';
53              for (j = 0; j < childNum ;j++)
54              {
55                  //如果下层结点还有
56                  if ( i < downLevelNum)
57                  {
58                      strcat(buffer, levelMerkleTreeNodes[i] -> content);
59                      levelMerkleTreeNodes[i] -> parent = tempTreeNode;
60                      tempTreeNode -> children[j] =
61                                          levelMerkleTreeNodes[i];
62                  }
63                  else    //如果下层剩余结点不够
64                      tempTreeNode -> children[j] = NULL;
65                  i++;
66              }
67              tempStr = levelMerkleTreeNodes[i] -> content; hashcode = str_hash(tempStr);
68              //转为字符串存储在结点中
69              _ultoa(hashcode,tempTreeNode -> content,10);
70              //把新结点替换放入保存层结点指针的一维数组中,方便上层创建使用
71              levelMerkleTreeNodes[levelNum] = tempTreeNode;
72              levelNum++;
73          }
74      }
75      //设置树根
76      merkleTree = (MerkleTree * )malloc(sizeof(MerkleTree));
77      merkleTree -> root = levelMerkleTreeNodes[0];
78      return merkleTree;
79  }
```

7.9.2 Merkle 树的查找比较

假设两台计算机上的文件不同,如何通过 Merkle 树找到不同的文件呢?如图 7-8 所示,检索的路径是从根结点开始首先比较 V_0,如果不同则比较 V_0 的左、右孩子 V_1 和 V_2,如果 V_1 不同,则继续比较 V_1 的两个孩子结点 V_3 和 V_4,否则比较 V_2 的两个孩子结点 V_5 和 V_6。逐层比较,直到最后一层的叶子结点,从而确定对应的数据块。假设 V_8 有误,则比较

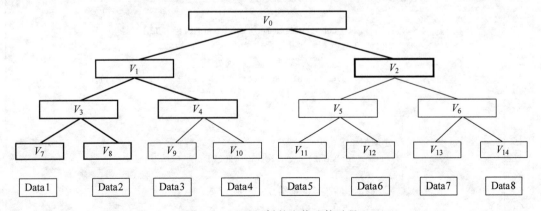

图 7-8 Merkle 树的查找比较过程

的结点分别是 V_1、V_2、V_3、V_4、V_7、V_8，从而确定 Data2 发生了错误。具体实现见算法 7-10，其中加粗、黑框的是比较的结点。在算法的实现过程中对结点的访问是逐层访问，因此采用队列作为辅助数据结构，使用了 STL 中的队列，读者也可以使用自定义的队列结构。

算法 7-10　Merkle 树的查找比较算法。

```
1    #include<queue>  //访问 Merkle 树的每个结点,这里用到 C++ STL 中的队列
2    //对比两个 Merkle 树,找到不同的数据信息,两棵树相同输出 0,两棵树不同输出 1
3    int diffMerkleTree(MerkleTree * merkletree1, MerkleTree * merkletree2, int childNum)
4    {
5        std::queue<MerkleTreeNode *> travelQueue1;
6        std::queue<MerkleTreeNode *> travelQueue2;
7        MerkleTreeNode * tempTreeNode1 = NULL;
8        MerkleTreeNode * tempTreeNode2 = NULL;
9        int i;
10       if (strcmp(merkletree1->root->content,
11                             merkletree2->root->content) != 0)
12       {
13           travelQueue1.push(merkletree1->root);
14           travelQueue2.push(merkletree2->root);
15           while (!travelQueue1.empty() && !travelQueue2.empty())
16           {
17               tempTreeNode1 = travelQueue1.front();
18               travelQueue1.pop();
19               tempTreeNode2 = travelQueue2.front();
20               travelQueue2.pop();
21               //只把两者 content 不相等的结点的小孩放入队列,进行后续访问
22               if (strcmp(tempTreeNode1->content, tempTreeNode2->content) != 0)
23               {
24                   //访问,这里只是简单的输出
25                   printf("树 1:%s\n", tempTreeNode1->content);
26                   printf("树 2: %s\n", tempTreeNode2->content);
27                   //处理树 1
28                   if (tempTreeNode1->children != NULL)
39                   {
30                       //找到非空小孩子结点进行处理
31                       for (i = 0; i < childNum; i++)
32                       {
33                           if (tempTreeNode1->children[i] != NULL)
34                           {
35                               //放入队列,方便后续处理
36                               travelQueue1.push(tempTreeNode1->children[i]);
37                           }
38                       }
39                   }
40                   //处理树 2
41                   if (tempTreeNode2->children != NULL)
42                   {
43                       //找到非空小孩子结点进行处理
44                       for (i = 0; i < childNum; i++)
```

```
45                          {
46                              if (tempTreeNode2->children[i] != NULL)
47                              {
48                                  //放入队列,方便后续处理
49                                  travelQueue2.push(tempTreeNode2->children[i]);
50                              }
51                          }
52                      }
53                  }
54              }
55              return 1;
56          }
57          return 0;
58      }
```

习题

7-1 如果在图 7-1 所示的跳跃链表中查找 18、30 和 26 关键码,给出比较过程。

7-2 设哈希函数 $h(key)=key \bmod 11$,散列地址空间为 $0\sim10$,对关键字序列 32,13, 49,24,38,21,4。按下面两种解决冲突的方法构造哈希表,并求出等概率下查找成功的平均查找长度(ASL)和查找失败的平均查找长度(ASL)。

(1) 用线性探查法解决冲突画出散列表。

(2) 用二次函数探查法解决冲突画出散列表。

7-3 设散列表的长度为 9,散列函数 $h(key)=i \bmod 7$,其中 i 为关键字 key 的第一个字母在英文字母表中的序号,如果关键字的输入顺序为 zhao,qian,sun,li,zhou,wu,zheng, wang,按下面两种解决冲突的方法构造哈希表,并求出等概率下查找成功的平均查找长度(ASL)和查找失败的平均查找长度(ASL)。

(1) 用线性探查法解决冲突画出散列表。

(2) 用拉链法解决冲突画出散列表。

7-4 编写算法,实现单链表和跳跃链表的相关操作,随机生成一组数据,比较采用两种数据结构的查找过程。

7-5 设计合理的散列函数,实现一个电话查询系统。

7-6 分析 Merkle 树的查找比较算法的时间效率。

7-7 既然散列表能够达到常数级的检索效率,为什么还存在顺序查找、二分查找、跳跃查找以及第 5 章的各种搜索树查找?试着从不同的角度分析它们的适用性。

第 8 章　排　序

本章关键词：聚类对比和适宜取舍。

关键词——聚类对比。排序是数据结构中非常重要的操作，例如在网络购物时，人们经常按照某种标准(价格、信誉、销量等)进行排序，以方便了解商品信息。在《计算机编程的艺术》这本书的第三卷中专门介绍了排序和检索。排序的方法有多种，在众多的排序方法中，如何评价算法的优劣显得尤为重要，评价的标准包括时间效率、空间效率、稳定性、算法的复杂性以及数据量的规模等指标。读者在学习过程中可以按照不同标准进行分类对比学习，这样能够更加深刻、全面地理解各种排序算法。

关键词——适宜取舍。按照评价标准能否区分出各种排序算法孰优孰劣呢？其实并没有绝对的优劣。时间效率好的空间效率不一定好，反过来也是，因此在具体的应用中应合理取舍。比如针对一个小规模的数据量进行排序，就可以选择简单的排序算法；而针对较大的数据量进行排序，需要时间高效的算法。而对于嵌入式的环境来说，空间效率显得尤为重要。每种方法各有优劣，用户在具体应用中应该扬长避短。对于每个人来说，也是既有优点又有缺点，大家应该"取人之长，补己之短"，不断地完善自己。

"夫尺有所短，寸有所长，物有所不足，智有所不明，数有所不逮，神有所不通。"

——《楚辞》

8.1　排序的基本概念

排序是将任意序列的一组记录按关键字有序(升序或降序)重新排列的过程。例如，有 n 个记录的序列 $(R_0,R_1,\cdots,R_{n-2},R_{n-1})$，其中每个记录对应的关键字序列为 $(k_0,k_1,\cdots,k_{n-2},k_{n-1})$，记录下标序列为 $(0,1,\cdots,n-2,n-1)$，通过排序，得到一个下标序列的重新排列 $(p_0,p_1,\cdots,p_{n-2},p_{n-1})$，满足 $k_{p_0}\leqslant k_{p_1}\leqslant\cdots\leqslant k_{p_{n-2}}\leqslant k_{p_{n-1}}$(升序)，按照这个新的下标序列重新调整记录，这样就得到一个有序的记录序列 $(R_{p_0}\leqslant R_{p_1}\leqslant\cdots\leqslant R_{p_{n-2}}\leqslant R_{p_{n-1}})$。

待排序记录存放在计算机内存中进行的排序过程，称为内部排序。如果待排序记录数量大，以至于内存不能容纳全部记录，在排序过程中需要内外存交换的排序过程，称为外部排序。内部排序方法大致可以分为插入排序、交换排序、选择排序、归并排序和基数排序。在第 8.2～8.6 节中主要介绍 5 类排序中的常见排序算法。本章介绍的排序都是内部排序，但是归并排序也适用于外部排序。

待排序的记录，若有多个关键字相同，经过排序后，如果它们的相对次序保持不变，则称为稳定排序,否则称为不稳定排序。

评价排序算法的标准有多方面的因素,例如时间复杂度、空间复杂度、算法本身的复杂性、算法的稳定性等。排序算法所需的辅助空间一般都不大,因此排序算法的时间开销是评价算法好坏的最重要的标志。在本章后续部分主要关注时间复杂度。

在排序过程中有两种基本操作,一是比较两个关键字的值,二是根据比较结果移动记录。排序算法的时间消耗主要是关键字的比较次数和记录的移动次数。在分析排序算法的时间复杂度时,要根据关键字比较次数和记录移动次数中的较大值进行分析。

就全面性能而言,没有一种内部排序方法可以被认为是最好的方法,每一种内部排序方法都有其优缺点,需要根据实际的情况选择适合的排序方法。

排序方法从其思想出发可以分为五大类:插入排序、选择排序、交换排序、基数排序和归并排序。每一类排序方法中包括多种具体的排序算法。

说明:除非声明,本章后面各节的排序算法按照升序进行排序。

本章待排序的记录采用顺序存储结构,类型定义如下:

```
1   typedef int KeyType;
2   typedef int InfoType;
3   typedef struct  RECORDTYPE_STRU
4   {
5       KeyType key;                    //关键字
6       InfoType otherInfo;             //其余数据信息
7   }RecordType;
8   typedef struct  SORTARRAY_STRU
9   {
10      int cnt;                        //记录排序数组中的元素个数
11      RecordType * recordArr;         //指向一维数组的指针
12  }SortArr;
```

排序过程的一个主要操作是交换记录,为了方便后面算法的描述,将该操作单独写成一个函数,见算法 8-1。

算法 8-1 交换两个记录算法。

```
1   //交换两个记录
2   void  Swap(SortArr * sortArr, int i, int j)
3   {
4       KeyType temp;
5       temp = sortArr -> recordArr[i].key;
6       sortArr -> recordArr[i].key = sortArr -> recordArr[j].key;
7       sortArr -> recordArr[j].key = temp;
8   }
```

8.2 插入排序

8.2.1 直接插入排序

算法思路:设待排序的记录存放在数组 $R[n]$ 中,在排序过程中,数组 R 被划分成两个子区间$[R_0,\cdots,R_{i-1}]$和$[R_i,\cdots,R_{n-1}]$,其中前一个区间是有序区间,后一个区间是待排序的无序区间。将无序区间的第一个记录$R[i]$的关键字K_i与已经排好序的i个记录的关键字K_{i-1}、K_{i-2}、$\cdots K_1$、K_0依次进行比较,将所有关键字大于K_i的记录后移一个单元,直到遇到一个关键字小于或等于K_i的记录$K_j(i-1 \leqslant j \leqslant 0)$,此时将关键字为$K_i$的记录$R[i]$插入到相应的位置。

算法实例:设待排序的记录为(15,13(1),9,46,4,18,13(2),7)。

直接插入排序过程如表 8-1 所示。说明如下:

(1) 13(1)和 13(2)表明两个关键字为 13 的记录的先后次序,13(1)在 13(2)的前面。

(2) $i=1(15)$表示第一趟排序的记录是 15,依此类推。

(3) 加底纹部分表示排好序的记录。

表 8-1 直接插入排序每趟的结果

趟 \ 下标	0	1	2	3	4	5	6	7
初始序列	15	13(1)	9	46	4	18	13(2)	7
$i=1(15)$	15	13(1)	9	46	4	18	13(2)	7
$i=2(13)$	13(1)	15	9	46	4	18	13(2)	7
$i=3(9)$	9	13(1)	15	46	4	18	13(2)	7
$i=4(46)$	9	13(1)	15	46	4	18	13(2)	7
$i=5(4)$	4	9	13(1)	15	46	18	13(2)	7
$i=6(18)$	4	9	13(1)	15	18	46	13(2)	7
$i=7(13)$	4	9	13(1)	13(2)	15	18	46	7
$i=8(7)$	4	7	9	13(1)	13(2)	15	18	46

算法实现:根据算法思路和算法实例过程可实现直接插入排序算法,见算法 8-2。

算法 8-2 直接插入排序算法。

```
1   void InsertSort(SortArr * sortArr)        //直接插入排序
2   {
3       int i, j;
4       RecordType temp;
5       for( i = 1; i < sortArr -> cnt; i++)
6       {
7           j = i - 1;                         //j是已经排好顺序的数据的最后一个元素的下标
8           temp = sortArr -> recordArr[i];    //等待插入的数据 temp
9           //从 j 位置开始,从后向前在已经排好顺序的序列中找到插入位置
10          while(temp.key < sortArr -> recordArr[j].key && j >= 0)
11          {
12              sortArr -> recordArr[j + 1] = sortArr -> recordArr[j];
13              j -- ;
14          }
15          //找到待插入位置为 j + 1
16          //如果待插入位置正好是要插入元素所在的位置,则可以不进行数据赋值
17          if(j + 1 != i)
```

```
18          {
19              sortArr->recordArr[j+1] = temp;
20          }
21      } //end 5
22  }
```

时间效率：直接插入排序算法的时间主要耗费在比较关键字和移动记录两个操作上。对 n 个记录进行直接插入排序需进行 $n-1$ 趟，而每一趟中关键字所需比较的次数、记录所需移动的次数与待插入的记录和已排好序的记录都有关。

如果待排序记录初始为递增有序（正序），则每一趟仅需要比较一次和移动一次（将待排序记录存放在 temp）；如果待排序记录初始为逆序，则每一趟排序比较和移动的次数都达到最大值。在逆序情况时，待排序记录 $R[i]$ 由于前面的记录都比其大，故需要进行 i 次比较，有序区间的记录均需要向后移动一个位置，故需要移动 $i+1$ 次。

最好情况比较次数：
$$C_{\min} = n - 1 \approx n$$

最好情况移动次数：
$$M_{\min} = n - 1 \approx n$$

最坏情况比较次数：
$$C_{\max} = \sum_{i=1}^{n-1} i = \frac{1}{2}n(n-1) \approx \frac{n^2}{2}$$

最坏情况移动次数：
$$M_{\max} = \sum_{i=1}^{n-1}(i+1) \approx \frac{n^2}{2}$$

通过前面的分析可以看出，直接插入排序的最好时间复杂度为 $O(n)$，最坏时间复杂度为 $O(n^2)$，可以证明算法的平均时间复杂度为 $O(n^2)$。

空间效率：直接插入排序算法只需要一个辅助的 temp 空间。

辅助 temp 空间如算法 8-2 的第 8 行语句 temp=sortArr->recordArr[i]。

稳定性：直接插入排序是稳定的排序方法，如表 8-1 中的第 8 趟结果所示，13(1) 和 13(2) 保持原来的相对次序。

算法 8-2 的第 10 行语句 temp.key < sortArr->recordArr[j].key，其保证了直接插入排序的稳定性。

8.2.2 二分插入排序

直接插入排序方法简单，适用于 n 比较小的情况。当待排序序列中记录的数量 n 很大时，由于算法时间低效，不宜采用直接插入排序。通过分析可以看到，当对 R_i 个记录进行直接插入排序时，前面的 $[R_0,\cdots,R_{i-1}]$ 区间中的记录已经有序，因此可以采用二分查找法来确定 R_i 记录应插入的位置，这样可以减少关键字比较的次数，提高排序效率。

算法思路：采用二分查找法确定待排序记录 R_i 要插入的位置 k，然后将记录 R_{i-1}、……、R_{k+1} 依次向后移动一个单元，腾空插入位置 k，将记录插入即可。

算法实例：设待排序的记录为 (15, 13(1), 9, 46, 4, 18, 13(2), 7)。

说明：加底纹的记录表示已经排好序的记录。

二分插入排序每趟的结果与直接插入排序相同,如表 8-1 所示,不同的是每趟排序的过程不同,下面以最后一趟为例进行说明,最后一趟要排序的记录是 7。具体过程如图 8-1 所示。

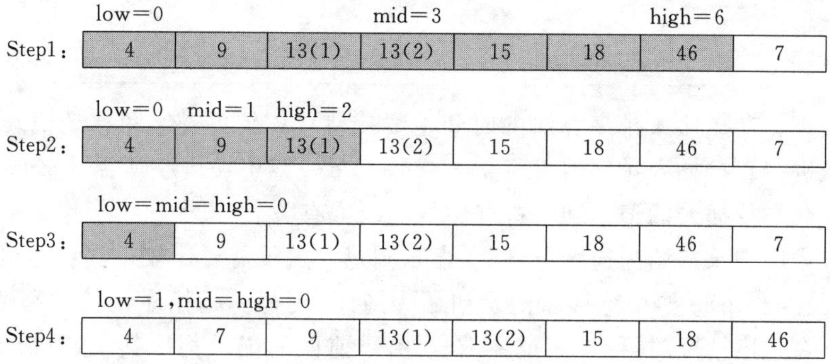

```
           low=0              mid=3            high=6
Step1:  | 4 | 9 | 13(1) | 13(2) | 15 | 18 | 46 | 7 |

           low=0  mid=1  high=2
Step2:  | 4 | 9 | 13(1) | 13(2) | 15 | 18 | 46 | 7 |

           low=mid=high=0
Step3:  | 4 | 9 | 13(1) | 13(2) | 15 | 18 | 46 | 7 |

           low=1,mid=high=0
Step4:  | 4 | 7 | 9 | 13(1) | 13(2) | 15 | 18 | 46 |
```

图 8-1　二分插入排序的一趟过程

(1) low=0,high=6,mid=3,待排序的记录 7 和 mid 位置的 13(2)比较,由于 7 小于 13,所以在前半区间继续查找;

(2) low=0,high=mid-1=2,mid=1,待排序的记录 7 和 mid 位置的 9 比较,由于 7 小于 9,所以在前半区间继续查找;

(3) low=0,high=mid-1=0,mid=0,待排序的记录 7 和 mid 位置的 4 比较,由于 7 大于 4,所以在后半区间继续查找;

(4) low=mid+1=1,high=0,mid=0,由于 low 大于 high,因此待排序记录 7 插入在 low 位置,本趟结束。

算法实现:根据算法思路和算法实例过程可实现二分插入排序算法,见算法 8-3。

算法 8-3　二分插入排序算法。

1	`void BinSort(SortArr * sortArr)                //二分插入排序`
2	`{`
3	`  int i, j;`
4	`  int low, mid, high;`
5	`  RecordType temp;`
6	`  for( i = 1; i < sortArr -> cnt; i++)`
7	`  {`
8	`      temp = sortArr -> recordArr[i];`
9	`      //用二分查找法查找插入位置`
10	`      low = 0;                                  //区间左边界`
11	`      high = i - 1;                             //区间右边界`
12	`      while (low <= high)`
13	`      {`
14	`          mid = (low + high)/2;`
15	`          if (temp.key < sortArr -> recordArr[mid].key)`
16	`              high = mid - 1;                   //待排序的值比中间位置的值小,在前半区间查找`
17	`          else`
18	`              low = mid + 1;                    //否则在后半区间查找`
19	`      }`
20	`      //如果待插入数据正好在还要插入的位置上就不需要插入了`

```
21          if (low!= i)
22          {
23              //如果需要挪动数据,空出位置,插入数据
24              //找到插入位置后移动数据,空出的地方给数据插入
25              for (j = i - 1;  j >= low;  j-- )
25                  sortArr -> recordArr[j + 1] = sortArr -> recordArr[j];
26              sortArr -> recordArr[low] = temp;       //插入数据
27          }
28      }
29  }
```

时间效率：二分插入排序比较的次数和序列的初始状态无关。当插入排序记录 R_i 时，如果满足 $i=2^k$，即 R_i 是查找区间的中间元素，则无论其关键字的大小都需要进行 $\log_2 i$ 次数的比较。如果满足 $2^k<i\leqslant 2^{k+1}$，则需要进行 $\log_2 i+1$ 次的比较。假定待排序记录个数 $n=2^j$，则 n 个记录总的比较次数 C 为：

$$C = 0+1+2+2+\cdots+j+j+j+\cdots+j(\text{其中 } 2^{j-1} \text{ 个 } j)$$

$$= \sum_{i=1}^{j}\sum_{k=i}^{j} 2^{j-1} \approx n\log_2 n$$

从比较的次数来看，当 n 比较大时，二分插入排序比直接插入排序的平均比较次数要少。从移动的次数来看，二分插入排序移动的次数在最好和最坏情况下与直接插入排序相同，平均移动次数是 $O(n^2)$，故二分插入排序的平均时间复杂度为 $O(n^2)$。

空间效率：二分插入排序算法只需要一个辅助的 temp 空间。

辅助空间体现在算法 8-3 的第 8 行语句 temp=sortArr-> recordArr[i]。

稳定性：二分插入排序是稳定的排序方法。

算法 8-3 的第 12 行语句 low <= high 和第 15 行语句 temp.key < sortArr -> recordArr[mid].key，保证了二分插入排序的稳定性。

8.2.3 Shell 排序

Shell 排序即希尔排序，又称为缩小增量排序，它也是一种基于插入排序的思想，是对直接插入排序的另一种改进方式。

算法思路：将整个待排序的记录序列按照增量 $d_1(d_1\leqslant n)$ 分成若干个子序列，对这些子序列分别进行直接插入排序；然后将增量缩小至 $d_2(d_2<d_1)$，按照增量 d_2 分成若干个子序列，对子序列同样分别进行直接插入排序；接着减小"增量"的值，直到"增量"为 1 为止，即最后再对整个待排序记录进行一次直接插入排序。

算法实例：设待排序的记录为(7,18,46,15,13(1),9,13(2),4)。

假设第一趟设置增量 $d=4$，则将待排序记录按照增量 $d=4$ 分为 4 个子序列，然后对 4 个子序列分别进行直接插入排序，得到第一趟排序后的结果；接着将增量缩小为 $d=2$，将第一趟排序后的结果按照增量 $d=2$ 分为两个子序列，对两个子序列分别进行直接插入排序，得到第二趟排序后的结果；最后增量 $d=1$，将第二趟排序后的结果作为一个子序列，对这个子序列进行直接插入排序，得到第三趟排序后的结果，即完成了整个记录的排序。具体过程如表 8-2 所示。

表 8-2 Shell 排序的过程和每趟结果

趟 \ 下标		0	1	2	3	4	5	6	7
初始序列		7	18	46	15	13(1)	9	13(2)	4
$i=1$, 增量 $d=4$	第一组	7				13(1)			
	第二组		18				9		
	第三组			46				13(2)	
	第四组				15				4
$i=1$ 排序后的结果		7	9	13(2)	4	13(1)	18	46	15
$i=2$, 增量 $d=2$	第一组	7		13(2)		13(1)		46	
	第二组		9		4		18		15
$i=2$ 排序后的结果		7	4	13(2)	9	13(1)	15	46	18
$i=3$, 增量 $d=1$	第一组	7	4	13(2)	9	13(1)	15	46	18
$i=3$ 排序后的结果		4	7	9	13(2)	13(1)	15	18	46

算法实现：根据算法思路和算法实例过程可以实现 Shell 排序算法，见算法 8-4。

算法 8-4　Shell 排序算法。

```
1   void ShellSort(SortArr * sortArr, int d)              //Shell 排序
2   //d 为初始的增量,以后每一趟为前一趟增量的一半
3   {
4     int i, j, increment;                                //increment 记录当前趟的增量
5     RecordType temp;                                    //保存待排序记录
6     for (increment = d; increment > 0; increment /= 2)
7     {
8         for (i = increment; i < sortArr -> cnt; i++)
9         {
10            temp = sortArr -> recordArr[i];             //保存待排序记录
11            j = i - increment;                          //j 按照增量进行变化
12            while (j >= 0 && temp.key < sortArr -> recordArr[j].key)
13            {
14                //记录按照增量间隔向后移动
15                sortArr -> recordArr[j + increment] =
16                                sortArr -> recordArr[j];
17                j -= increment;                         //j 按照增量进行变化
18            }
19            sortArr -> recordArr[j + increment] = temp; //插入待排序记录
20        } //end 8
21    } //end 6
22  }
```

时间效率：在 Knuth 所著的《计算机程序设计技巧》第三卷中给出了 Shell 排序的平均比较次数和移动次数均为 $O(n^{1.3})$，此处不进行证明。

空间效率：只需要一个辅助 temp 空间。

稳定性：Shell 排序是不稳定的排序方法。在每趟 Shell 排序中,相同关键字的记录不能保证在同一个分组,因此它们的位置有可能发生变化。如表 8-2 所示,13(1) 和 13(2) 的次序发生了变化。

8.3 选择排序

8.3.1 直接选择排序

算法思路：第一趟排序是在无序区 $[R_0,\cdots,R_{n-1}]$ 所有记录中选出最小记录,将其与 R_0 交换;第二趟排序是在无序区 $[R_1,\cdots,R_{n-1}]$ 中选出关键字最小的记录,将它与 R_1 交换;依此类推,直到整个记录变成有序序列为止。

算法实例：设待排序的记录为 (15,13(1),9,46,4,18,13(2),7)。

说明：加底纹的记录表示已经排好序的记录。

第一趟在初始序列中找到最小记录 4,和第一个记录 15 进行交换,得到第一趟排序后的结果;第二趟在未排序的记录序列中找到最小记录 7,和第二个记录 13(1) 交换,得到第二趟排序后的结果;依此类推,共进行 8 趟排序后完成整个记录的排序。具体过程如表 8-3 所示。

表 8-3 直接选择排序的每趟结果

趟＼下标	0	1	2	3	4	5	6	7
初始序列	15	13(1)	9	46	4	18	13(2)	7
$i=1(4)$	4	13(1)	9	46	15	18	13(2)	7
$i=2(7)$	4	7	9	46	15	18	13(2)	13(1)
$i=3(9)$	4	7	9	46	15	18	13(2)	13(1)
$i=4(13)$	4	7	9	13(2)	15	18	46	13(1)
$i=5(13)$	4	7	9	13(2)	13(1)	18	46	15
$i=6(15)$	4	7	9	13(2)	13(1)	15	46	18
$i=7(18)$	4	7	9	13(2)	13(1)	15	18	46
$i=8(46)$	4	7	9	13(2)	13(1)	15	18	46

算法实现：根据算法思路和算法实例过程可以实现直接选择排序算法,见算法 8-5。

算法 8-5 直接选择排序算法。

```
1   void SelectSort(SortArr * sortArr)
2   {
3       int i, j;
4       int minPos;                              //记录最小元素的下标
5       for( i = 0; i < sortArr->cnt-1; i++)     //n-1 趟选择排序
6       {
7           minPos = i;                          //记录下最小的值所在的数组下标
8           for (j = i + 1; j < sortArr->cnt; j++)  //在无序区中寻找
9           {
```

```
10          if(sortArr - > recordArr[j].key < sortArr - > recordArr[minPos].key)
11              minPos = j;
12      }
13      if (minPos != i)                              //说明需要交换
14          Swap(sortArr, minPos, i);                 //交换记录
15  }
16 }
```

时间效率：直接选择排序的比较次数和待排序序列的初始状态无关，在第 i 趟中需要进行 $n-i$ 次比较，则总的比较次数如下。

$$C = \sum_{i=1}^{n-1} n - i = \frac{1}{2} n \times (n-1) = O(n^2)$$

移动次数和待排序序列的初始状态无关。如果是正序，则移动次数为 0；如果是逆序，则每趟都需要移动交换，总的移动次数为 $3(n-1)$。

空间效率：直接选择排序算法只需要一个辅助空间用于交换记录。

稳定性：直接选择排序是不稳定的排序方法。如表 8-3 所示，13(1) 和 13(2) 的次序发生了变化。

8.3.2 堆排序

直接选择排序的每一趟只记录了一个待排序区间的最小记录，对于中间的比较过程没有记录，从而使得该排序方法进行过多重复的比较，降低了算法效率。堆排序能够在寻找最小记录（或者最大记录）的过程中记录比较的中间结果，从而提高时间效率。

堆的定义：n 个关键字序列 $(k_1, k_2, \cdots, k_{n-1}, k_n)$ 称为堆，当且仅当该序列满足以下条件时。

(1) $k_i \leq k_{2i}$ 且 $k_i \leq k_{2i+1}$ ($0 \leq i \leq \lfloor (n-1)/2 \rfloor$)

(2) $k_i \geq k_{2i}$ 且 $k_i \geq k_{2i+1}$ ($0 \leq i \leq \lfloor (n-1)/2 \rfloor$)

满足 (1) 的堆称为小根堆，满足 (2) 的堆称为大根堆。图 8-2(a) 所示为小根堆，图 8-2(b) 所示为大根堆。

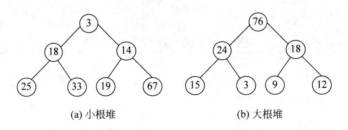

图 8-2 堆举例

可以将堆的一维数组看成是一个完全二叉树的顺序存储结构，从堆的定义和完全二叉树的性质 5 可以看出，小根堆要求非叶子结点的值均不大于其左、右孩子结点的值，而大根堆要求非叶子结点的值均不小于其左、右孩子结点的值。

算法思路：堆排序按照以下两步进行。

第一步：建立原始堆，如果是升序排序，需要建立大根堆，反之建立小根堆，本节按照升

序排序。根据堆的定义，需要将完全二叉树中的每个子结点为根的子树都"调整"为堆，则整个无序区间满足堆的定义。在完全二叉树中，所有序号大于 $\lfloor (n-1)/2 \rfloor$ 的叶子结点已经满足堆的定义，这样只需要依次将序号 $\lfloor (n-1)/2 \rfloor$、$\lfloor (n-1)/2 \rfloor - 1$、…、0 的结点为根的子树"调整"为堆即可。

第二步：将堆顶记录 $R[0]$ 和无序区间的最后一个记录 $R[n-1]$ 交换，这样最大记录已经排在合适的位置。由于交换后不再满足堆的定义，需要重新"调整"为堆。由于原来的左、右子树已满足堆，并且交换堆顶和最后一个记录没有破坏左、右子树堆的特性，所以此时只需要"调整"完全二叉树的根结点即可。

在第一步和第二步中，共同的操作是"调整"，这也是堆排序中关键的操作。已知结点 $R[i]$ 的左、右子树已是堆，如何通过"调整"将以 $R[i]$ 为根的完全二叉树调整为堆呢？答案是采用逐层"筛选法"。

筛选法的基本思想：由于 $R[i]$ 的左、右子树已是堆，则这两棵子树的根分别是其子树所有关键字的最大结点，所以需要在 $R[i]$ 和它的左、右孩子 $R[2i+1]$ 和 $R[2i+2]$ 三者中选择关键字最大的放到 $R[i]$ 的位置。如果 $R[i]$ 是三者中最大的，说明已经构成堆，无须交换，否则必须将 $R[i]$ 与左、右孩子之中最大的进行交换。不妨假设左孩子比右孩子的关键字大，则 $R[i]$ 与左孩子 $R[2i+1]$ 交换，交换之后有可能导致以 $R[2i+1]$ 为根结点的子树不再是堆，但是以 $R[2i+2]$ 为根结点的子树没有受影响，仍然是堆，因此需要调整 $R[2i+1]$ 及其左、右孩子，如此重复下去，逐层递推，一直递推到叶子结点。这个过程就像筛子一样，将关键字最大的一层一层选择上来。

算法实例：设待排序的记录为 (15,18,4,46,13,9,14,7)。

说明：加底纹的记录表示正在调整的记录。

待排序记录的初始完全二叉树如图 8-3(a) 所示，首先调整该二叉树中的第一个非叶子结点 46，由于 46 比孩子结点大，所以其位置不变。接着调整倒数第二个非叶子结点 4，将其和左、右孩子中较大的 14 进行交换，重复该过程，直到根结点，完成根结点的调整结束，得到初始堆，如图 8-3(e) 所示。将堆顶 46 和最后一个记录 7 进行交换，完成对 46 的排序，得到第一趟排序后的结果，如图 8-3(f) 所示。由于图 8-3(f) 所示的二叉树不满足堆的要求，需要调整为堆，这里只需要将记录根结点的记录 7 进行调整，首先 7 和左、右孩子的较大者 18 交换，之后又和左、右孩子的较大者 15 交换，调整结果如图 8-3(g) 所示。依此类推，重复交换和调整过程，完成整个记录的排序，详细过程如图 8-3 所示。

算法实现：根据算法思路和算法实例过程可以实现堆排序算法，见算法 8-6 和算法 8-7。

算法 8-6 调整算法。

```
1   void HeapAdjust(SortArr * sortArr, int father, int size)    //调整过程
2   {
3       int lchild;
4       int rchild;
5       int max;
6       //将 father 中的值放到堆中正确的位置上
7       while (father < size)
8       {
```

```
9            lchild = father * 2 + 1;                    //左孩子
10           rchild = lchild + 1;                        //右孩子
11           if( lchild >= size)
12           {
13                break;
14           }
15           //寻找 father、lchild、rchild 中最大的值,将最大值与 father 值做交换
16           max = lchild;
17           //右孩子的下标不要越界
18           if(rchild < size && sortArr->recordArr[rchild].key >
19                               sortArr->recordArr[lchild].key)
20           {
21                max = rchild;
22           }
23           if(sortArr->recordArr[father].key < sortArr->recordArr[max].key)
24           {
25                Swap(sortArr, father, max);
26                father = max;
27           }
28           else
29                break;
30      }
31  }
```

算法 8-7 堆排序算法。

```
1   void HeapSort(SortArr *sortArr, int size)   //堆排序
2   {
3       int i;
4       for(i = size/2 - 1; i >= 0; i--)
5           //从倒数第一个非叶子结点开始调整,一直调整到根结点,形成堆
6           HeapAdjust(sortArr, i, size);
7       //每次取树根元素跟未排序尾部交换,之后再重新调整堆
8       for (i = size - 1; i >= 1; i--)
9       {
10          Swap(sortArr, 0, i);                //交换
11          //重新调整一个元素的位置就可以了(刚调整到树根位置的那个值)
12          HeapAdjust(sortArr, 0, i);
13      }
14  }
```

时间效率：堆排序的时间消耗在建堆和调整两个过程上，建堆调用 HeapAdjust 过程 $\lfloor n/2 \rfloor$ 次，每一次调整以 $R[i]$ ($0 \leqslant i \leqslant n/2-1$) 为根的子树。根据完全二叉树的性质，其深度 $h = \lfloor \log_2 n \rfloor$，各个结点的层次依次为 $0、1、1、2、2、2、2、\cdots\cdots、h-1$。由于第 k 层上的完全二叉树中的结点个数最多为 2^k，所以以它们为根结点的深度为 $h-k$。调整算法 HeapAdjust 在每层上最多与两个孩子的关键字进行比较，所以在第 k 层上的结点建立初始堆时最多比较 $2(h-k)$ 次，故建立初始堆调用算法 HeapAdjust 所进行的关键字比较的总次数 C_1 为：

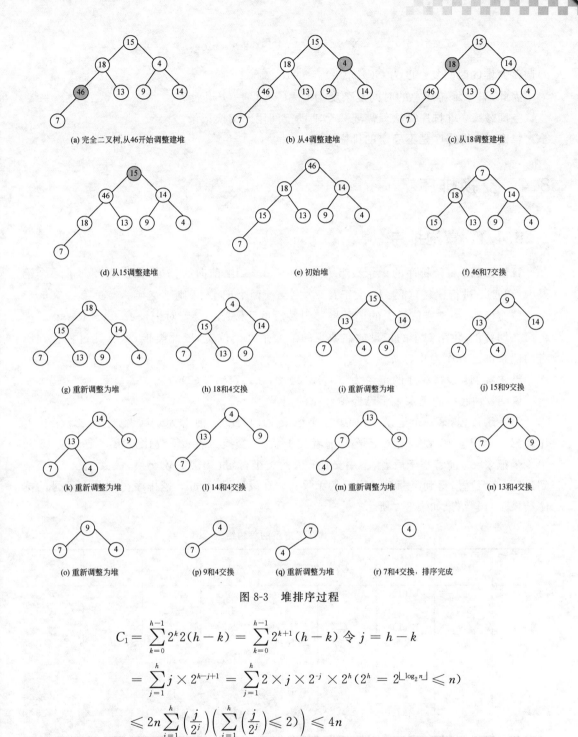

图 8-3 堆排序过程

$$C_1 = \sum_{k=0}^{h-1} 2^k 2(h-k) = \sum_{k=0}^{h-1} 2^{k+1}(h-k) \ \text{令} \ j = h-k$$

$$= \sum_{j=1}^{h} j \times 2^{h-j+1} = \sum_{j=1}^{h} 2 \times j \times 2^{-j} \times 2^h \ (2^h = 2^{\lfloor \log_2 n \rfloor} \leqslant n)$$

$$\leqslant 2n \sum_{j=1}^{h} \left(\frac{j}{2^j}\right) \left(\sum_{j=1}^{h} \left(\frac{j}{2^j}\right) \leqslant 2\right) \leqslant 4n$$

即建立初始堆的时间复杂度为 $O(n)$。

调整为堆的时间消耗分析:第一次调整堆中有 $n-1$ 个结点,第 j 次有 j 个结点,此时二叉树的深度为 $\lfloor \log_2(n-j) \rfloor$,重新建堆需要与关键字比较的次数为 $2(\lfloor \log_2(n-j) \rfloor - 1)$,调整为堆总共比较的次数 C_2 为:

$$C_2 < \sum_{j=1}^{n-1} 2(\lfloor \log_2^{n-j} \rfloor) < 2 \times (n\log_2 n)$$

即调整为堆的时间复杂度为 $O(n\log_2 n)$。

因此,整个堆排序总的时间复杂度为 $C=C_1+C_2=O(n\log_2 n)$。

空间效率:堆排序算法只需要一个辅助空间用于交换记录。

稳定性:堆排序是不稳定的排序方法。

8.4 交换排序

8.4.1 冒泡排序

算法思路:将待排序的记录数组 $R[0]$ 到 $R[n-1]$ 由前向后扫描,依次对相邻的两个记录 R_i 和 R_{i+1} 进行比较,如果 R_i 大于 R_{i+1},则交换两个记录,否则不交换。经过第一趟 $n-1$ 次比较交换后,关键字值最大的记录将移到最后单元位置。接着对记录 $R[0]$ 到 $R[n-2]$ 进行第二趟冒泡,将第二小的记录放在数组的倒数第二个位置,依此类推,重复此过程直到所有的记录都已有序为止。

算法实例:设待排序的记录为 $(15,13(1),9,46,4,18,13(2),7)$。

说明:加底纹的记录表示已经排好序的记录。

第一趟过程,第一个记录 15 和第二个记录 13(1) 比较,前者大于后者,交换二者;接着比较第二个记录 15 和第 3 个记录 9,前者大于后者,交换二者;继续比较第 3 个记录 15 和第 4 个记录 46,前者小于后者,不用交换;依此类推,经过 7 次比较交换,最大记录 46 交换到最后一个位置,得到第一趟排序后的结果;重复该过程,经过 8 趟排序得到整个记录的排序结果。每趟结果如表 8-4 所示。

表 8-4 冒泡排序的每趟结果

下标 趟	0	1	2	3	4	5	6	7
初始序列	15	13(1)	9	46	4	18	13(2)	7
$i=1$	13(1)	9	15	4	18	13(2)	7	46
$i=2$	9	13(1)	4	15	13(2)	7	18	46
$i=3$	9	4	13(1)	13(2)	7	15	18	46
$i=4$	4	9	13(1)	7	13(2)	15	18	46
$i=5$	4	9	7	13(1)	13(2)	15	18	46
$i=6$	4	7	9	13(1)	13(2)	15	18	46
$i=7$	4	7	9	13(1)	13(2)	15	18	46
$i=8$	4	7	9	13(1)	13(2)	15	18	46

算法实现:根据算法思路和算法实例过程可以实现冒泡排序算法,见算法 8-8。

算法 8-8 冒泡排序算法。

```
1  void BubbleSort(SortArr * sortArr)
2  {
```

```
3        int i,j;
4        int hasSwap = 0;                        //标志,用于检测内循环是否还有数据交换
5        for(i = 1; i < sortArr -> cnt; i++)
6        {
7            hasSwap = 0;                        //每趟开始重新设置交换标志为 0
8            //注意 j 是从后往前循环,数组的下标是从 0 到 cnt-1
9            for(j = 1; j < sortArray -> cnt - i + 1; j++)
10           {
11               //若前者大于后者
12               if(sortArr -> recordArr[j-1].key > sortArr -> recordArr[j].key)
13               {
14                   Swap(sortArr, j, j-1);       //交换
15                   hasSwap = 1;                 //有交换发生,则设置交换标志为 1
16               }
17           }
18           if(!hasSwap)                         //本趟没有发生交换
19               break;
20       }
21   }
```

时间效率：冒泡排序算法的比较和移动次数与待排序记录的初始状态有关。如果是正序,则比较一趟就可以完成排序,不需要移动记录；如果是逆序,则需要进行 $n-1$ 趟排序,每趟进行 $n-i$ 次比较,并且每次比较都要移动记录 3 次,比较和移动的总的次数如下。

$$C_{\max} = \sum_{i=1}^{n-1}(n-i) = \frac{1}{2}n \times (n-1) = O(n^2)$$

$$M_{\max} = \sum_{i=1}^{n-1}3(n-i) = \frac{3}{2}n \times (n-1) = O(n^2)$$

空间效率：冒泡排序算法只需要一个辅助空间用于交换记录。

稳定性：冒泡排序是稳定的排序方法。

8.4.2 快速排序

在冒泡排序过程中,只是对相邻的两个记录进行比较交换,它们的比较结果没有被应用到下一趟比较中,导致重复的比较和移动次数较多。快速排序是对冒泡排序的改进,其目的是想通过交换两个不相邻的记录减少移动的次数,从而加快排序速度。快速排序被认为是一种最好的内部排序方法。

算法思路：从待排序记录序列中选择一个记录作为枢轴(或称基准点)记录(一般为第一个记录)。设其关键字为 K_i,将整个待排序记录序列划分为左、右两个子序列,使得左子序列记录的关键字都小于或等于 K_i,右子序列的关键字都大于 K_i,而枢轴记录位于最终排序的位置上,这个过程称为一趟快速排序(或一次划分)。然后将第一趟排序结果的左子序列和右子序列按同样的方式进行划分,重复此过程,直到左、右两个子序列的长度均为 1 为止,此时整个待排序记录序列就成为一个有序序列。

具体做法：设待排序记录序列为 $R_{\text{left}}, R_{\text{left}+1}, \cdots, R_{\text{right}-1}, R_{\text{right}}$,取枢轴记录为 R_{left}。一趟快速排序的具体步骤如下：

(1) 将枢轴记录 R_{left} 保存在变量 temp 中,设定两个整型变量 i 和 j 分别指示待排序区

间的第一个和最后一个单元位置,即 $i=$left 和 $j=$right。

(2) 从 j 所指示位置的记录开始从后向前依次扫描每一记录,直到找到小于 temp 的记录为止,然后将记录 R_j 移至 R_i 所在的位置,即 $R_i=R_j$。

(3) 从 i 所指示位置的记录开始从前向后依次扫描每一个记录,直到找到大于 temp 的记录为止,然后将记录 R_i 移至记录 R_j 所在的位置,即 $R_j=R_i$。

(4) 重复第(2)步和第(3)步,直到 $i=j$ 结束,此时将变量 temp 放入 $R[i]$(或 $R[j]$)中。

至此,一趟快速排序结束,此时将整个待排序记录以 temp 为枢轴划分为左、右两个子序列,temp 枢轴正好处于排序后的最终位置。

对左、右两个子序列分别重复步骤(1)~(4),直到左、右两个子序列的长度为 1 为止。

算法实例:设待排序的记录为(13(1),15,9,18,4,46,13(2),7)。

说明:加底纹的记录表示基准记录。

第一趟排序过程,将第一个记录 13(1)作为基准,i 和 j 分别指示第一个和最后一个记录。开始时,j 向左扫描比较。将 j 指示的记录 7 和基准 13(1)进行比较,由于记录 7 小于基准 13(1),因此交换记录 7 和基准 13(1);交换后 $i=i++$,i 开始向右扫描比较。i 指示的记录 15 和基准 13(1)进行比较,由于记录 15 大于基准 13(1),所以交换记录 15 和基准 13(1);交换后 $j=j--$,j 向左扫描比较,由于记录 13(1)和 46 不小于基准 13(1),所以不交换,直到 j 指示的记录 4 小于基准 13(1),交换记录 4 和基准 13(1),依此类推,直到 i 和 j 重合为止,确定了基准 13(1)的位置,完成第一趟排序,具体如图 8-4 所示。分别递归左、右区间,每一趟都将区间的第一个记录作为基准,完成该基准的排序,各趟结果如表 8-5 所示。

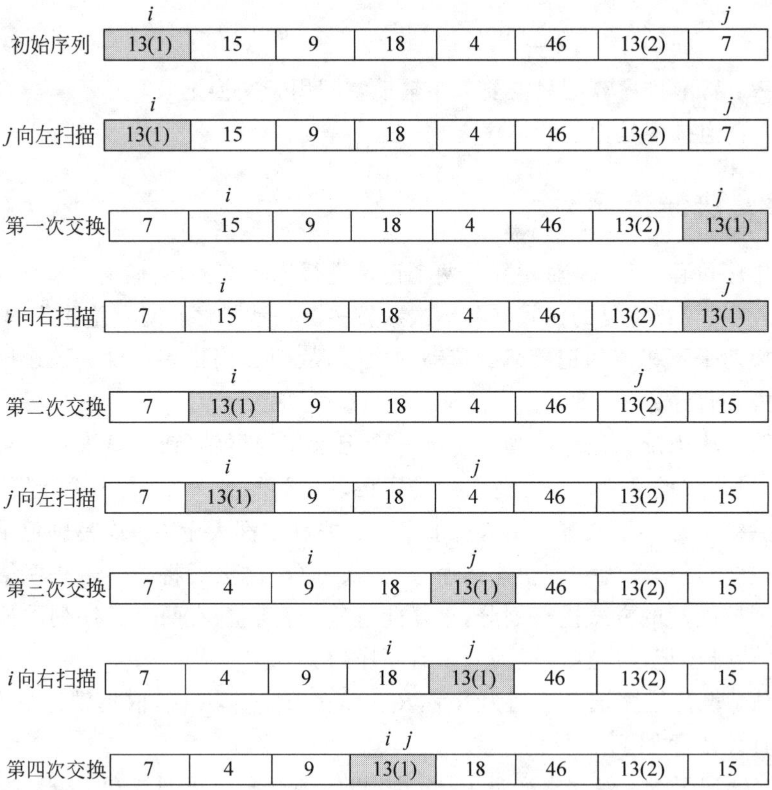

初始序列	13(1) i	15	9	18	4	46	13(2)	7 j
j向左扫描	13(1) i	15	9	18	4	46	13(2)	7 j
第一次交换	7 i	15	9	18	4	46	13(2)	13(1) j
i向右扫描	7	15 i	9	18	4	46	13(2)	13(1) j
第二次交换	7	13(1) i	9	18	4	46	13(2)	15 j
j向左扫描	7	13(1) i	9	18 j	4	46	13(2)	15
第三次交换	7	4	9	18 i	13(1) j	46	13(2)	15
i向右扫描	7	4	9	18 i	13(1) j	46	13(2)	15
第四次交换	7	4	9	13(1) $i\,j$	18	46	13(2)	15

图 8-4 第一趟快速排序过程

表 8-5　快速排序的每趟结果（加底纹的记录表示排好序的记录）

趟\下标	0	1	2	3	4	5	6	7
初始序列	13(1)	15	9	18	4	46	13(2)	7
$i=1$	7	4	9	13(1)	18	46	13(2)	15
$i=2$	4	7	9	13(1)	18	46	13(2)	15
$i=3$	4	7	9	13(1)	18	46	13(2)	15
$i=4$	4	7	9	13(1)	18	46	13(2)	15
$i=5$	4	7	9	13(1)	15	13(2)	18	46
$i=6$	4	7	9	13(1)	13(2)	15	18	46
$i=7$	4	7	9	13(1)	13(2)	15	18	46
$i=8$	4	7	9	13(1)	13(2)	15	18	46

算法实现：根据算法思路和算法实例过程可以实现快速排序算法，见算法 8-9。

算法 8-9　快速排序算法。

```
1   void QuickSort(SortArr * sortArr, int left, int right)     //快速排序
2   {
3       int i,j;
4       KeyType temp;
5       if (left >= right)
6           return;                    //只有一个记录无须排序
7       i = left;
8       j = right;
9       //将最左边的元素作为基准
10      temp = sortArr -> recordArr[i].key;
11      //寻找基准应存放的最终位置
12      while(i != j)
13      {
14          while(sortArr -> recordArr[j].key >= temp && j > i)   //j从右向左扫描
15          {
16              j--;
17          }
18          if (i < j)                                           //如果 arr[j]< temp
19          {
20              sortArr -> recordArr[i].key = sortArr -> recordArr[j].key;
21              i++;
22          }
23          else
24              break;
25          while(sortArr -> recordArr[i].key <= temp && j > i)  //i从左向右扫描
26              i++;
27          if (i < j)                                           //如果 arr[i]> temp
28          {
29              sortArr -> recordArr[j].key = sortArr -> recordArr[i].key;
30              j--;
```

```
31            }
32            else
33                break;
34        }
35        //找到基准需要存放的位置,此时该位置左边的值都比基准小,右边的值都比基准大
36        sortArr->recordArr[i].key = temp;
37        QuickSort(sortArr, left, i-1);                    //递归左区间
38        QuickSort(sortArr, i+1, right);                   //递归右区间
39    }
```

时间效率：快速排序的时间效率与记录的初始状态有关。

最好情况是每次划分的枢轴正好是待排序记录的"中位数",这样每次划分的结果是左、右区间大致相等。总的比较次数 $C(n)$ 等于第一次对 n 个记录的划分比较次数 $n-1$ 加上递归左、右区间所需要的比较次数,假设初始记录个数 $n=2^j$ 个,则 n 个记录总的比较次数 $C(n)$ 为：

$$C(n) \leqslant n + 2C\left(\frac{n}{2}\right) \leqslant n + 2\left[\frac{n}{2} + 2C\left(\frac{n}{2^2}\right)\right]$$

$$\leqslant 2n + 4\left[\frac{n}{4} + 2C\left(\frac{n}{2^3}\right)\right] \leqslant \cdots \leqslant jn + 2^j C\left(\frac{n}{2^j}\right)$$

$$= n\log_2 n + C(1)$$

即最好情况的时间复杂度为 $O(n\log_2 n)$。

最坏情况是每次划分的枢轴正好是无序区间的最大或最小记录,划分的结果是一个区间为空,另一个区间是无序区间的记录个数减少一个。这样的情况需要进行 $n-1$ 趟快速排序,每一趟需要进行 $n-i$ 次比较,故 n 个记录总的比较次数 $C(n)$ 为：

$$C(n) = \sum_{i=1}^{n-1}(n-i) = \frac{n(n-1)}{2}$$

即最坏情况的时间复杂度为 $O(n^2)$。

实验表明,就平均性能而言,快速排序是目前内部排序算法中最好的一种排序方法。

空间效率：快速排序采用了递归过程实现,最好情况是如果每次划分都能够均匀地划分为两部分,则栈的最大深度为 $\lfloor \log_2 n \rfloor + 1$,所需要的栈空间为 $O(\log_2 n)$；最坏情况是退化为冒泡算法,每次划分只能使无序区间的记录个数减少一个,递归深度为 $O(n)$。为了规避最坏情况,可以对算法进行改进。选择基准记录的方法是取当前区间中第一个位置、中间位置和最后一个位置的 3 个关键字的中间值。

稳定性：快速排序是不稳定的排序方法。每次划分时,在记录与枢轴比较交换的过程中,相同关键字的记录位置有可能发生变化。例如,在图 8-4 所示的第一趟划分中,13(1) 和 13(2) 的前后次序发生了变化。

8.5 基数排序

前面介绍的排序算法都是假定待排序记录只有一个关键字。本节的基数排序则是对有多个关键字的记录进行排序,基本思想是将关键字分解成若干个部分,然后通过对各部分关

键字分别排序,最终完成记录的排序。

假定把记录 R_i 的关键字看作一个 d 元组,即 $K_i=(K_i^0,K_i^1,\cdots,K_i^d)$,其中 K_i^0 为最高有效关键字,K_i^d 为最低有效关键字。例如,可以把一副扑克牌看作是两个关键字的排序问题,这两个关键字分别是花色和面值。定义花色是高位有效关键字,面值是低位有效关键字。在花色和面值中,关键字的次序如下。

花色:♣<♦<♥<♠

面值:2<3<4<…<10<J<Q<K<A

当对扑克排序时,如果先按照花色再按照面值进行排序,则称为高位优先排序(Most Significant Digit,MSD);反之,如果先按照面值再按照花色排序,则称为低位优先排序(Lost Significant Digit,LSD)。

基数排序是低位优先的排序方法,它是通过"分配"和"收集"两个过程来实现的。例如,对扑克牌按照 LSD 排序,首先按照面值进行排序,分配到 13 个堆中,接着把这些堆叠放到一起得到一个单独的堆,面值为 A 的在堆的最下面,面值为 2 的在堆的最上面,然后按照花色关键字对扑克重新进行排序。第一趟 LSD 排序后的结果如图 8-5 所示。在第二趟中使用的排序方法必须是稳定的,否则会取消第一遍排序的结果。

图 8-5 第一趟 LSD 排序后

算法思路:初始无序序列放入一个链表,创建从 0 到 9 共 10 个队列。将链表中所有的整数按照它最右边的数字进行"分配",分别分配到不同的队列中,然后将 10 个队列进行"收集"合并为一个链表,这样就完成了第一趟的"分配"和"收集";第二趟将链表中所有的整数按照它右边倒数第二个的数字进行"分配",分别分配到不同的队列中,然后将 10 个队列进行"收集"合并为一个链表,这样就完成了第二趟的"分配"和"收集";重复这个过程,直到最左边的数字处理完后排序结束。

算法实例:设待排序的记录为(25,13(1),9,46,49,28,13(2),75,32)。

设置 10 个桶,桶号分别为 0、1、2、……、9。第一趟过程,顺序扫描记录,按照个位依次放到对应的桶中,即把 25 放入 5 号桶,13(1)放入 3 号桶,9 放入 9 号桶,依此类推,然后把它们按照桶号大小将非空的桶内记录依次收集起来,得到第一趟排序结果;第二趟过程,先清空各个桶,然后顺序扫描第一趟排序结果,按照十位依次放到对应的桶中,即把 32 放入 3 号桶,13(1)放入 1 号桶,13(2)放入 1 号桶,25 放入 2 号桶,依此类推,然后把它们按照桶号大小将非空的桶内记录依次收集起来,得到第二趟排序结果,即得到最终有序序列。具体如表 8-6 所示。

表 8-6 两趟分配和收集

趟	桶号	0	1	2	3	4	5	6	7	8	9
第一次分配	记录			32	13(1) 13(2)		25 75	46		28	9 49
第一次收集	(32,13(1),13(2),25,75,46,28,9,49)										
	桶号	0	1	2	3	4	5	6	7	8	9
第二次分配	记录	9	13(1) 13(2)	25 28	32	46 49			75		
第二次收集	(9,13(1),13(2),25,28,32,46,49,75)										

算法实现：根据算法思路可以实现基数排序算法，见算法 8-10。

算法 8-10 基数排序算法。

```
1    void RadixSort(SortArr * record,int Digit) //Digit 是待排序记录的最大位数
2    {
3        int i,j;
4        //record->cnt 个桶，这里类型和等待排序数据类型一样，方便数据移动
5        RecordType * bucket =
6                    (RecordType * )malloc(sizeof(RecordType) * record->cnt);
7        //保存每个桶中存放的数据个数，因此个数也是 record->cnt 个
8        int * count = (int * )malloc(sizeof(int) * record->cnt);
9        //为了节约时间,不重复计算,需要保存每个待排序数据当前排序位的值
10       int * nowDigit = (int * )malloc(sizeof(int) * record->cnt);
11       //用于方便截取每位值,假设等待排序的数据最大不超过 5 位数
12       int divider[5] = {1,10,100,1000,10000};
13       //进行分配和收集工作,需要循环 Digit 次,从低位往高位进行处理
14       for (i = 0; i < Digit; i++)
15       {
16           for (j = 0; j < record->cnt; j++)
17           {
18               //计算待排序数据,当前排序位数上的值
19               nowDigit[j] = (record->recordArr[j].key /divider[i]) % 10;
20               //清空统计桶中数据个数的 count 数组
21               count[j] = 0;
22           } //end 16
23           //循环访问 nowDigit 数组中的每个元素,初步计算 count 数组的值
24           //做完这一步 count 数组中存放的是每个桶中的数据个数
25           for (j = 0; j < record->cnt; j++)
26               count[nowDigit[j]]++;
27           //最终 count 数组应该是元素放入桶中后每个桶的右边界索引,需要更新计算
28           for (j = 1; j < record->cnt; j++)
29               count[j] = count[j-1] + count[j];
```

30	//将数据依次放入桶中
31	//这里需要从右向左扫描,先入桶的先出来
32	for (j = record -> cnt - 1; j >= 0; j--)
33	{
34	bucket[count[nowDigit[j]] - 1] = record -> recordArr[j];
35	count[nowDigit[j]]--;
36	}
37	//把桶里面的数据放回原来的数组,为下一轮基数排序做准备
38	for (j = 0; j < record -> cnt; j++)
39	record -> recordArr[j] = bucket[j];
40	} //end 14
41	}

时间效率:假设每个记录的关键字位数 Digit 用 d 表示,桶个数 record -> cnt 用 r 表示,则一趟排序的时间为 $O(d \times r)$。可以看出该算法不适合对 d 较大的记录排序,并且该算法中 r 的选择会影响到算法的时间效率。如果待排序记录的范围为 0~999,r 设置为 10 比 r 设置为 2 更合适;如果待排序记录是十六进制数,其范围为 0~FFFFFF,r 设置为 16 比 r 设置为 10 更合适。

空间效率:基数排序算法需要 4 个辅助数组,其中 nowDigit 数组记录待排序记录的位数 $O(d)$,bucket 数组存放待排序记录 $O(n)$,count 数组存放每个桶中的数据个数 $O(r)$,则辅助数组总开销是 $O(n+r+d)$。

稳定性:基数排序是稳定的排序方法。

8.6 归并排序

归并排序是将两个或两个以上的有序表合并成一个新的有序表,其中两路归并指每一步都合并两个有序区间。归并排序的思想既可以用于内部排序,也可以用于外部排序。本节讨论的两路归并排序算法适用于内部排序。

算法思路:将 n 个待排记录序列看成 n 个长度为 1 的有序子表,然后将相邻的两个子表两两依次合并,得到 $\lceil n/2 \rceil$ 个新的有序表,有序表的长度为原来的两倍(最后一个可能与原来的长度相等);重复两两合并相邻子表,直到最后变成一个长度为 n 的有序表($\lceil \ \rceil$ 表示上取整)。

算法实例:设待排序的记录为(15,13(1),9,46,4,18,13(2))。

第一趟排序,设置 length=1,每个记录可以看作是有序的,第一个记录 15 和第二个记录 13(1)归并为一个有序表(13(1),15),第三个记录 9 和第四个记录 46 归并为一个有序表(9,46),依此类推,完成第一趟排序;第二趟排序,设置 length=2,将有序表(13(1),15)和有序表(9,46)归并为一个有序表(9,13(1),15,46),将有序表(4,18)和最后一个记录 13(2)归并为一个有序表(4,13(2),18),得到第二趟排序结果。第三趟设置 length=4,将第二趟排序的两个有序表(9,13(1),15,46)和(4,13(2),18)归并为一个有序表,得到最终的排序结果,具体如表 8-7 所示。

表 8-7 两路归并排序过程

趟 \ 下标		0	1	2	3	4	5	6
初始序列		15	13(1)	9	46	4	18	13(2)
$i=1, \text{length}=1$	第一组	15	13(1)					
	第二组			9	46			
	第三组					4	18	
	第四组							13(2)
$i=1$ 排序后的结果		**13(1)**	**15**	**9**	**46**	**4**	**18**	**13(2)**
$i=2, \text{length}=2$	第一组	13(1)	15	9	46			
	第二组					4	18	13(2)
$i=2$ 排序后的结果		**9**	**13(1)**	**15**	**46**	**4**	**13(2)**	**18**
$i=3, \text{length}=4$	第一组	9	13(1)	15	46	4	13(2)	18
$i=3$ 排序后的结果		**4**	**9**	**13(1)**	**13(2)**	**15**	**18**	**46**

算法实现：如果要实现归并排序，需要解决两个问题，一是合并两个有序表，二是一趟归并过程。

合并两个有序表的思路比较简单。假设已知 $R[\text{low}]$ 到 $R[m]$ 和 $R[m+1]$ 到 $R[\text{high}]$ 是两个相邻的有序区间，$R1[\text{low}]$ 到 $R1[\text{high}]$ 是合并后的有序区间。设置 3 个变量 i、j、k 分别指示 3 个有序区间的起始位置，依次比较 $R[i]$ 和 $R[j]$ 的关键字，将关键字较小的记录复制到 $R1[k]$ 中，然后将对应的变量加 1，重复该过程，直到全部记录复制到 $R1[\text{low}]$ 到 $R1[\text{high}]$ 中。具体实现见算法 8-11。

算法 8-11 合并两个有序表的算法。

```
1   void Merge(SortArr * sortArr, SortArr * sortArr1, int low, int m, int high)
2   {
3       //有序文件 1: sortArr->recordArr[low]到 sortArr->recordArr[m]
4       //有序文件 2: sortArr->recordArr[m+1]到 sortArr->recordArr[high]
5       int i, j, k;
6       i = low;
7       j = m + 1;
8       k = low;
9       while( (i <= m) && (j <= high) )
10      {
11          //从两个有序文件的第一个记录中选出小的记录,放入结果序列中
12          if(sortArr->recordArr[i].key <=
13                          sortArr->recordArr[j].key)
14          {
15              sortArr1->recordArr[k].key = sortArr->recordArr[i].key;
16              k++;
17              i++;
18          }
19          else
20          {
21              sortArr1->recordArr[k].key = sortArr->recordArr[j].key;
```

```
22              k++;
23              j++;
24          }
25      }
26      while (i<=m)            //复制第一个文件的剩余记录到结果序列
27      {
28          sortArr1->recordArr[k].key = sortArr->recordArr[i].key;
29          k++;
30          i++;
31      }
32      while (j<=high)          //复制第二个文件的剩余记录到结果序列
33      {
34          sortArr1->recordArr[k].key = sortArr->recordArr[j].key;
35          k++;
36          j++;
37      }
38  }
```

一趟归并过程是归并长度为 length(本趟)的两个子区间,分别是 $R[0]$ 到 $R[length-1]$, $R[length]$ 到 $R[2\times length-1]$,依此类推。需要处理两种特殊情况,一是最后一个有序区间长度小于 length,另一个是有序区间个数是奇数。具体实现见算法 8-12。

算法 8-12　一趟归并算法。

```
1   void MergePass(SortArr *sortArr, SortArr *sortArr1, int n, int length)
2   {
3       int j,i = 0;
4       while(i + 2 * length - 1 < n)   //归并长度为 length 的两个子文件
5       {
6           Merge(sortArr, sortArr1, i, i + length - 1, i + 2 * length - 1);
7           i += 2 * length;
8       }
9       //假如剩下两个子文件,其中一个长度小于 length
10      if(i + length - 1 < n - 1)
11          Merge(sortArr, sortArr1, i, i + length - 1, n - 1);
12      else
13      {
14          //假如只剩下一个子文件,则将最后一个子文件复制到数组 r1 中
15          for(j = i; j < n; j++)
16              sortArr1->recordArr[j].key = sortArr->recordArr[j].key;
17      }
18  }
```

两路归并过程通过调用一趟归并过程实现,设置初始 length=1,每趟归并后,length 的长度扩大一倍,当 length 的长度大于等于待排序记录的个数时结束。在循环体里面包含两趟归并排序。在第一趟归并过程中,record 中是待排序的记录,record1 存放第一趟归并排序后的记录;在第二趟归并过程中,record1 看作待排序的记录,record 存放第二趟归并排序后的记录。具体实现见算法 8-13。

算法 8-13 归并排序算法。

```
1   void MergeSort(SortArr * record, int num)
2   {
3       SortArr * record1 = CreateSortArr(num);
4       int length = 1;
5       while(length < num)
6       {
7           MergePass(record, record1, num, length);    //一趟归并,结果放到 record1 中
8           length *= 2;
9           MergePass(record1, record, num, length);    //一趟归并,结果放到 record 中
10          length *= 2;
11      }
12  }
```

时间效率：对 n 个记录进行归并排序，至少需要 $\lfloor \log_2 n \rfloor + 1$ 趟归并，每趟的时间消耗为 $O(n)$，故归并排序算法的时间复杂度为 $O(n\log_2 n)$。

空间效率：归并排序算法需要一个辅助数组空间，即 $O(n)$。

稳定性：归并排序是稳定的排序方法。

8.7 排序算法的比较

目前已有的排序算法远远不止前面几节讨论的几种，不同的排序算法各有优缺点，很难说哪个最优或最劣，应该根据不同的场合进行选取。在选取排序算法时需要考虑多个因素，例如时间复杂度、空间复杂度、稳定性、算法本身的复杂性、待排序记录个数的大小、关键字的分布情况等。各种排序下的平均时间复杂度、空间复杂度和稳定性如表 8-8 所示。

表 8-8　排序算法的性能比较

排序方法	平均时间复杂度	空间复杂度	稳定性
直接插入排序	$O(n^2)$	$O(1)$	稳定排序
二分插入排序	$O(n^2)$	$O(1)$	稳定排序
shell 排序	$O(n^{1.3})$	$O(1)$	不稳定排序
冒泡排序	$O(n^2)$	$O(1)$	稳定排序
快速排序	$O(n\log_2 n)$	$O(\log_2 n)$	不稳定排序
直接选择排序	$O(n^2)$	$O(1)$	不稳定排序
堆排序	$O(n\log_2 n)$	$O(1)$	不稳定排序
基数排序	$O(d \times r)$	$O(n+d+r)$	稳定排序
归并排序	$O(n\log_2 n)$	$O(n)$	稳定排序

从表 8-8 可以看出，Shell 排序、快速排序、堆排序和归并排序的平均时间复杂性好，适用于记录数据量比较大的情况。它们本身的复杂性要高，并且这 4 个时间效率好的排序方法中只有归并排序是稳定排序方法，但是归并排序的空间复杂度比其他 3 个要高。由于快速排序存在退化为冒泡的情况，因此也需要考虑关键字的分布情况。综合以上情况，得到以下结论：

(1) 当待排序的规模 n 较大,关键字随机分布,并且对稳定性不要求时,采用目前认为最佳的方法——快速排序方法为宜。

(2) 当待排序的规模 n 较大,要求稳定排序,并且内存空间允许时,适宜采用归并排序方法。

(3) 当待排序的规模 n 较大,关键字的分布可能是正序或逆序,并且对稳定性不要求时,适宜采用堆排序或归并排序。

(4) 当待排序记录基本有序或 n 较小,并且要求稳定性时,适宜采用直接插入排序方法。

(5) 当待排序的规模 n 较小,记录含有较多的数据项时,由于需要的存储空间较大,适宜采用直接选择排序。

(6) 当从待排序记录中只选择前面几个关键字小(或关键字大)的情况下,适宜采用直接选择排序或堆排序。

(7) 基数排序适用于关键字位数较少,并且具有明显结构特性(例如整数和字符串等)的情况。由于需要的辅助空间较大,因此也需要考虑待排序的规模。

(8) 归并排序既可以用于内部排序,也可以用于外部排序。

习题

8-1 设待排序的记录为(151,130(1),92,461,42,77,183,130(2),20,523,7),分别写出直接插入排序、二分插入排序、Shell 排序、直接选择排序、堆排序(小根堆)、快速排序、归并排序和基数排序的各趟结果。

8-2 假定待排序的记录为(46,79,56,25,76,38,40,80),以第一个关键字值为基准,对其进行快速排序,画出第一次划分的过程和结果。

8-3 假定待排序的记录为(46,79,56,25,76,38,40,80),对其进行堆排序,请画出初始的大根堆。

8-4 假定待排序的记录为(r,a,f,s,w,t,x,b,u,v,c,p,e),对其进行 Shell 排序,设初始增量 d=5,请写出第一趟排序后的结果。

8-5 就平均性能而言,快速排序是性能最好的排序算法,但是在什么情况下它却退化为冒泡算法?举例说明。

8-6 给出快速排序的非递归算法。

8-7 若要从 1000 个元素中选出前 10 个最小的元素,采用什么排序算法最合适?请编写程序进行测试。

8-8 如果待排序记录是单链表结构,编写程序对其进行排序,并分析算法的时间复杂度。

8-9 应用题:优先队列也是一种抽象数据类型,它不遵循"先进先出"原则,而是遵循"最小优先"或"最大优先"原则,用堆表示优先队列,并解决具体实际问题,要求如下。

(1) Push():优先队列的插入算法,即入队。

(2) Pop():优先队列的删除算法,即出队。

(3) Empty():判断队列是否为空。

（4）Top()：取队头元素。

（5）Solve1_heapsort()：将给定的一个无序的初始序列进行升序排序，采用堆排序。

（6）Solve2_oil()：优先队列的应用，假设需要驾驶一辆卡车行驶 L 单位距离，最开始时，卡车上有 P 单位的汽油，卡车每开 1 单位距离需要消耗 1 单位的汽油。如果在途中汽车上的汽油耗尽，卡车将无法继续前行，因此无法到达终点。在途中一共有 N 个加油站，第 i 个加油站在距离起点 A_i 单位距离的地方，最多可以给卡车加 B_i 单位汽油。假设卡车的燃料箱的容量无限大，无论加多少油都没有问题。那么请问卡车是否能到达终点？如果可以，最少需要加多少次油？如果可以到达终点，输出最少的加油次数，否则输出 -1。

测试用例：$N=4, L=25, P=10$ $A=\{10,14,20,21\}$ $B=\{10,5,2,4\}$

第9章 字符串

本章关键词：学习经典和知己知彼。

关键词——学习经典。在线性表的查找运算中,定位某个元素是否存在,如果存在,返回真或者其位置。本章中的查找定位的不是某个元素,而是一个整体,在这里称为"模式"。模式匹配的应用相当广泛,例如在 Word 中查找某个单词是否存在,而不是某个字母。本部分主要介绍经典的 KMP 算法,该算法具有一定的技巧性。经典的总是有值得我们学习的地方,试想某人苦苦钻研以为发现了某个规律或算法,而其实这个规律或算法已经存在很多年了,将是令人多么郁闷。我们学习经典实际上意味着站在了巨人的肩膀上。

关键词——知己知彼。提高匹配效率的措施首先是知己的过程。KMP算法的核心是next数组的构造,也就是对模式串进行匹配前的预处理。可以把这个过程称为"先了解自己,再和别人比较",在这里需要读者用心体会。学习复杂算法的最好方法是通过具体实例跟踪算法过程,这样才能更好地理解其中的妙处。

"知彼知己,百战不殆;不知彼而知己,一胜一负;不知彼,不知己,每战必殆"

——《孙子兵法》

9.1 字符串的基本知识

9.1.1 字符串的基本概念

字符串简称串,串(string)是由零个或多个字符组成的有限序列。串是一种特殊的线性表,其特殊性在于表中的每个元素是一个字符。串中所包含的字符个数称为串的长度,长度为 0 的串称为空串。一个非空的串通常记为 $s =$ "$s_1 s_2 \cdots s_n$"。

串 s_1 中任意连续的字符组成的子序列 s_2 称为该串 s_1 的子串(substring),s_1 称为 s_2 的主串。子串在主串中的位置是指子串中的第一个字符在主串中的位置。特别需要注意的是,空串是任意串的子串,任意串是其自身的子串。

9.1.2 串的抽象数据类型定义

串的主要操作包括创建空串、求串的长度、在串中插入字符、串拼接、求子串、串匹配等基本操作。串的抽象数据类型定义如下:

```
1   ADT String is
2   operations
3       List SetNullString(void)
4       创建一个空串
5       int StrLen(String s)
6       求串 s 的长度
7       int StringInsertPre(String s,position p,char x)
8       在串 s 中的第 p 个位置之前插入字符 x
9       int StringInsertPost(List list,position p,char x)
10      在串 s 中的第 p 个位置之后插入字符 x
11      Sting StrConcat(String s,String t)
12      将串 t 放在串 s 的后面连接成一个新串
13      String StrSub(String s,int i,int j)
14      求串 s 中从第 i 个字符开始的连续 j 个字符的子串
15      int StrCmp(String s,String t)
16      比较串 s 和串 t,若 s=t,返回 0;若 s<t,返回 -1;若 s>t,返回 1
17      int patternMatch(String s,String t)
18      子串 t 在主串 s 中首次出现的位置
19  End ADT List
```

由于串是一种特殊的线性表,对于串的接口实现,在线性表的基础上稍作改变即能实现,本章将把重点放在串的一种特殊操作上,即模式匹配(pattern matching)。

模式匹配的定义:给定串 s 和串 t,在主串 s 中查找子串 t 的过程称为模式匹配,t 称为模式。如果匹配成功,返回 t 在 s 中的位置,如果失败,返回 -1。

模式匹配在实际应用中非常常见,例如在编辑软件中进行查找、替换操作,用病毒检测软件检测病毒码,以及垃圾邮件过滤等。不同的应用需求不同,在编辑软件中查找特定的字符串需要确定是否存在该串以及出现的次数和位置,而在病毒检测软件中检测病毒码只需要确定是否包含特定的字符串。在本章中关注是否匹配以及成功匹配的位置信息。

9.1.3　C 库接口

很多高级语言具有较强的字符串处理功能,本节介绍 C 语言的 C 库中几个常见的字符串处理函数,具体见表 9-1。注意,在使用时需要包含头文件,即 #include <string.h>。

表 9-1　字符串处理函数

函 数 声 明	函 数 说 明	返 回 值
char * strcat(char * dest,char * src)	将参数 src 字符串复制到 dest 所指的字符串末尾。注意,第一个字符串 dest 要有足够的空间容纳复制的字符串	返回参数 dest 字符串的起始地址
char * strchr(char * s,int c)	找出参数 s 字符串中第一个出现的参数 c 的地址,然后返回出现该字符的地址	如果找到,返回字符地址,否则返回 NULL
int strcpy(char * s1,char * s2)	比较字符串 s1 和 s2,字符串的大小按照 ASCII 表的顺序决定。首先将 s1 中的第一个字符减去 s2 中第一个字符的值,如果差值为 0,继续比较下一个字符,如果差值不为 0,则返回差值	如果 s1 和 s2 相同,返回 0;如果 s1 大于 s2,返回大于 0 的差值,否则返回小于 0 的差值

函数声明	函数说明	返 回 值
char * strcpy(char * dest,char * src)	将参数 src 字符串复制到 dest 所指的地址	返回参数 dest 字符串的起始地址
size_t strspn(char * s,char * reject)	从参数 s 字符串开头计算连续的字符,而这些字符完全不在参数 reject 所指的字符串中	返回字符串 s 中开头连续不含字符串 reject 内容的字符数目
char * strdump(char * s)	先用 malloc()分配与参数 s 字符串相同的空间大小,然后将参数 s 字符串的内容复制到该地址,并返回该地址,该地址用 free()释放	返回字符串指针
size_t strlen(char * s)	计算指定字符串 s 的长度,不包括结束字符	返回字符串 s 中字符的个数

9.1.4 正则表达式

相信读者一定使用过通配符"?"和" * "来查找硬盘上的文件。"?"通配符匹配文件名中的零个或一个字符,而通配符" * "匹配零个或多个字符。这样的搜索方法很有用,但它是有限的,正则表达式具有更强的文本匹配功能。它能够应用于各种文本编辑器场合,小到著名编辑器 EditPlus,大到 Microsoft Word、Visual Studio 系列等大型编辑器,都可以使用正则表达式来处理文本内容。

正则表达式(Regular Expression)又称规则表达式,是一种文本模式,包括普通字符(例如 a 到 z 之间的字母)和特殊字符(称为"元字符")。它使用单个字符串来描述、匹配一系列匹配某个句法规则的字符串。正则表达式这个概念最初是由 UNIX 中的工具软件普及开的,例如 sed 和 grep。目前许多程序设计语言都支持用正则表达式进行字符串操作,例如 Python、Java、R、C♯语言等。Python 语言自 1.5 版本开始增加了 re 模块,该模块使 Python 语言拥有全部的正则表达式功能。鉴于篇幅关系,这里不再赘述,读者可阅读正则表达式的相关书籍,并根据自己熟悉的语言来测试其正则表达式的功能。

9.2 朴素的模式匹配算法

朴素的模式匹配算法是一种蛮力的匹配算法,简称为 BF(Brute Force)算法。

算法思想:假设主串 t 的长度为 n,模式 p 的长度为 m。初始时,t 的前 m 个字符与 p 的 m 个字符两两对齐。接着,从左到右比较对齐的这 m 对字符:如果当前字符对匹配,则继续比较下一对字符;如果不匹配,则说明在此位置两个串不可能完全匹配,此时将 p 整体右移一个字符,然后从其第一个字符开始与 t 中对应的新子串重新对比。重复上述过程,如果当前 m 对字符均匹配,则整体匹配成功,返回匹配子串的位置;否则当最后一个两两对齐情况下(即 t 的最后一个字符与 p 的最后一个字符对齐情况),没有匹配成功时,则整体匹配失败,返回-1。

例如,主串 t='ABABBABABACDDAB',模式 p='ABABACDD'。

采用朴素的模式匹配过程如图 9-1 所示,具体实现见算法 9-1。在算法 9-1 中使用一维数组存储主串 t 和子串 p,由于使用 C 库中的求字符串长度的函数,所以该算法中需要包含字符串头文件,即 #include <string.h>。

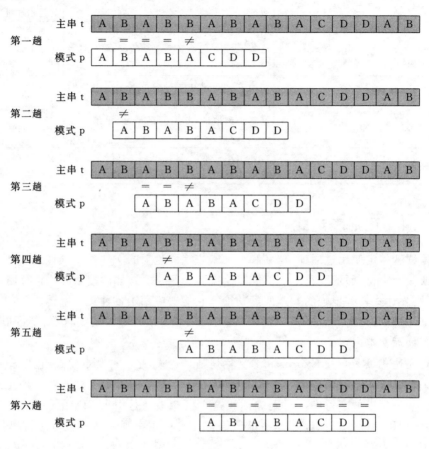

图 9-1　BF 算法实例

算法 9-1　朴素的模式匹配算法。

```
1    #include <string.h>
2    //模式匹配之 BF(Brute Force)算法
3    //若 p 是 t 的子串,返回子串 p 在串 t 中第一次出现的位置(从 0 开始)
4    //若 p 不是 t 的子串,返回 -1
5    int patternMatch_BF(char * t, char * p)
6    {
7        int i = 0, j = 0;
8        int n = strlen(t);        //使用 C 库中的函数,求主串 t 的长度
9        int m = strlen(p);        //使用 C 库中的函数,求模式串 p 的长度
10       while (i < n && j < m)    //两个串都没有扫描完
11       {
12           if (t[i] == p[j])     //该位置上的字符相等,则比较下一个字符
13           {
14               i++;
15               j++;
16           }
```

```
17              else
18              {
19                  i = i - j + 1;          //否则,i为上次扫描位置的下一位置
20                  j = 0;                  //j从0开始
21              }
22          }
23          if (j >= m)
24              return i - m;
25          else return - 1;
26      }
```

算法分析：在最好情况下,第一趟比较成功,时间复杂度为 $O(1)$；在最坏情况下,每一趟都在最后一个字符出现不等,如图 9-2 所示。每一趟需要比较 m 次,最多进行 $n-m+1$ 趟,总的比较次数为 $m(n-m+1), m \ll n$,所以时间复杂度为 $O(m \times n)$。

位置		0	1	2	3	4	5	6	7	8	9	10	11
主串 t		0	0	0	0	0	0	0	0	0	0	0	1
		=	=	=	=	≠							
第一趟	模式 p	0	0	0	0	1							
第二趟	模式 p		0	0	0	0	1						
第三趟	模式 p			0	0	0	0	1					
第四趟	模式 p				0	0	0	0	1				
第五趟	模式 p					0	0	0	0	1			
第六趟	模式 p						0	0	0	0	1		
第七趟	模式 p							0	0	0	0	1	
第八趟	模式 p								0	0	0	0	1

图 9-2　BF 算法最坏情况实例

9.3　KMP 算法

9.3.1　KMP 算法的思想

BF 算法虽然思想简单,但是时间效率低。BF 算法效率低是因为存在大量的局部匹配,在每一趟的 m 次比较过程中,如果只是最后一个字符匹配失败,而在下一趟过程中文本串 t 和模式串 p 都要回溯到开头的第一个字符进行比较,如图 9-2 所示。这些回溯不一定是必要的。KMP 算法是对 BF 算法的改进,是无回溯的模式匹配算法,见算法 9-2。它与算法 9-1 的差别在于,当出现不匹配时,j 不是回溯到初始的位置 0,而是右移 next[j] 位。next[ ] 是对模式 p 进行预处理后的查询表。预处理也就是在模式 p 和主串 t 进行匹配操作之前进行的操作。对模式 p 而言,它并不关心要匹配的 t 是什么样子的,它首先要做的是很好地"了解自己",也就是对自身模式的了解。

算法 9-2　KMP 算法。

```
1   # include < string.h >
2   //KMP 算法
```

```
3       //若 p 是 t 的子串,返回子串 p 在串 t 中第一次出现的位置(从 0 开始)
4       //若 p 不是 t 的子串,返回 -1
5       int patternMatch_KMP(char * t, char * p)
6       {
7           int next[100];
8           buildNext(p, next);                     //构造 next 表
9           int n = (int)strlen(t), i = 0;          //文本串指针
10          int m = (int)strlen(p), j = 0;          //模式串指针
11          while (j < m  && i < n){                //自左向右逐个比对字符
12              if (j==-1 || t[i] == p[j])          //若匹配或 p 已移出最左侧
13              {
14                  i++;
15                  j++;
16              }                                   //转到下一字符
17              else
18                  j = next[j];                    //**模式串右移,文本串不用回退**
19          }
20          if (j >= m)
21              return i - m;
22          else return -1;
23      }
```

算法分析:算法 9-2 的时间主要消耗在 while 循环上。通过分析可以看到 i 的初值为 0,在循环过程中 $i<n$,所以循环体中 $i++$ 最多执行 n 次,与之相邻的 $j++$ 也最多执行 n 次。另外,j 的初值为 0,在循环过程中 j 可能增加,即执行 $j++$;也可能减少,即执行 $j=$ next$[j]$,每次执行至少减 1,根据算法逻辑,一旦使 $j=-1$,下一趟必然执行 $j++$,因此循环内部的语句 $j=$ next$[j]$ 的循环次数不会超过 $i++$ 的执行次数,所以算法的时间复杂度为 $O(n)$。

9.3.2 next 表的存在性分析

回顾图 9-1 的匹配过程,在第一趟匹配中,当 $i=4$、$j=4$ 字符比较不相等时,BF 算法需要从 $i=1$、$j=0$ 重新开始比较。然而,经过观察分析可以发现,$i=1$、$j=0$ 这次的比较是不必进行的,原因是从第一趟部分匹配的结果就可以得到下面的关系式 1。

$t[0]=p[0], t[1]=p[1], t[2]=p[2], t[3]=p[3]$ 关系式 1

观察模式串可以得到下面的关系式 2:

$p[0]=p[2], p[1]=p[3], p[0]\neq p[1]$ 关系式 2

由关系式 1 和关系式 2 可以得到关系式 3:

$p[0]\neq t[1]$ 关系式 3

也就说,图 9-1 中的第二趟没有必要进行比较。可以将 j 右移两位,第二趟的比较如图 9-3 所示,j 右移了两位。进一步分析可以看到,能够得到关系式 3 的核心原因是关系式 2,即模式串本身,这也说明 KMP 算法的核心思想是匹配过程中 j 右移的位数仅依赖于模式 p 本身,与目标 t 无关。因此在进行模式匹配之前可以先对模式串 p 进行分析,从而确定当出现不匹配时 j 右移的位数,即 KMP 算法中的 next[] 数组。当出现不匹配时 j 右移的位数由模式 p 中**最大相同的前缀和后缀的位数决定**。例如在图 9-3 中,第一趟比较时,在 $i=4$、$j=$

4 的情况下,字符比较不相等时模式 p 中最大相同的前缀和后缀的位数是 2,如图 9-4 所示。

位置	0	1	2	3	4	5	6	7	8	9	10	11	12	13	14
主串 t	A	B	A	B	B	A	B	A	B	A	C	D	D	A	B
	=	=	=	=	≠										
第一趟 模式 p	A	B	A	B	A	C	D	D							
第二趟			A	B	A	B	A	C	D	D					

图 9-3 j 右移实例

位置	0	1	2	3	4	5	6	7	8	9	10	11	12	13	14
主串 t	A	B	A	B	B	A	B	A	B	A	C	D	D	A	B
	=	=	=	=	≠										
第一趟 模式 p	**A**	**B**	**A**	**B**	A	C	D	D							
	前缀		后缀												

图 9-4 最大相同的前缀和后缀实例

在一般情况下,最大相同的前缀和后缀的示意图如图 9-5 所示。在第 i 趟比较过程中,当 $t_j \neq p_i$ 时,如果最大相同的前缀和后缀的位数是 k,则在第 $i+1$ 趟右移的位数是 $i-k$ 位,即最大相同的前缀和后缀正好对齐,小于 $i-k$ 位,必然不等,大于 $i-k$ 位,可能错过某些成功匹配的情况。可以看出,k 越小右移位数越多,匹配的速度越快。

	前缀		后缀				
$t_0 t_1 \cdots t_{j-i-1}$	$p_0 p_1 \cdots p_{k-1}$		$p_{i-k} \cdots p_{i-1}$	t_j	$\cdots$	$\cdots$	$\cdots$
				≠			
第 i 趟	$p_0 p_1 \cdots p_{k-1}$	p_k	$p_{i-k} \cdots p_{i-1}$	p_i			
第 $i+1$ 趟	右移 $i-k$ 位		$p_0 p_1 \cdots p_{k-1}$	p_k	$\cdots$	$p_{i-k} \cdots p_{i-1}$	
			=	?			
			相同	比较			

图 9-5 最大相同的前缀和后缀示意图

9.3.3 构造 next 表

通过 9.3.2 节的分析可以知道 next 表存在的合理性,那么具体如何构造 next 表呢? 构造过程见算法 9-3 所示。可以看出 next 表构造算法和 KMP 算法几乎完全一致,实际上构造 next 表的过程就是模式串的"自我匹配"过程。算法 9-3 的核心是第 11 行和第 12 行,算法中的变量 k 表示 $p_0 p_1 \cdots p_{i-1}$ 中的最大相等的前缀和后缀长度。

例如,模式串 p="ABABACDD",按照算法 9-3,其 next[ ]表的构造过程如表 9-2 所示。请读者通过分析实例仔细体会算法中的技巧。

算法 9-3 计算 next[ ]数组的算法。

```
1   //构造模式串 p 的 next 表
2   void buildNext(char * p, int next[])
3   {
```

```
4       int m = strlen(p);
5       int i = 0;
6       int t = -1;                              //模式串最大相同的前缀和后缀长度
7       next[0] = -1;
8       while (i < m - 1)
9          if (t == -1 || p[i] == p[t])         //匹配
10         {
11             i++; t++;
12             next[i] = t;                     //此句尚需改进
13         }
14         else   //不匹配
15             t = next[t];
16  }
```

表 9-2　next[ ]表的构造过程

i	k		next[k]							模　式　串
			1	2	3	4	5	6	7	
0	−1	−1								ABABACDD
1	0	−1	0							ABABACDD
1	−1	−1	0							
2	0	−1	0	0						ABABACDD
3	1	−1	0	0	1					ABABACDD
4	2	−1	0	0	1	2				ABABACDD
5	3	−1	0	0	1	2	3			ABABACDD
5	1	−1	0	0	1	2	3			ABABACDD
5	0	−1	0	0	1	2	3			ABABACDD
5	−1	−1	0	0	1	2	3			
6	0	−1	0	0	1	2	3	0		ABABACDD
6	−1	−1	0	0	1	2	3	0		
7	0	−1	0	0	1	2	3	0	0	ABABACDD
7	−1	−1	0	0	1	2	3	0	0	
8	0	**−1**	**0**	**0**	**1**	**2**	**3**	**0**	**0**	

9.3.4　改进 next 表

算法 9-3 能够计算出 next 表，但是仍然可以进一步改进。通过分析可以看出，在计算出 k 后，若 $p_k = p_i$，此时发现 $p_i \neq t_j$，按照算法 9-3，接着要进行 p_k 和 t_j 的比较，二者也必然不相等，因此这个比较是多余的，也就是说，此时需要右移更多位，避开这个比较。改进后的算法见算法 9-4，其核心语句是第 13 行和第 15 行。

例如，模式串 p＝"ABABABA"，按照算法 9-3 和算法 9-4 执行，构造的 next[ ]结果如表 9-3 所示。请读者通过分析实例仔细体会算法改进前后的差别。

算法 9-4　计算 next[ ] 数组的改进算法。

```
1   //构造模式串 p 的 next 表(改进版本)
2   void buildNextPro(char * p, int next[])
3   {
4       int m = strlen(p);
5       int i = 0;
6       int t = -1;    //模式串最大相同的前缀和后缀长度
7       next[0] = -1;
8       while (i < m - 1)
9           if (t == -1 || p[i] == p[t])    //匹配
10          {
11              i++; t++;
12              if (p[i] == p[t])
13                  next[i] = next[t];
14              else
15                  next[i] = t;
16          }
17          else    //不匹配
18              t = next[t];
19  }
```

表 9-3　next 表改进前后的对比

位置	0	1	2	3	4	5	6
模式串 p	A	B	A	B	A	B	A
改进之前的 next[i]	-1	0	0	1	2	3	4
改进之后的 next[i]	-1	0	-1	0	-1	0	-1

算法分析：算法 9-4 的结构和算法 9-2 的结构一致，算法 9-4 的时间复杂度为 $O(m)$，算法 9-2 的时间复杂度为 $O(n)$，因此整个模式匹配算法的时间复杂度为 $O(n+m)$。

KMP 算法能够提高匹配速度的原因在于从自身的模式出发，在和主串比较匹配之前建立了 next 表。如果在应用场合中，该模式被反复使用，那么以后匹配的时间只需要 $O(n)$。另外，本节中的算法 9-2、算法 9-3 和算法 9-4 设计有一定的技巧，算法分析方法也具有一定的代表性，值得读者体会掌握。

9.4　Trie 树

9.4.1　Trie 树的基本概念

Trie 树又称字典树、单词查找树、前缀树，它是一种树形结构。由于可以最大限度地减少无谓的字符串比较，其典型的应用是用于统计和排序大量的字符串，这也是将 Trie 树安排在本章的原因。它经常被搜索引擎系统用于文本词频统计。与二叉查找树不同，键值不是直接保存在结点中，而是由结点在树中的位置决定。一个结点的所有子孙有相同的前缀，也就是这个结点对应的字符串，而根结点对应空字符串。在一般情况下，不是所有的结点都有对应的值,只有叶子结点和部分内部结点对应的键才有相关的值。Trie 是单词 retrieval 的一部分,可以将 Trie 读作 tree。

Trie 树利用字符串的公共前缀来节约存储空间,是一种用于快速检索的多叉树结构。其基本性质可以归纳为以下几点:

(1) 根结点不包含字符,除根结点以外的每个结点只包含一个字符。
(2) 从根结点到某一个结点,路径上经过的字符连接起来,为该结点对应的字符串。
(3) 每个结点的所有子结点包含的字符串不同。

相比哈希表,Trie 树结构没有冲突,除非一个 key 对应多个值(除 key 外的其他信息),在最坏情况下时间复杂度比 Hash List 好。Trie 是一个以空间换时间的算法,其每一个字符都可能包含至多等于字符集大小数目的指针。

Trie 树数据结构类型定义如下:

```
1   //Trie 树结点定义
2   struct TrieNode
3   {
4       struct TrieNode * children[26];
5       bool isEndOfWord;                    //单词结尾标志
6   };
7   typedef struct TrieNode * Trie;          //Trie 树结构类型
```

9.4.2 Trie 树的基本操作

Trie 树有 3 个基本操作,即初始化操作、插入操作和检索操作。

1. 初始化操作

申请 struct TrieNode 结构体空间,若申请成功,设置 key 结尾标志位为 false,并将对应字母 a～z 的 0～25 指针数组赋值为 NULL,返回指向结构体的指针。具体实现见算法 9-5。

算法 9-5 初始化结点。

```
1   //初始化操作
2   Trie initialize(void)
3   {
4       struct TrieNode * pNode = NULL;
5       int i;
6       pNode = (struct TrieNode * )malloc(sizeof(struct TrieNode));
7       if (pNode)
8       {
9           pNode -> isEndOfWord = false;
10          for (i = 0; i < 26; i++)
11              pNode -> children[i] = NULL;
12      }
13      return pNode;
14  }
```

2. 插入操作

从字符串的第一个字符开始读取，层层创建子结点。当读取到一个字符后，首先要进行索引号转换，原理是将 key[level]-'a' 存放到 index 中，这样字母 a~z 就分别对应 0~25 的索引号，然后检查对应该索引位置的指针是否为空，如果不空，则该字符已经在 Trie 树中，之后继续进行下一层的处理；如果为空，创建子结点，之后继续进行下一层的处理。重复该过程，直到剩余的字符全部循环处理。在所有层建立完毕后，设置字符串最后一个字符所对应结点的结束标志位 p->isEndOfWord=true，插入操作完成（可以通过重复插入创建 Trie 树），具体实现见算法 9-6。

算法 9-6 插入操作。

```
1    //向 Trie 树中插入 key
2    void insert( Trie root, char *key)
3    {
4        int level;
5        int length = strlen(key);
6        int index;
7        struct TrieNode *p = root;
8        for (level = 0; level < length; level++)
9        {
10           index = key[level] - 'a';
11           if (!p->children[index])
12               p->children[index] = initialize();
13           p = p->children[index];
14       }
15       p->isEndOfWord = true;    //设置结束标志位
16   }
```

3. 检索操作

从字符串的第一个字符开始读取，并从根结点 root 开始逐层查找 Trie 树的指针数组。在每一层要检查对应该索引的数组位置，如果这个位置指针为空，则 key 不在 Trie 树中，查找失败，返回 0；如果指针不为空，则继续处理，直到处理完所有层，此时进行 if(p!=NULL && p->isEndOfWord==true) 的判断。这个判断包括两个部分，同时满足时说明查找成功，返回 1。通常，人们可能认为只需要 p!=NULL 就够了，但其实是不够的。p->isEndOfWord==true 表示当 p 指向的这个结点是一个单词的结尾标志时，才能确定这个 key 是存在的。例如，the 存在于 Trie 树中，当检索 th 这样拼写的 key 时，代表字母 h 的这个结点确实是存在的，指针 p 也能正确地指向它。如果只有 p!=NULL 这个条件，那么 th 这个 key 就会直接被判定为正确的单词，事实上它不是。这时我们可以想到，Trie 树的插入算法 insert 在插入 the 单词时没有为字母 h 结点的 isEndOfWord 结束标志赋值，p->isEndOfWord=false，因此，经过 p->isEndOfWord==true 条件判断，if 条件不满足，故判定 th 不是一个正确的单词，所以这个 if 语句解释了不存在的 th 与存在的单词 the 之间的判定。具体实现见算法 9-7。

算法 9-7 检索操作。

```
1   //查找是否存在 key,如果存在返回 1,否则返回 0
2   bool search(Trie root, char *key)
3   {
4       int level;
5       int length = strlen(key);
6       int index;
7       struct TrieNode *p = root;
8       for (level = 0; level < length; level++)
9       {
10          index = key[level] - 'a';
11          if (!p->children[index])
12              return 0;
13          p = p->children[index];
14      }
15      if(p!= NULL && p->isEndOfWord == true)
16          return 1;
17  }
```

Trie 树面临的主要问题是空间需求量,有大量的空间浪费了。许多结点只有两个非空指针,而剩余的指针还必须保存在内存中。降低结点所占空间大小的一个方法是只存储实际用到的指针,另一种方法是压缩 Trie 树,详情请分别参阅本书末的参考文献[10]及其他相关资料。

Trie 树常用在统计和排序大量字符串中,例如自动机。Trie 树的另外一个典型应用是前缀匹配,比如在输入时搜索引擎会给予提示。单词拼写检查器是文字处理器不可缺少的工具,可以智能提示、找到拼写错误,并提示用户可能的更正,可以用 Tire 树数据结构来存储单词,具体实现请参考本书配套的实验教材。

习题

9-1 设串 s1='ABCDEFG',s2='PQRST',函数 con (x,y)返回 x 和 y 串的连接串,subs(s,i,j)返回串 s 从序号为 i 的字符开始的 j 个字符组成的子串,len(s)返回串 s 的长度,则 con (subs (s1,2,len (s2)),subs (s1,len (s2),2))的结果串是_____。

9-2 设主串长度为 n,模式串长度为 m,则串匹配的 KMP 算法的时间复杂度是什么?

9-3 模式串 p='abcaabbcabcaabdab',请写出该模式串的 next 表以及改进的 next 表。

9-4 编写算法,判断字符串是否为回文(顺读和逆读,字符串完全相同)。

9-5 编写算法,求采用顺序存储结构的串 s 和串 t 的最长公共子串。

9-6 两个串相等的充分必要条件是什么?如果 x 和 y 是两个以链式存储的串,编写算法比较两个串是否相等。

9-7 编写算法,从串 s 中删除所有和串 t 相同的子串。

9-8 请分析 Trie 树的优缺点。

参 考 文 献

[1] 张乃孝,陈光,孙猛.算法与数据结构:C语言描述[M]. 3版.北京:高等教育出版社,2016.
[2] 邓俊辉.数据结构(C++语言版)[M]. 3版.北京:清华大学出版社,2016.
[3] 唐策善,李龙澍,黄刘生.数据结构——用C语言描述[M].北京:高等教育出版社,2007.
[4] 陈越,何钦铭,徐镜春.数据结构学习与实验指导[M].北京:高等教育出版社,2013.
[5] 苏仕华.数据结构课程设计[M]. 2版.北京:机械工业出版社,2010.
[6] 俞甲子,石凡,潘爱民.程序员的自我修养——链接、装载与库[M].北京:电子工业出版社,2009.
[7] 陈守孔,胡潇琨,李玲.算法与数据结构考研试题精析[M]. 3版.北京:机械工业出版社,2015.
[8] Thomas H. Cormen,Charles E. Leiserson,Ronald L. Rivest,et al.算法导论[M]. 3版.北京:机械工业出版社,2012.
[9] Adam Drozdek.数据结构与算法——C++版[M]. 3版.北京:清华大学出版社,2006.
[10] Maly K. Compressed Tries[J]. Communications of the ACM 19(7):409-415.